U0239900

DK植物大百科

DK

DK植物大百科

英国DK出版社　编著　　　刘夙　李佳　译　　　余天一　审订

北京科学技术出版社

Original Title: The Science of Plants: Inside Their Secret World
Copyright © Dorling Kindersley Limited, 2018, 2022
A Penguin Random House Company

著作权合同登记号　图字：01-2019-5482

图书在版编目（CIP）数据

DK植物大百科 / 英国DK出版社编著 ; 刘夙，李佳译. — 北京 : 北京科学技术出版社，2022.9（2024.10重印）
书名原文 : The Science of Plants: Inside Their Secret World
ISBN 978-7-5714-2035-2

Ⅰ. ①D… Ⅱ. ①英… ②刘… ③李… Ⅲ. ①植物－儿童读物 Ⅳ. ①Q94-49

中国版本图书馆CIP数据核字（2021）第280796号

www.dk.com

策划编辑：陈　伟
责任编辑：陈　伟
封面设计：芒　果
版式设计：北京八度出版服务机构
责任校对：贾　荣
责任印制：张　良
出 版 人：曾庆宇
出版发行：北京科学技术出版社
社　　址：北京西直门南大街16号
邮政编码：100035
电　　话：0086-10-66135495（总编室）
　　　　　0086-10-66113227（发行部）
网　　址：www.bkydw.cn
印　　刷：鸿博昊天科技有限公司
开　　本：1040 mm×635 mm 1/12
字　　数：300千字
印　　张：30
版　　次：2022年9月第1版
印　　次：2024年10月第3次印刷
ISBN 978-7-5714-2035-2

定　　价：288.00元

本书作者

杰米·安布罗斯（Jamie Ambrose）曾是一位作家、编辑和富布赖特学者，对博物学有特别的兴趣。她著有《DK世界野生动物》（*Wildlife of the World*）等书。

罗斯·贝顿（Ross Bayton）是一位植物学家、分类学家和园艺师，对植物世界满怀热情。他撰写了许多图书、杂志文章和科研论文，带领读者理解和感受植物的重要性。

马特·坎德亚斯（Matt Candeias）是"保卫植物"（In Defense of Plants）博客和播客（www.indefenseofplants.com）的作者和主持人。他受过生态学的专业培训，其主要研究植物保护。他也是位热情的园艺师，对室内外园艺都十分喜爱。

萨拉·乔斯（Sarah Jose）是专业的科学作家和语言编辑；她拥有植物学博士学位，热爱植物。

安德鲁·米科莱斯基（Andrew Mikolajski）是30多本植物和园艺图书的作者。他在切尔西药用植物园（Chelsea Physic Garden）的英格兰园艺学校（English Gardening School）讲授园艺史课程，也为历史建筑学会授课。

伊斯特·里普利（Esther Ripley）曾任编辑，她的写作涉及艺术和文学等文化主题。

戴维·萨默斯（David Summers）是受过博物学制片训练的作家和编辑。他参与写作的图书主题广泛，包括博物学、地理学和自然科学等。

本书译者

刘夙，博士毕业于中国科学院植物研究所，现为上海辰山植物园科普宣传部研究员，从事科普编著、科技史和科技文化研究及科普网站建设等工作，已著译有《植物名字的故事》《植物知道生命的答案》等科普著作20多部。

李佳，硕士毕业于西北大学，曾在华大基因从事生物技术相关工作，现在上海辰山植物园（中国科学院上海辰山植物科研中心）科研发展部从事科研管理工作。为上海市科普作家协会会员，编著或翻译有《好看的植物》和《兰花博物馆》。

英国皇家植物园邱园

邱园是世界知名的科学机构，其杰出的收藏以及针对全世界的植物多样性、植物保育和可持续发展方面的科学贡献使之享誉国际。邱园是伦敦的著名旅游景点。它占地约123公顷（304英亩），包括几处市内园林以及位于萨塞克斯郡韦克赫斯特（Wakehurst in Sussex）的郊外庄园（邱园野生植物园），每年吸引150多万游客前来游览。邱园在2003年7月被联合国教科文组织评为世界文化遗产，在2009年庆祝了建园250周年。韦克赫斯特是邱园的千年种子库所在地，这是世界上最大的野生植物种子库。

前扉页图：鹤望兰（*Strelitzia reginae*）
扉页图：宽叶林燕麦（*Chasmanthium latifolium*）
上图：正在变色的秋季树木
目录页图：非洲新娘疣果黑种草
（*Nigella papillosa* 'African Bride'）

目录

叶

花

种子与果实

蓝睡莲（*Nymphaea caerulea*）

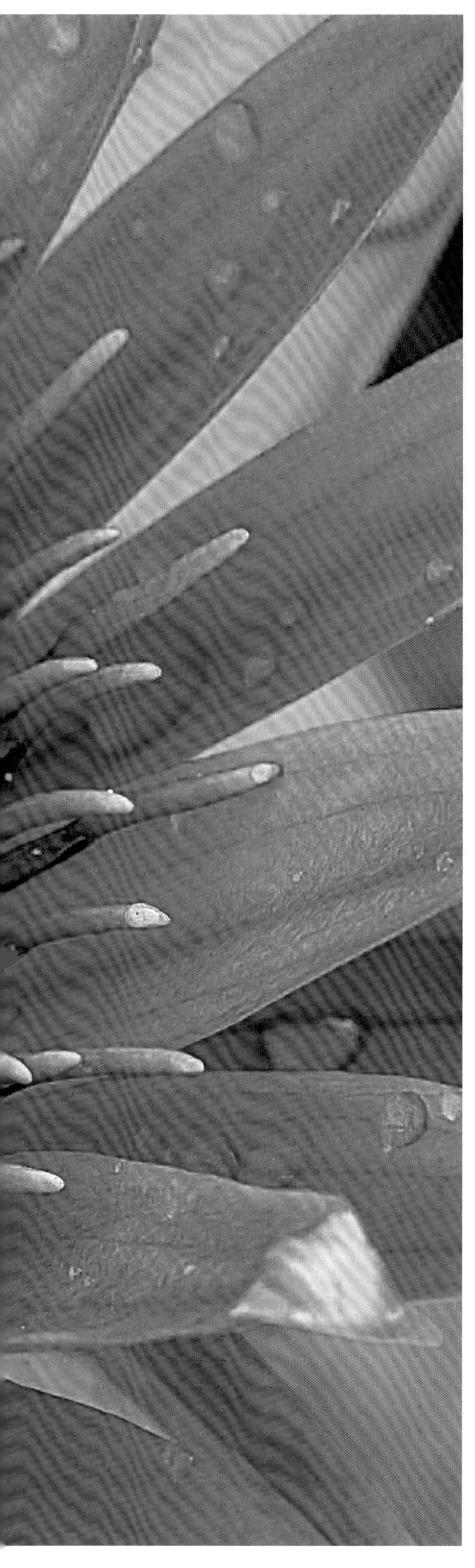

前言

> 植物的种类有很多……那些最美丽、奇异而无穷无尽的类型，就从如此简单的开端演化出来，它们过去在演化，现在也仍在演化。

查尔斯·达尔文（Charles Darwin）用上面这句话为《物种起源》（*On the Origin of Species*）一书收了尾。没有一本书能像《物种起源》这样深刻地改变我们的世界观，自其出版以来已经过去了160多年，但世界上究竟有多少种植物？它们在自然界中的具体作用是什么？我们对这些问题的理解仍处于初级阶段。在达尔文所处的那个年代，科学上已知的维管植物只有几万种；但一百多年后的今天，全球的维管植物估计已达34.5万种，而且每年都会新增约2000种。

本书以出色的文字和精美的插图为读者快速了解植物的精致生命提供了一个整体框架。正如医生需要一个知识系统来理解人体一样，一套有关植物的标准名称和概念可以让人们有效地交流和学习植物知识，可以让植物爱好者从中受惠。

研究植物的好处并不只限于基础知识领域。长久以来，植物一直在衣、食、住、医等方面为我们提供着宝贵的财富。植物在生存中要应付各种困难，包括干旱、营养缺乏以及病毒和细菌等，它们常常能够成功克服这些困难。我们人类现在也越来越多地面临这类困难的挑战，因此，通过达尔文最早描述的那些演化过程，我们可以理解植物如何解决环境施加给它们的难题，然后把这些解决之道用在应付我们自己面临的挑战之上。如今，这已发展成一门方兴未艾的研究领域——仿生学。

然而，我们一边期待着未来的科学发现，一边也意识到植物多样性现在正处在前所未有的危险之中。科学家估计，如今每5种植物中就有2种濒临灭绝。如果对它们的命运置之不理，那么我们不仅会丧失它们所提供的产品和服务，而且会丧失能够维持生态系统健康运作的很大一部分功能，从而令人类自身乃至全球生态系统陷入危险境地。

我希望您在阅读本书时，可以像我、达尔文以及其他很多人一样，深深地为植物着迷；希望本书能激励您加入全球性的事业，保护神奇的植物世界，让人们都能意识到它们的不可思议。

英国皇家植物园邱园科学主任

亚历山大·安东内利（Alexandre Antonelli）教授

植物界

植物：通常指含有叶绿素的生物，包括乔木、灌木、草本植物、禾草、蕨类和苔藓等，一般固定生长于同一地点，用根吸收水分和无机物，在叶中通过光合作用合成养分。

哪些不是植物?

虽然真菌看上去可能很像植物，但它们实际上与动物的关系更近。它们不能像植物那样自己制造养分，只能依赖真正的植物制造的糖类生存。很多现代植物，特别是森林树种和兰花，也在某种程度上依赖真菌（见第34页）。“藻类”是一般性的用语，指包括大型海藻在内的多种类型的生物。虽然有的藻类是绿色的，呈叶状，但藻类都没有真正的根、茎或叶。大多数藻类生在水中，并在海洋中占据优势地位。地衣是由藻类（或某些细菌）与真菌构成的复合生物，这两类生物之间存在共生关系。

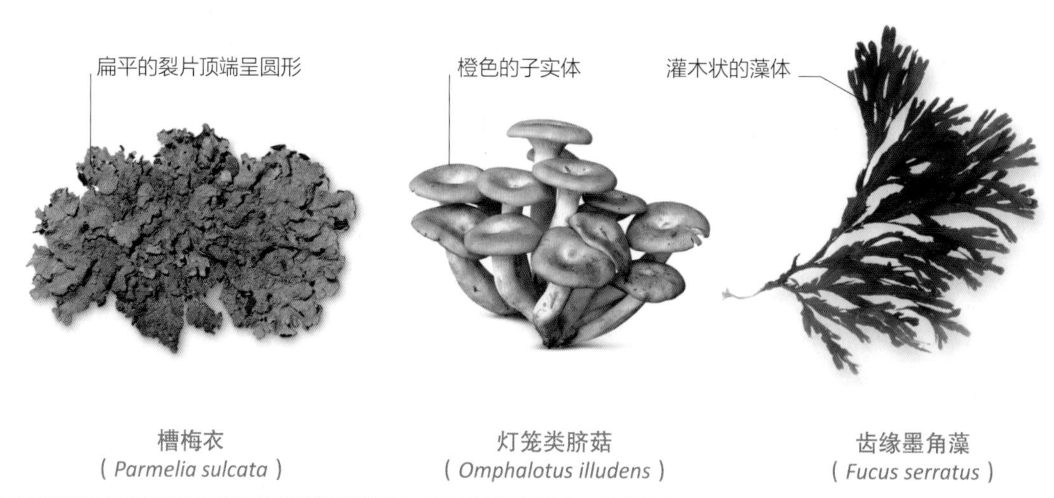

槽梅衣（*Parmelia sulcata*）　灯笼类脐菇（*Omphalotus illudens*）　齿缘墨角藻（*Fucus serratus*）

什么是植物?

植物是在地球陆地上几乎每个角落都能见到的生物，永冻土层和完全干旱的地方除外。它们的大小相差悬殊，既有高大的乔木，又有比一粒米还小的微小种类。从起源上来说，所有植物最初都是水生的，根只是简单地起到把它们固定在一个地方的作用。一旦迁徙到陆地上，很多植物就与真菌建立起联系，真菌可以帮助它们的根获取水分和矿物质。植物与其他生物的不同之处在于植物可以自己通过光合作用制造养分。植物通过细胞中的叶绿素从阳光中吸收能量，并利用大气中的二氧化碳制造糖分。与动物在成年之后就停止生长不同，植物可以持续生长，每年都长出新的部位，要么让植株变得更大，要么可以替换掉缺失或受损的部位。

绚丽的花朵

世界上有超过35万种能开花的被子植物。花并非仅用于展示，它们实际上是植物的生殖器官，其形状和颜色均可用于吸引传粉者。右图中这种珍奇的兰花是万代兰属（*Vanda*）的一个杂交种，该属的很多种兰花原产于亚洲热带地区。

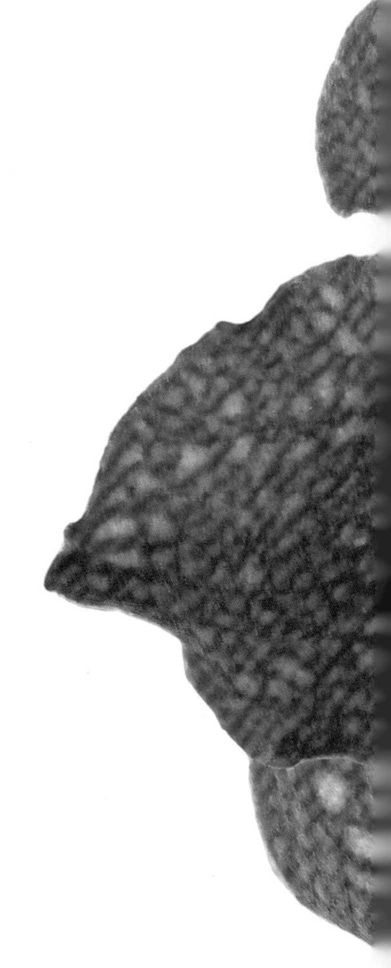

正待开放的花蕾
花茎有时
会分枝

植物界

无花植物

这些植物中的蕨类、藓类和苔类都靠孢子繁殖，包括结种子的无花植物，如裸子植物，其中最大的类群是松柏类。裸子植物所结的种子是裸露（未被包裹）的。

苔类

地钱
（*Marchantia polymorpha*）

藓类

金发藓属
（*Polytrichum* sp.）

角苔类

角苔属
（*Anthoceros* sp.）

石松类

指状扁枝石松
（*Diphasiastrum digitatum*）

植物的类别

最小、最简单的植物统称苔藓植物，包括苔类、藓类和角苔类。它们常常长在湿润的地方，如酸沼中或岩石和树干的阴面。石松植物是一类“原始”的靠孢子繁殖的维管植物。蕨类植物是一群古老而多样的植物，适应于多种生境，它们靠孢子繁殖。裸子植物生有球果，雌球果生有裸露（未被包裹）的种子。被子植物是植物中最多样而复杂的类别，它们有花和种子，种子包裹在果实里面。

演化的复杂性

陆生的最古老的植物是形态简单的藓类、苔类和角苔类的祖先。亿万年来，演化使得更复杂的生物出现，而被子植物（有花植物）如今已经成为植物界中的优势类群。根据化石可以清楚地知道，裸子植物曾经是非常庞大、多样的类群。

有花植物

被子植物是非常多样的一群植物，生长于全世界各种各样的生境中。与裸子植物一样，被子植物也产生花粉和种子，但它们的种子包裹在果实中。

蕨类

番桫椤属
（*Cyathea* sp.）

裸子植物

落叶松属
（*Larix* sp.）

被子植物

马萨涅洛睡莲
（*Nymphaea* 'Masaniello'）

木兰类

荷花木兰
（*Magnolia grandiflora*）

单子叶植物

天香百合（红花变种）
（*Lilium auratum* var. *rubrovittatum*）

真双子叶植物

香叶蔷薇
（*Rosa rubiginosa*）

植物分类

为每种植物正式命名都遵循瑞典植物学家卡尔·林奈（Carl Linnaeus, 1707—1778年）设计的体系，名称由两个词组成。植物的学名为拉丁语，要排成斜体，其中一个词是这个种所在的属的名称，后一个词是专属于这个种的种加词。根据植物共有的特征归并成类群。在历史上，植物分类曾由植物的形态特征（特别是花的结构）和生物化学特征（植物所含的化学物质）确定，并且常常是主观推测的。如今，遗传证据为我们理解植物之间的关系提供了更可靠的方法。

分类系统

右图由格奥尔格·迪奥尼修斯·埃雷特（Georg Dionysius Ehret）在1736年绘制，描绘了林奈的分类系统。林奈通过查看植物的性器官，特别是雄性器官和雌性器官的不同数目来区分植物的种。

莲属（荷花）的花
（*Nelumbo* sp.）

睡莲属的花
（*Nymphaea* sp.）

悬铃木属的花
（*Platanus* sp.）

令人意外的关系

DNA分析产生了一些意想不到的发现。人们常常把莲属与睡莲属搞混，因为它们看起来很相像。然而，遗传分析表明，莲属事实上与悬铃木属的关系更近。

分类等级

植物学家用以下的等级来给植物分类。可以根据植物的花、果实和其他部位的结构以及来自化石和DNA分析的证据归并为门，门以下是纲，由此不断划分，而成为越来越独特的类群。

门

根据最关键的特征划分植物，
如被子植物门和裸子植物门

纲

根据基本差异划分植物，
如传统上划分的单子叶植物纲和双子叶植物纲

目

把具有共同祖先的科归并在一起

科

包括明显有亲缘关系的植物，如蔷薇科

属

具有相似特征的近缘种组成的类群

种

具有相同特征、有时可以相互杂交的植物个体的集合

亚种、变种和变型

与一个种的典型类型在特征上有所差别，
或者在地理分布上不同

品种

一种植物的栽培变异类型，由野生种或杂交种培育而成

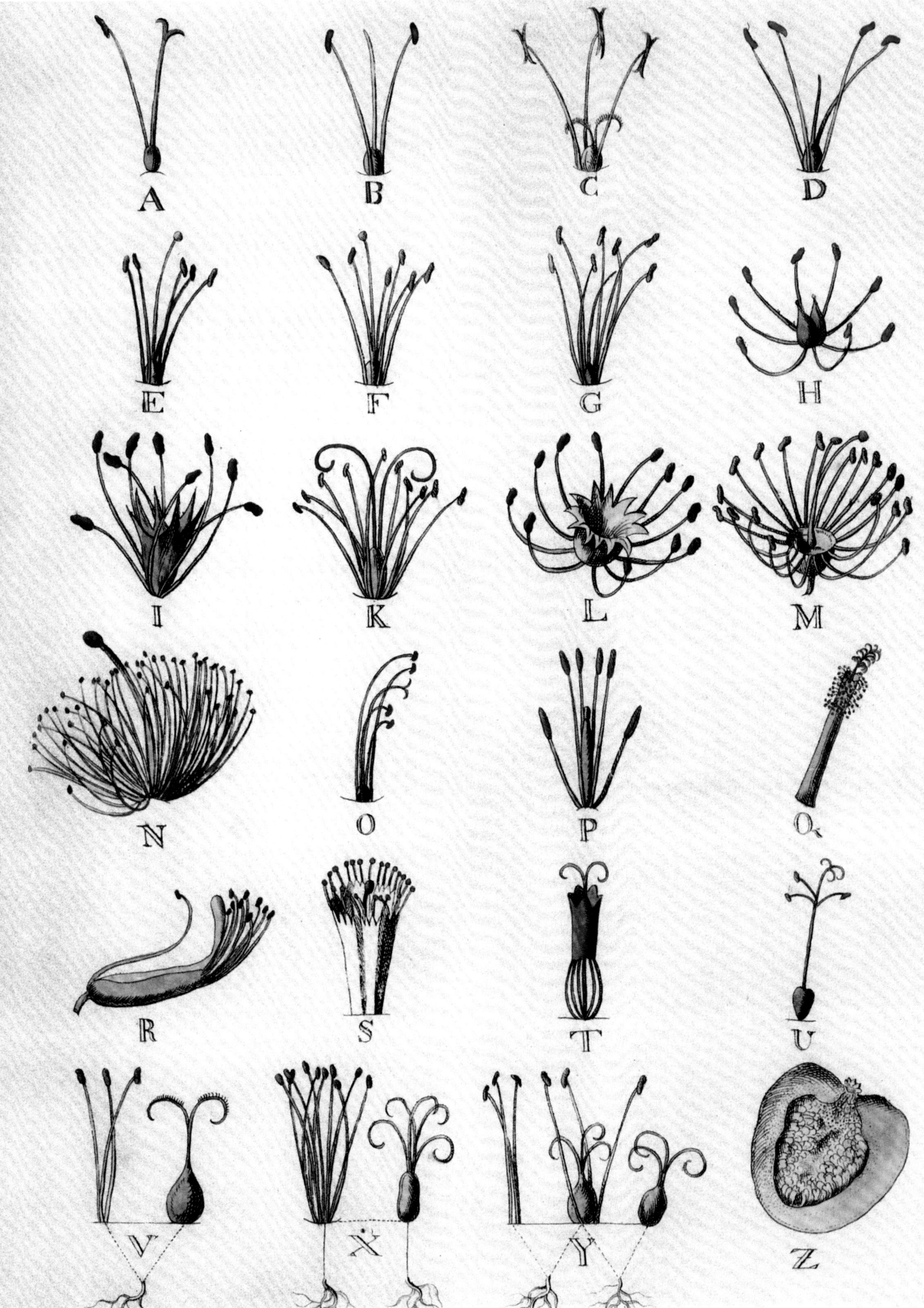
A
B
C
D
E
F
G
H
I
K
L
M
N
O
P
Q
R
S
T
U
V
X
Y
Z

根

根：植物通常位于地下的部分，可将植物体固定在土壤中，并将水分和矿质营养向植株的其他部位运输。

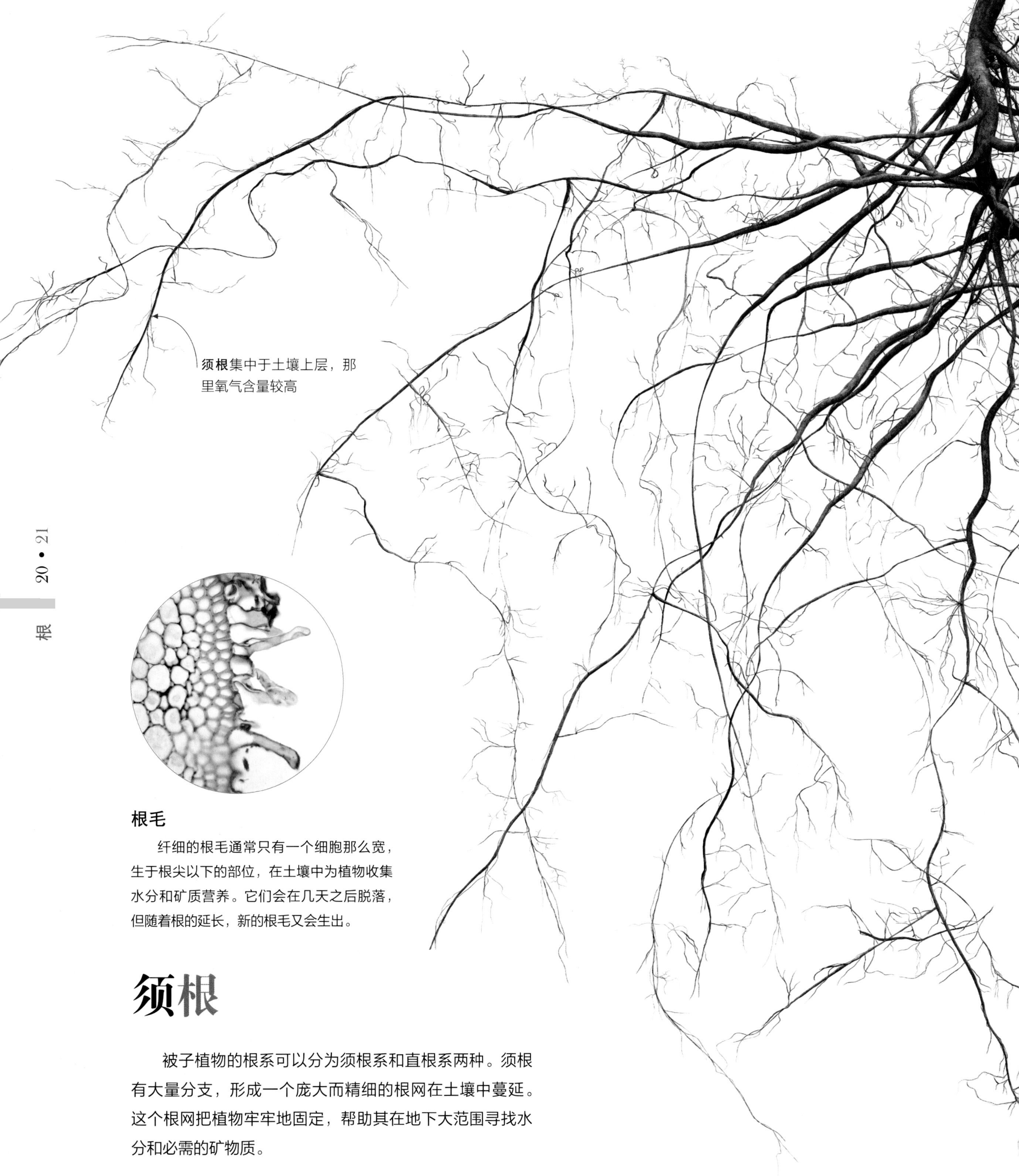

根毛

纤细的根毛通常只有一个细胞那么宽，生于根尖以下的部位，在土壤中为植物收集水分和矿质营养。它们会在几天之后脱落，但随着根的延长，新的根毛又会生出。

须根

被子植物的根系可以分为须根系和直根系两种。须根有大量分支，形成一个庞大而精细的根网在土壤中蔓延。这个根网把植物牢牢地固定，帮助其在地下大范围寻找水分和必需的矿物质。

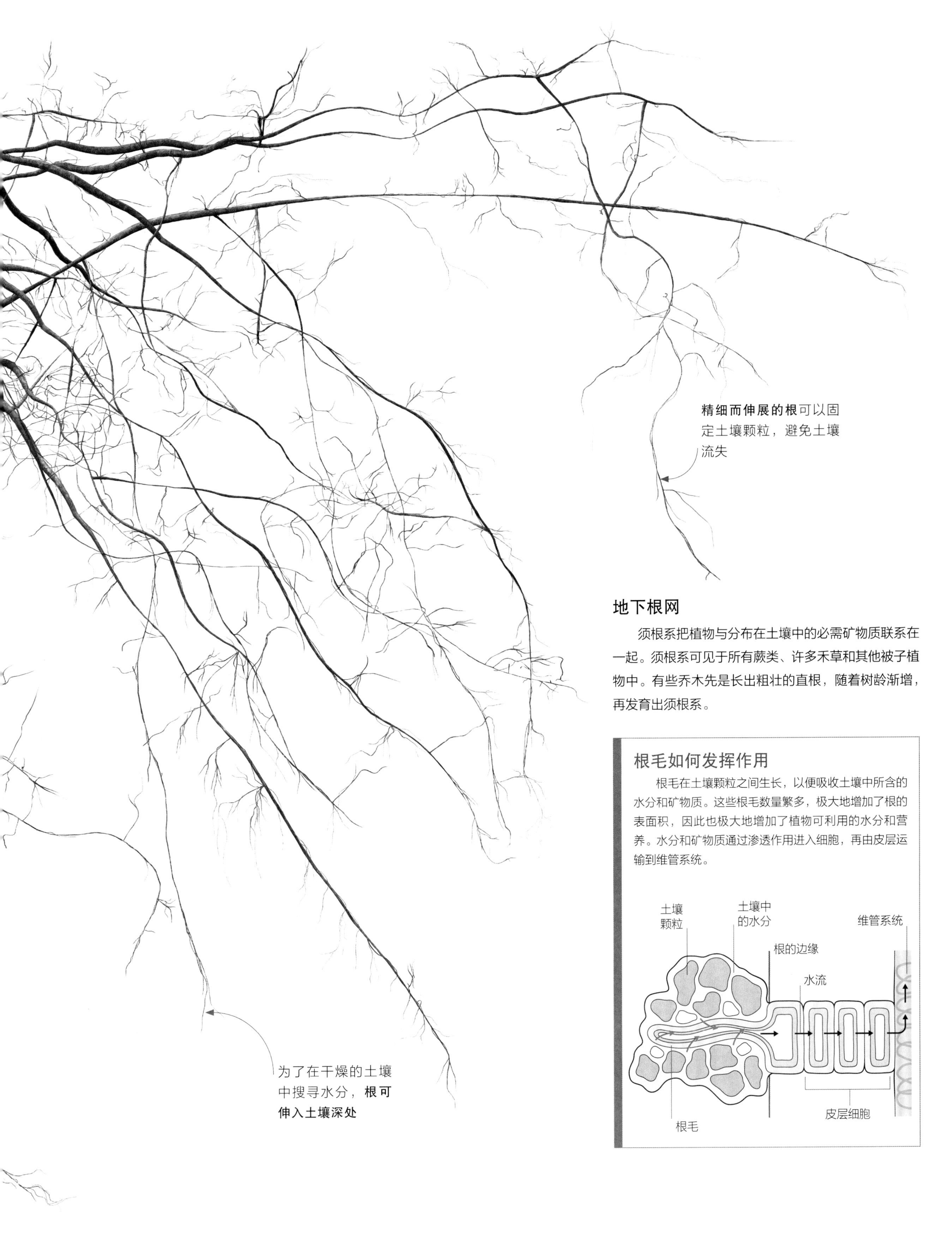

地下根网

须根系把植物与分布在土壤中的必需矿物质联系在一起。须根系可见于所有蕨类、许多禾草和其他被子植物中。有些乔木先是长出粗壮的直根，随着树龄渐增，再发育出须根系。

根毛如何发挥作用

根毛在土壤颗粒之间生长，以便吸收土壤中所含的水分和矿物质。这些根毛数量繁多，极大地增加了根的表面积，因此也极大地增加了植物可利用的水分和营养。水分和矿物质通过渗透作用进入细胞，再由皮层运输到维管系统。

直根

与须根系相反，直根植物在正常情况下只发育单独一根主根，其上生有很小的侧根。有些树木有两种类型的根系，在疏松的土壤中发育直根，在密实的土壤中则发育须根网。被子植物中的真双子叶植物（见第15页）类群的大多数幼苗一开始都有直根，其种子中的根——胚根在根系中占据主导地位。如果一种植物不是真正的直根植物，那么其直根最终会枯萎，使根部分支形成须根状的排列形式。

直根系的食用作物

像甜菜（*Beta vulgaris*）这样的植物把蔗糖之类的糖类贮藏在直根中。这些能量储备用于开花和种子发育（见第28~29页）。必须在直根作物的根还富含糖分的时候就食用，而不能等到植株快要开花的时候。在开花之后，根会变得木质化，而不堪食用。

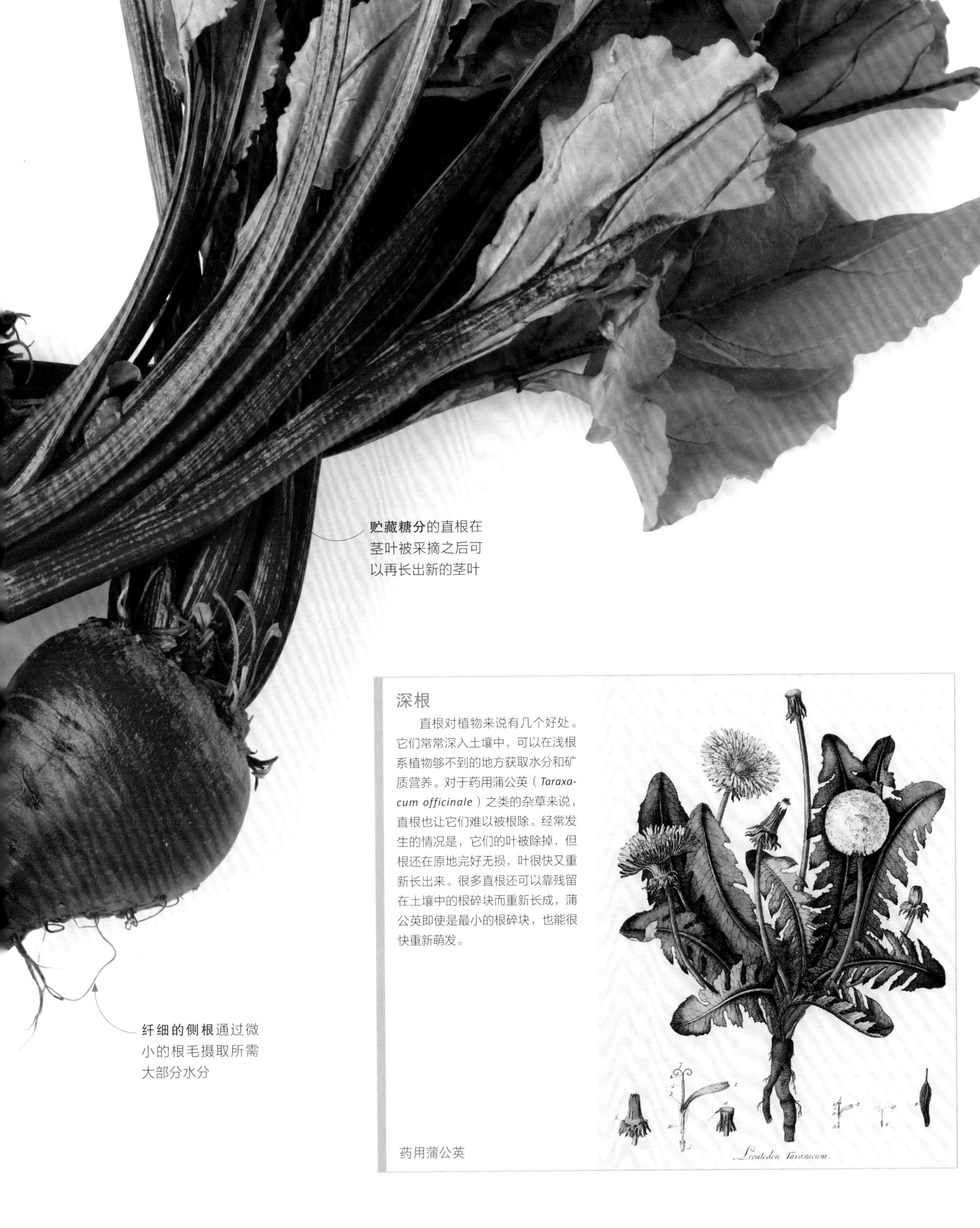

深根

直根对植物来说有几个好处。它们常常深入土壤中，可以在浅根系植物够不到的地方获取水分和矿质营养。对于药用蒲公英（*Taraxacum officinale*）之类的杂草来说，直根也让它们难以被根除。经常发生的情况是，它们的叶被除掉，但根还在原地完好无损，叶很快又重新长出来。很多直根还可以靠残留在土壤中的根碎块而重新长成，蒲公英即使是最小的根碎块，也能很快重新萌发。

药用蒲公英

植物的支撑

固定植物体是所有根系都有的主要功能之一。对大多数植物来说，这个固定的任务完全在地下完成，但是在土壤很浅薄的地方，如很多雨林里面，有些植物会产生复杂的地上支撑系统，在海滨疏松而不稳定的土壤中生长的红树也有同样的结构（见第54～55页）。板根、支柱根和升高根都可以帮助植物把大而重的树冠层高高举起，确保树冠有坚实的基础。

支撑性根系

板根发育在浅薄土壤中，是主根系的一部分。与之相反，支柱根和升高根却是从上方的主茎和枝条上生长出。支柱根在玉米中很常见，它们支撑着纤细的茎干，常常有几层。升高根则是从侧枝弯向下方。

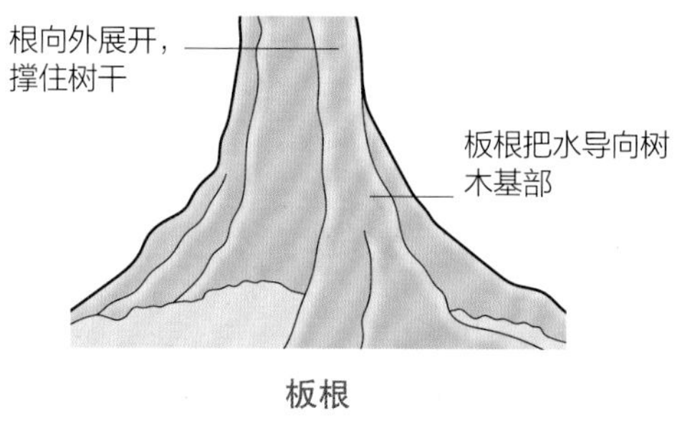

板根

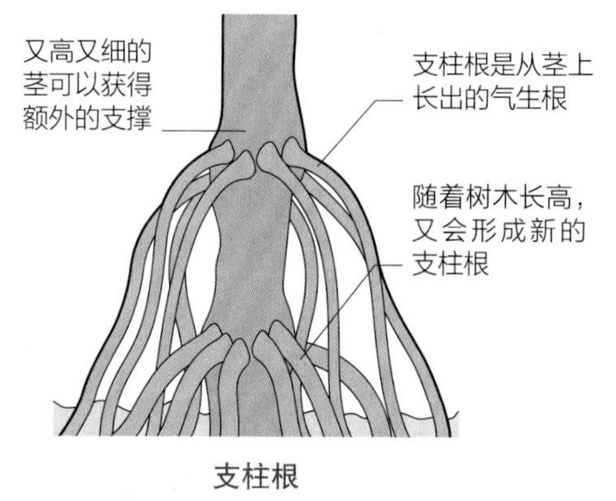

支柱根

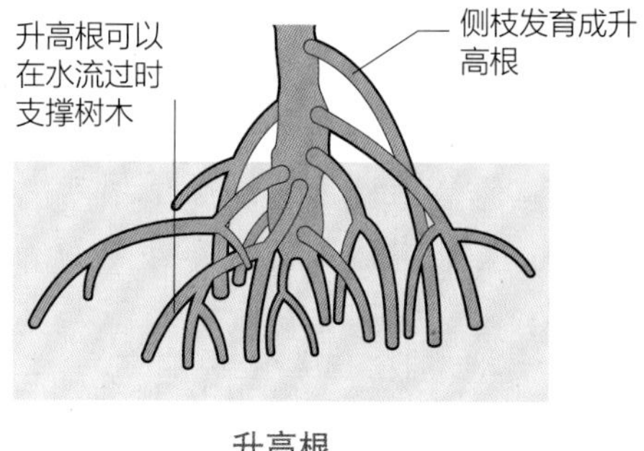

升高根

板根

像濒危的银叶树（*Heritiera littoralis*）这样的海滨乔木需要强大的支撑，以便植株下部在被潮水淹没时受到保护。它的板根相互交织，具有更大的强度。如果在某一侧树冠更大，那么在对侧则会发育更多的板根，以获得稳定性。

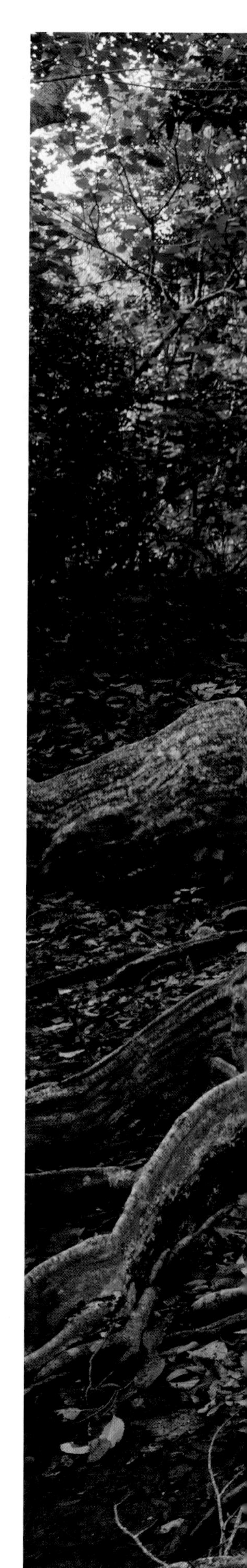

酸性土壤上的绣球花

大多数绣球开白色花，但绣球（八仙花，*Hydrangea macrophylla*）这个种的花色却取决于土壤酸碱度。在pH值高于7的碱性土壤上，绣球花通常为红色或粉红色。在pH值低于7的酸性土壤上，铝可溶于水，并被绣球的根吸收。铝离子与花中的红色色素结合，使花变为蓝色。

粉红色绣球花见于碱性土壤上的植株，这样的土壤中铝不可被植株吸收

健康的绿叶要求根吸收足够的营养，如镁和铁

蓝色绣球花见于酸性土壤上的植株，这样的土壤中铝可被植株吸收

吸收矿质营养

根从土壤中吸收水分的同时，也摄入了溶解在水中的为植物的繁茂生长所必需的矿物质。土壤的化学成分在不同地点变化很大，植物所需的一些关键元素如果短缺，将导致生长迟缓或叶片褪色。不过，在矿质营养短缺的时候，叶能够贮藏多余的矿质营养供以后利用。

营养的分配

从土壤中吸收的矿质营养通过成束的微小管道（木质部）从根向上运送到植株的茎、枝、叶和花，植物所需的3种最重要的矿物质元素是氮、磷和钾，它们也是很多园艺肥料的主要成分。

根吸收和运输土壤中的营养

铁缺乏

植物需要铁元素来制造重要的酶和色素，其中包括叶绿素，也就是光合作用所需的对光敏感的绿色色素。如果铁元素供应不足，那么植物只能合成较少的叶绿素，叶片会变黄，如这片绣球叶就是如此。铁元素只能在溶于水之后由根吸收，但在碱性土壤中铁不易溶于水，植物更可能缺铁。

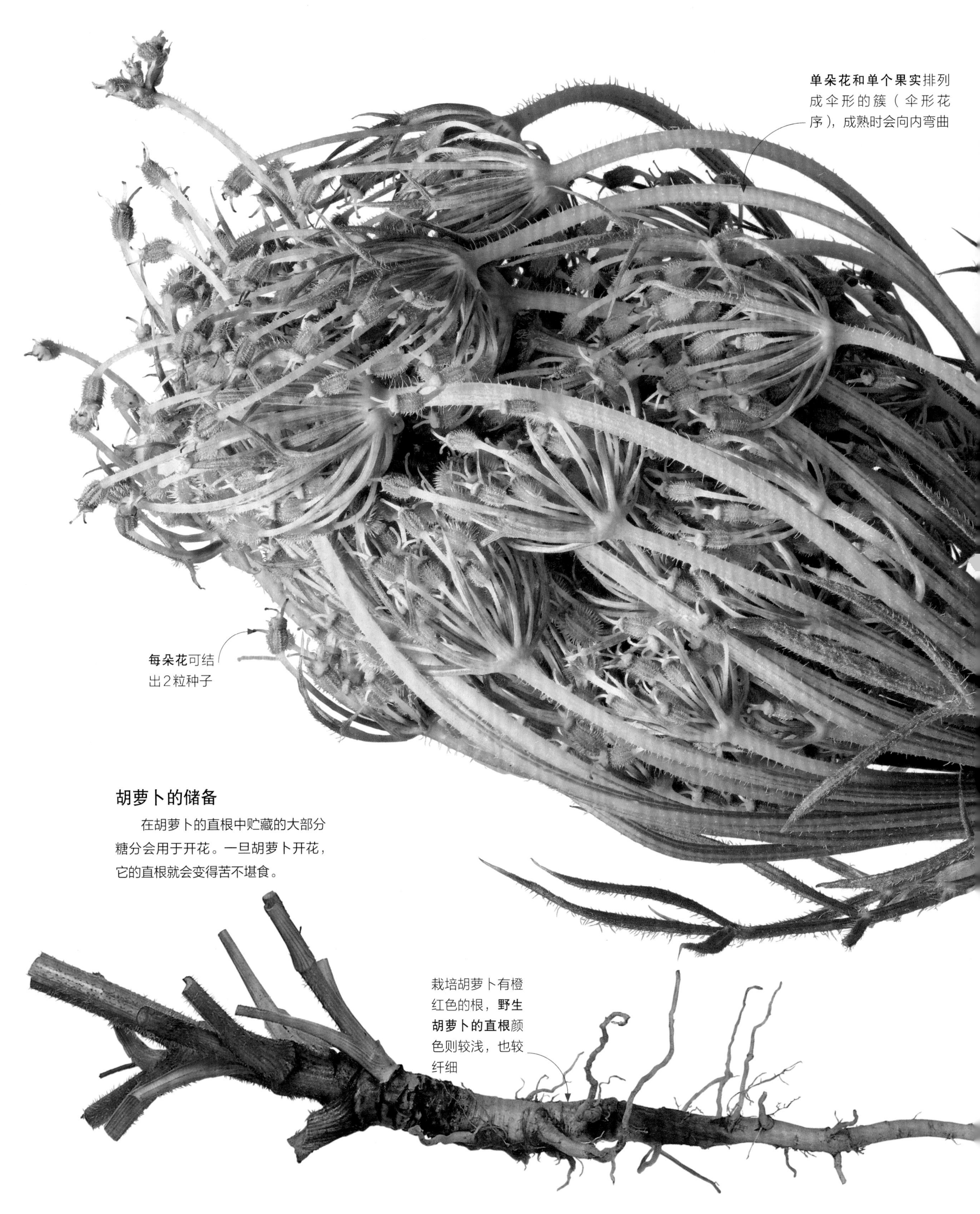

胡萝卜的储备

在胡萝卜的直根中贮藏的大部分糖分会用于开花。一旦胡萝卜开花，它的直根就会变得苦不堪食。

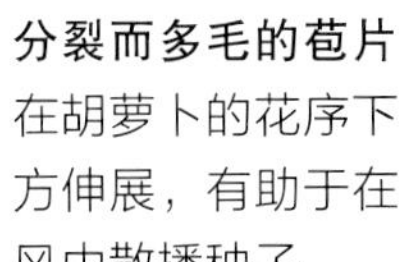

分裂而多毛的苞片在胡萝卜的花序下方伸展，有助于在风中散播种子

地下的能量储备

胡萝卜（*Daucus carota*）原产于欧洲和西南亚。野生植株有纤细的白色根，但人类的种植驯化出了栽培胡萝卜，其根要大得多，颜色也更鲜艳。胡萝卜只有2年生命。它在第一年长出叶丛和膨大的根，其中贮有糖类。这些养分储备在第二年用于开花。

胡萝卜幼苗具有2片子叶

发育出花的时候，根中的储备即耗尽

在新叶之下长出直根

由叶制造的养分贮藏在根中

第二年伊始，根开始释放储备

胡萝卜的生活史

贮藏系统

繁殖需要大量的能量。开花、分泌花蜜、结出种子都需要消耗植物的能量。二年生植物是只生存2年的植物，它们先用一整年的时间在开花前建造糖类储备，然后在第二年开花。一旦种子成熟，植株也就死了。很多二年生的根类作物把养分贮藏在直根中，但是人们会在这些植株利用贮藏的养分开花之前就挖出其富含营养的根。

增粗的花序梗把糖类从直根中运输过来

给种子的养分

一旦胡萝卜的直根释放出贮藏的能量储备，它就会开花，种子会在弯曲的花序里发育。花序断落后可以在风中散播种子。这时候直根会萎缩，为了制造数以百计的种子而耗尽其中的养分。

胡萝卜的直根又粗又长，通常不分枝

自然的印象

19世纪的法国印象派画家冲破学院派绘画的形式限制和规则，投身于自然界，把画架搬到室外，所以他们能够以淳朴的方式捕捉到风景中变化的光线带给他们的印象。后印象派画家在他们开辟的这条路上走得更远。在自然界中看到的几何形状和眩目色彩使他们受到启发，他们创造了有表现力的、生机勃勃的、半抽象的作品，其中饱含能量。

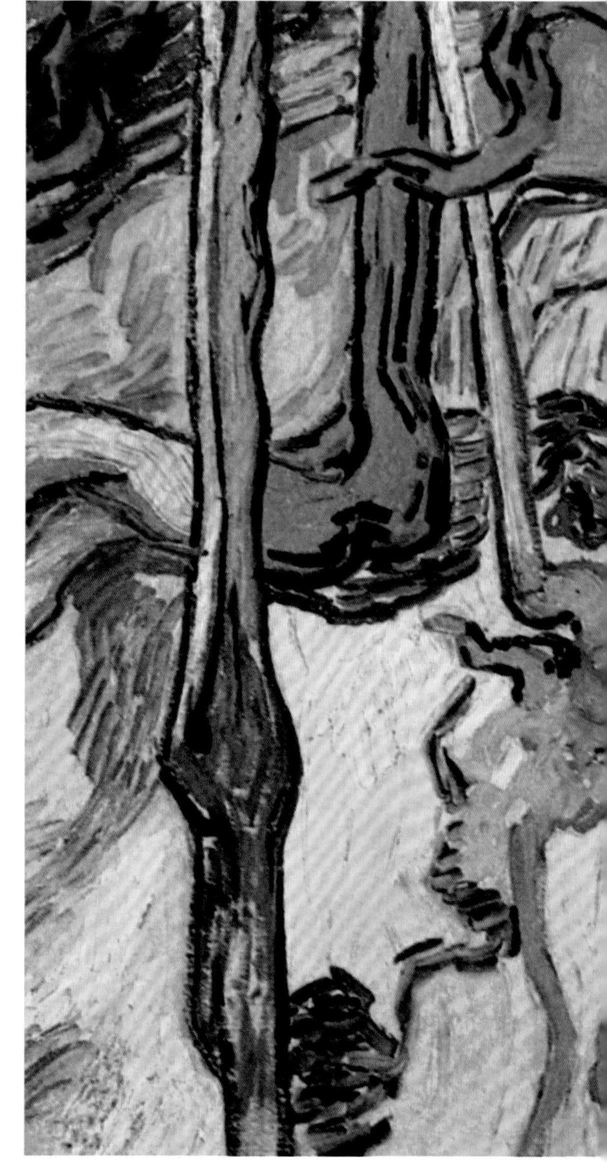

文森特·梵高（Vincent van Gogh）和塞尚（Cézanne）等后印象派画家受到印象派画家为绘画开辟的全新道路的启发，采用了一种简化的绘画方法，几乎不注重写实，而是发展出了他们自己的一套视觉语言。他们所绘的法国南部风景画大量使用粗线条、几何形状和灿烂的颜色，从而为20世纪的抽象派奠定了基础。

虽然梵高常画自然，但他在画中运用浓重的颜色和有力的笔触来表达他对自然的情绪反应。他在苦苦探索现代艺术之路时，曾经受到日本版画的很大影响，其中有粗大而轮廓分明的形象和大块平涂的颜色。他从法国南部寄出的信中洋溢着快乐之情。他相信自己已经找到了“他的日本”，在信中狂热地描述着颜色和形状：“一片满是鲜黄色毛茛花的草甸；一条鸢尾水沟，有翠绿的叶子……一片蓝色的天空。”日本画中的日本扁柏树（在日本叫桧树）给他留下了深刻印象，在此之前他从来没见过有人这样画树，他对此大为震惊。

《树根》（*Tree Roots*，1890年）

这幅由梵高创作的布面油画第一眼看去只是一大团纠缠的明亮颜色和抽象形状，但它实际上是一幅表现了生长在采石场山坡上的拳曲多结的树根、树干和大枝局部的习作。这些颜色显然是不真实的。它绘于梵高死前的那天早晨，虽然没有画完，却因其气势而令人震撼，其中饱含着阳光和生命。

> “我一直都热爱着这里的自然，它有点像日本画，一旦你爱上它，你对它就不会有第二种心思。”
>
> ——文森特·梵高《给提奥·梵高的信》（*Letter to Theo van Gogh*，1888年）

日本绘画的影响

《桧图》是一幅多色的金碧重彩屏风画，由狩野永德（Kano Eitoku）绘于1590年左右。狩野永德是日本绘画狩野派的重要画家。不规则剪裁的构图、盘旋的树枝、线条极具表现力的用法和浓彩的大块平涂都是影响了梵高的典型日本绘画风格。

让土壤更肥沃

红车轴草（*Trifolium pratense*）作为地被作物可以在冬季保护裸露的土壤不被侵蚀，其中的矿质营养也不会流失。红车轴草可以固氮，它们长得非常繁茂。在春季，人们种植红车轴草，便增加了土壤中的氮。这些有益的特性，让红车轴草成为作物轮作系统中的理想作物。

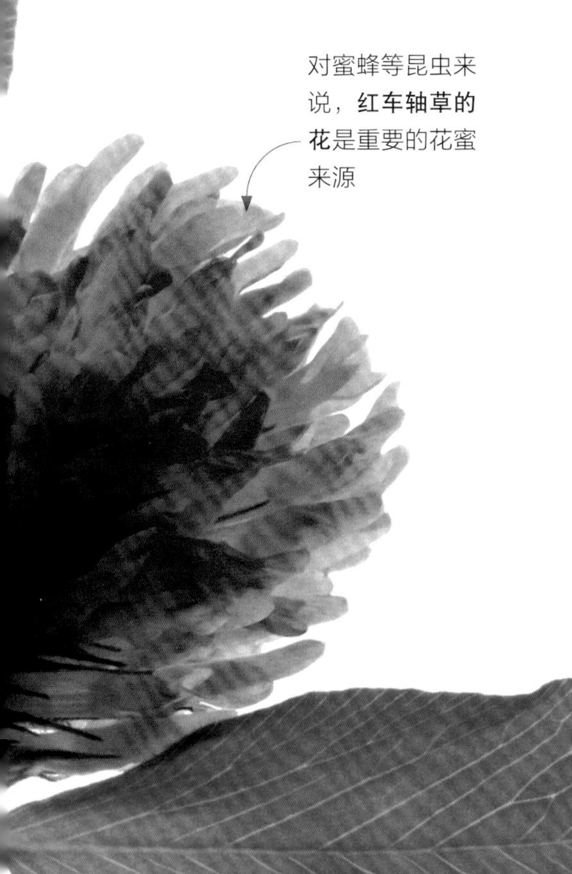

固氮的豆类

有很多植物可以固定空气中的氮，将其转化为它们可以吸收的形式，包括沙棘属（*Hippophae*）、美洲茶属（*Ceanothus*）和桤木属（*Alnus*）。然而，豆科植物才是最常见的固氮植物，其中包括豌豆、蚕豆，以及多种车轴草（三叶草），如地果车轴草（*Trifolium subterraneum*）。豆科植物的根瘤中有几种不同的细菌，统称根瘤菌，对于固氮不可或缺。

新鲜的绿叶表明有充足的氮供应。缺氮会导致叶片变黄

固氮

蛋白质是构成生命的重要元素。氮作为蛋白质的主要成分，是植物必需的。虽然空气中有大量的氮，但是这些氮基本没有反应性，无法被利用，所以植物利用的是土壤中的含氮化合物，通过根来吸收它们。不过，有些植物通过细菌吸收大气中的氮，把它转化为可利用的化合物。这些植物叫固氮植物。

根瘤

植物只能通过细菌和宿主植物之间的共生关系来固氮。这种共生关系发生在根上形态出现变态的部位——根瘤。当细菌侵入正在生长的根毛的皮层（外层）时就会形成根瘤。在根瘤里，细菌会制造一种酶，叫固氮酶。这种酶把气态的氮转化为可溶的氨，氨是植物可利用的氮的形式。作为回报，植物为细菌提供糖分。

根瘤是细菌生活的地方

根瘤位于根的表面

豌豆的根瘤

Amanita muscaria

毒蝇鹅膏菌

真菌在大多数植物的生命中扮演着关键角色。很多植物与特定种类的真菌之间存在共生关系，二者可以共同构成菌根。毒蝇鹅膏菌就是菌根真菌的一种。这种共生关系让植物可以用糖类来交换额外的水分和营养。

毒蝇鹅膏菌产于北半球大部分地区，在整个南半球也广泛分布。绝大多数人都只见过这种真菌的颜色鲜艳的子实体，也就是“蘑菇”部分。伞形的菌帽为亮红色或橙黄色，通常点缀着白色的疣突。在散出孢子之后，这些蘑菇会腐烂。

毒蝇鹅膏菌的主体是地下的菌丝体，并通过菌丝体在针叶林和落叶林生态系统中发挥着关键作用。菌丝体是匍匐的大团丝状结构（菌丝），在土壤中蔓延，可以与种类极多的树木形成互惠共生关系，包括松树、云杉、雪松和桦树等。虽然有些真菌可以穿透树木的根细胞，但毒蝇鹅膏菌却只是形成覆盖树根的菌根鞘。菌根鞘不仅可以保护树根免受微生物侵害，而且能帮助把矿质营养和水分运输到根中。作为回报，树木为这种真菌提供由光合作用所制造的糖分而支持其生长。因此，最容易见到毒蝇鹅膏菌的地方是在与它有联系的树木的基部附近。

毒蝇鹅膏菌可以与如此众多的树种共生，如今它也出现在本没有天然分布的地区，可能是那些打算种在人工林里的树苗的根部让它搭了“便车”。有些专家担心它会与重要的本地菌根真菌种竞争，而把后者排挤掉。

毒蘑菇

毒蝇鹅膏菌含有化学混合物，既有助于分解土壤中的营养，又可以保护它不被动物吃掉。

微小的白色疣突是菌幕组织的残余，在生有孢子的菌帽从地下长出时，菌幕可以起到保护作用

围绕菌柄的有**短裙状的菌环**组织，与菌帽一起可用于鉴定毒蝇鹅膏菌

菌丝包裹着宿主树木的根部，它可以在根细胞之间生长，而不穿入细胞壁内

冰山一角

像右边这朵蘑菇，只是真菌的生殖结构。真菌的其他部分在地下，由不计其数的丝状结构组成，这些丝状结构叫菌丝。

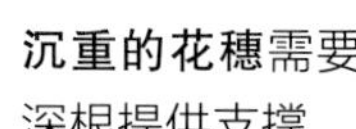
沉重的花穗需要深根提供支撑

为了开花而深掘土壤

收缩根把鳞茎牢牢地固定在土壤中，这有助于让地面上的大丛花束获得足够的支撑。

鳞茎也会在地下繁殖，形成和母株一样的新植株

收缩根

根通常只是把植物固定在某地，而不管天气如何。然而，有些植物却可以真正改变它们在土壤中的位置，它们利用的是专门的适应性根。收缩根可以通过伸缩运动把植物拉向土壤深处，这样的根常见于具有鳞茎、球茎或根状茎的植物中（见第87页）。其他很多植物也都有收缩根，包括有直根的植物。植株深埋到土壤中之后，周围可以有更稳定的环境，并能保证正在成熟的球根到达合适的深度。

寻找正确的深度

球根植物从接近土壤表面处的幼苗开始它们的生命历程。然而，如果发育中的球根一直待在土壤表面附近，那么它不光会暴露在冰点温度和足以将它晒干的阳光之下，而且也可能被动物吃掉。为了保护球根，收缩根慢慢把发育中的球根拉向土壤深处，因为那里的环境条件更稳定。收缩根在伸长之前会增粗，把周围的土壤推开，形成一条通道，从而让球根可以通过。

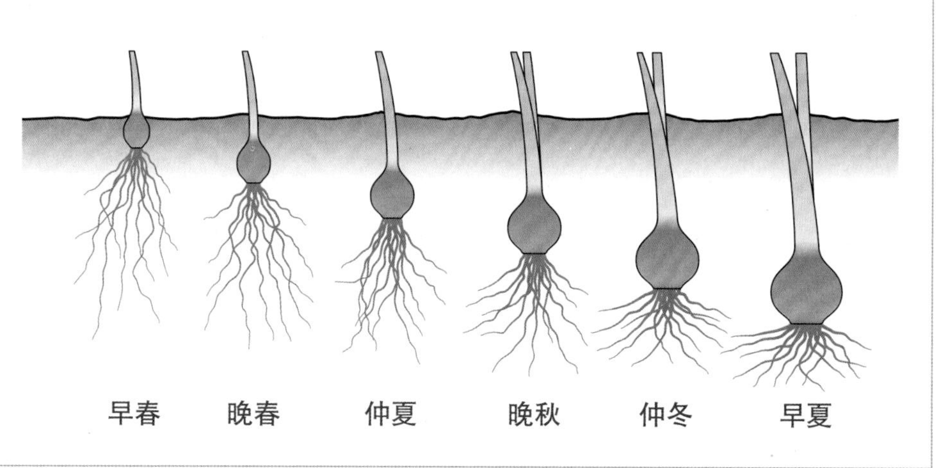

在地下深处熬过干旱期

风信子和很多其他球根植物生活在季节性的干旱地区，在春季的降雨之后就是漫长的夏季干旱期。收缩根可以把鳞茎拉向土壤深处，那里较凉爽，它们不容易脱水。在春季开过花的鳞茎在整个夏季保持干燥，根也完全枯萎。当冬雨来临时，根又重新长出，植株也做好了在来年春季开花的准备。

白色浆果可以吸引鸟类把它们的种子散播到其他树上

气生根

附生植物生长在高处的树冠层中，栖息在树枝之上，需要根来把它们牢牢地固定在某处。这些气生根沿着茎长出，可以攀爬在附近的任何表面上。栖息在地面上的陆生植物的根与土壤直接接触。但与这些根不同，气生根只能从雾和雨中吸收水分，它们适应于从这些水源中汲水。有时气生根还可以变为绿色，通过光合作用制造养分（见第129页）。

树梢旅行者

珠果花烛（*Anthurium scandens*）是附生植物，沿着树枝攀爬，长出大量气生根，可以占领很大的地盘。这大量的根不仅可以使植株固定在树上，而且可以增加它所吸收的水量。

气生根和水分

所有根的最外层都有保护性的表皮，但在一些气生根中，表皮可有几层细胞那么厚。这样的表皮叫根被，可以迅速吸收水分，在湿润后变得透明，从而让其下方的任何绿色细胞都可以进行光合作用。根被也能保护这些对光敏感的细胞不受紫外线损害。

Ficus sp.

绞杀榕

一些榕属（*Ficus*）树种演化出了一种特别的生长方式，即生长在其他乔木上，最终把乔木勒死。很多榕属树种都表现出这种绞杀性的生长类型。虽然这听上去是件“不光彩”的事，但是绞杀榕却是热带森林中的重要成分。

绞杀榕的生长始于树枝上的微小种子。在萌发之后，幼苗的根会钻进树枝上积聚的沉积物中。随着时间推移，这些根为了搜寻更多矿质营养而会像蛇一样蜿蜒地沿着宿主树木的树干向下生长。一旦根触碰到地面，榕树就从没有危害性的附生植物变成了致命的寄宿客。榕树根像一张木质的网一样长得越来越大，最后通过缠绞把宿主杀死。

起初，绞杀榕可能通过根为其宿主树木提供了保护，让宿主不会被热带风暴连根拔起。但是这为时不长，到绞杀榕开始绞杀宿主的时候就不存在了。

绞杀榕可以结出巨量的果实。每一个果实都是肉质的榕果，实际上是翻转的花序，花开在里面。微型的榕小蜂负责为它传粉。雌蜂通过顶端的小孔钻入花序内部之后，把卵产在靠近榕树胚珠的地方，同时就把花粉从另一棵榕树传递到了雌花之中。榕小蜂就在榕果里面出生、摄食和交配。怀孕的雌蜂会从雄花那里采集花粉，然后独自飞向另一棵榕树，在那里又让这个过程重新开始。足够多的花受精之后，便可以让果实包含大量可以萌发的种子。在幸运的情况下，树栖动物会吃下果实，把种子排泄在另一棵宿主树木的树枝上，于是让这个循环继续下去。

这样就让榕树的种子能在靠近树冠层顶部的地方萌发。相比生存相当困难的森林地面，树冠层顶部可以获取的阳光多得多。

空洞的胜利

当宿主树木腐烂之后只有绞杀榕存留下来，它的根形成了曾经支持它生长的宿主树木的一个“模型”。根里面的空间是鸟类、昆虫和蝙蝠的栖息地。

甜美的果实

绞杀榕的果实是很多动物喜爱的美味。动物可以把种子带到远离母株的地方，通过排便把种子排泄出去。

榕树的果实中包着许多种子，在果实被动物吃下和消化之后仍有生命力

生活在空气中

空气凤梨的叶上有盾状的银色鳞片，可以从森林里溽热的空气中吸收水分

空气凤梨属于凤梨科（Bromeliaceae）。之所以叫空气凤梨，是因为乍一看它们似乎完全依靠新鲜空气就能生长繁茂。大多数植物依赖根从土壤中获取水分，但空气凤梨可以通过叶上的鳞片从空气中吸收水分。空气凤梨属于铁兰属（*Tillandsia*），虽然大多数种也有根，但是根的主要功能只是把植株固定在树枝或岩石上。

生长在树冠

附生植物栖息在其他植物之上。附生植物不是寄生植物，不从宿主那里获取养分，但是在雨林中，它们可以通过高居树枝之上而获益，在这里所接收到的阳光要比雨林地面上多得多。铁兰属不是唯一的附生植物，很多蕨类、兰花和凤梨科其他植物也都生长在高处的树冠中。

铁兰属的花围绕着**色彩绚丽的苞片**，可以吸引蜂鸟和其他传粉者

叶的鳞片在湿润时会变透明，让银白色的叶变为绿色

丝状的根

丝状毛

空气凤梨的花可以结出大量种子，上面生有纤细的丝毛。这些毛让种子可以被风吹走，落到新的树枝上，然后在那里生长。

细叶铁兰（*Tillandsia tenuifolia*）

毛被铁兰（*Tillandsia tectorum*）

空气凤梨的宿主

铁兰属通常生于树枝或岩石上。较小的种可以附着在极为脆弱的小枝上，在城区中它们甚至可以附着在电线杆和高架电线上。空气凤梨的种子极易嵌到树皮等物体粗糙表面的缝隙中。

精灵铁兰（*Tillandsia ionantha*）

全寄生植物

没有叶的寄生植物完全依赖寄主提供养分和水分，它们是全寄生植物。右图这幅19世纪所绘的彩色石印画上的丛茎齿鳞草（*Lathraea clandestina*）就是全寄生植物，它寄生在杨树、柳树或其他树木的根部，只在开花时出现在地面之上。

寄生植物

虽然大多数植物通过光合作用制造养分，但也有些植物以“诈骗”的手段获取养分。寄生植物寄生在其他植物上，用名叫“吸器”的变态根刺入寄主植物的组织，从中“窃取”水分和糖类。槲寄生之类的寄生植物把自己附着在茎和枝上，而另一些寄生植物则寄生在寄主的根系上。有些寄生植物只有寄生于寄主之后才能生存，而另一些寄生植物也可以独立生存。

疗齿草（*Odontites vulgaris*）可以寄生在多种植物上

半寄生植物

虽然像小鼻花和疗齿草这样的寄生植物有绿叶，可以自己制造养分，但是它们却要从寄主那里“窃取”水分。这些半寄生植物也会“盗取”糖类，为自主的供应提供补充。

小鼻花（*Rhinanthus minor*）是半寄生植物，没有寄主植物也能存活

微白色的蜡质浆果只在雌株上长出。虽然鸟类喜食它们，但对人类而言却有毒性

椭圆形的革质叶成对长出

寄生在树冠的植物

虽然白果槲寄生有绿叶，完全可以进行光合作用，但是它们仍要从寄主那里“窃取”水分和矿质营养。

Viscum album

白果槲寄生

槲寄生被赋予了神话和民间故事传说，也是在圣诞节亲吻的好理由。它的生物学习性同样迷人。它是一种寄生植物，生长在多种落叶树上。它可以造成寄主生长迟缓和畸形，但很少会把寄主杀死。事实上，如果寄主树木死亡，槲寄生也会随之而死。

槲寄生没有根，而是发育出名为“吸器”的特殊结构，以穿透寄主树木的维管组织，从中吸取水分和矿质营养。槲寄生生长缓慢，所以健康的寄主树木可以容纳少数槲寄生在其上寄生，而不会呈现严重的病态。不过，被大量寄生的树木会比较虚弱，如果再遭受病虫害、干旱和极端气温等，就不易幸存下来。

鸟类对于槲寄生的扩散至关重要。白果槲寄生的小花在传粉之后会结出白色或黄色的浆果。鸟类很爱吃这些浆果，但它们只能消化柔软的果肉，所以会在吃下果实之后把有毒的种子吐出或排泄出来。吐出来的种子会粘在鸟脸上，鸟类把种子蹭在树枝上。种子的黏性覆被变硬之后就把它紧紧地粘在树枝上。之后，种子可以发育出吸器以插入寄主之中，进而完成白果槲寄生的整个生活史。

槲寄生虽然是寄生植物，但在它们所生长的环境中扮演着重要角色。槲寄生有很多种，每一种都是鸟类和昆虫的重要食物来源。这些动物又可以引来更多野生动物，槲寄生有助于增加天然生境中的生物多样性。不仅如此，因为槲寄生偏好寄生于某些树上，这可以让它们所寄生的这些树不会占据太大的优势，从而避免危害其他树木。

冬天的白果槲寄生

白果槲寄生是常绿植物，在冬季最容易看到，只见它们宽达约0.9米（3英尺）的密丛悬挂在裸露的树枝上。每一丛都是单独一棵白果槲寄生，由很多规则分叉的枝条构成。

缺氧土壤中的根

被水淹没的土壤会变得缺氧。水生植物的茎是空心的，从而空气可以向下进入根部。一些空气从根部逸出，为根和根状茎周围名为“根际”的区域内的土壤通气。

为根际供氧
植物的叶吸收氧气
氧气在植物中输送
水
含有部分氧气的表土层
缺氧土壤
氧气到达根部
可通气的根际

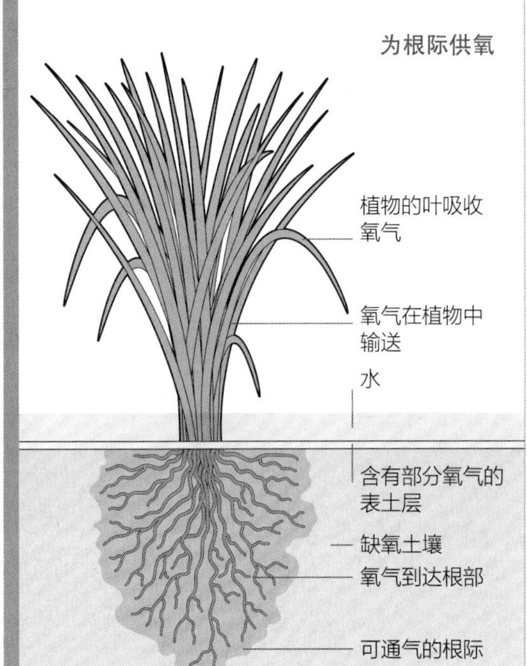

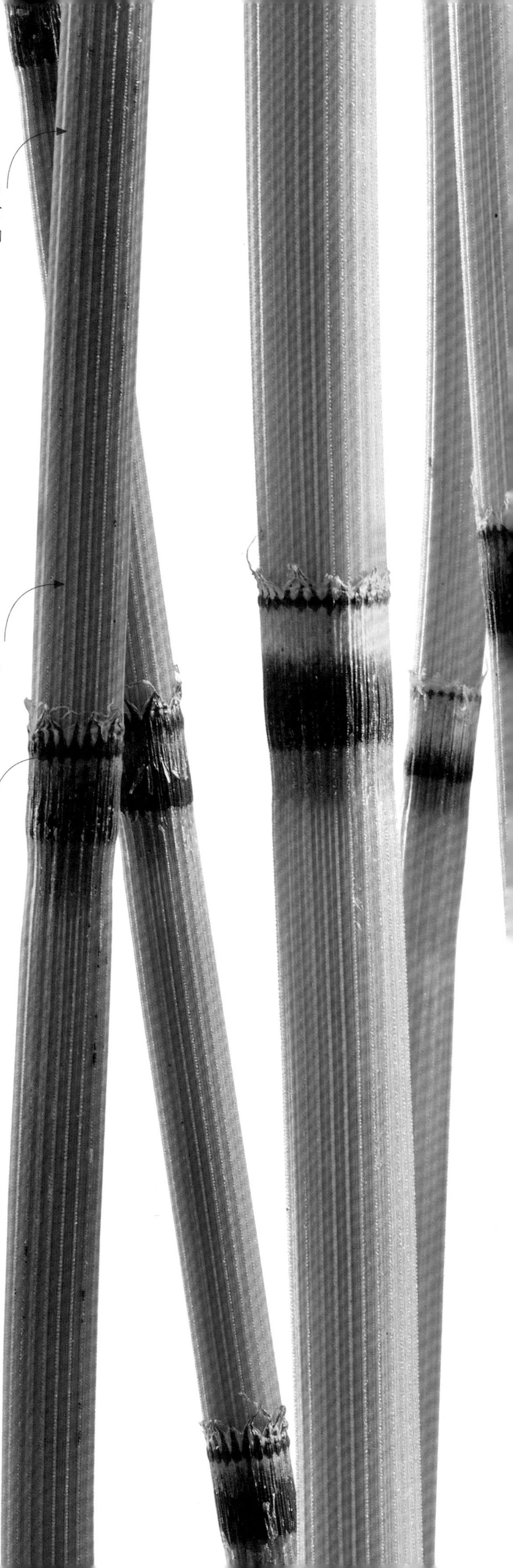

木贼属的茎富含硅质，导致它们粗硬而不适合食用，可阻止食草动物的取食
坚硬的纵棱为空心的茎提供了支持
微小的叶收缩并退化为合生的鳞片状，在节上形成带齿的衣领状的鞘

史前植物

木贼属（*Equisetum*）植物生长于潮湿地区，包括那些季节性被水淹没的地方，它们在这样的生境中已经生存了3亿多年。木贼属植物的祖先茎的直径可达约0.9米（3英尺），而现存的木贼属植物不过是其祖先的微缩类型。

水中的根

所有的植物细胞要想存活，都需要有氧气来源，所以对水生植物来说，把空气向下输送到没入水中的根部至关重要。在水生植物的叶、茎和根的组织中有空心的通道，通道周围是名为“通气组织”的海绵状结构。它们可以让空气通过水面以上的空腔向下输入根部。

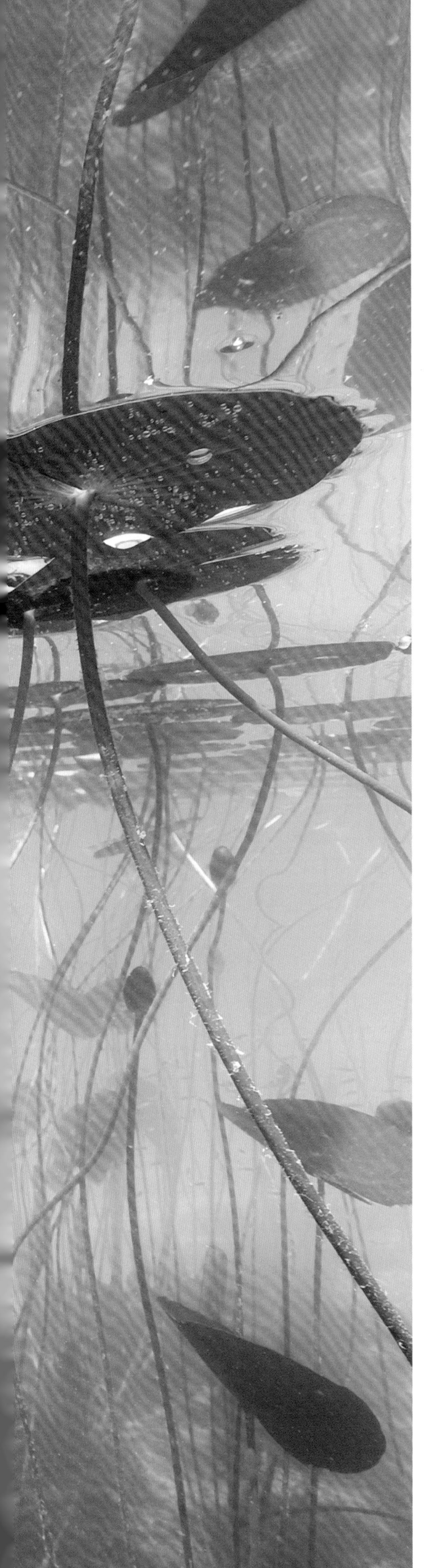

Nymphaea sp.

睡莲

睡莲属的叶平铺于水面，极为雅致，其花以精妙的颜色点缀在叶丛间。DNA研究表明，睡莲属是被子植物的所有类群中最古老的支系之一。

睡莲属有60多种，在热带和温带地区均可生长。除了鲜为人知的无油樟属（*Amborella*）之外，睡莲属是与其他所有被子植物关系最远的亲戚，它们是亿万年造就的演化产物。望向睡莲池塘，很容易把它们误认为是漂浮在水上的植物。事实上，睡莲属的叶附着在又长又细的叶柄上，叶柄则从深埋在泥中的粗大的根状茎上长出。叶片细胞之间有大型气囊，靠着这些气囊，叶可以浮在水面上。

睡莲在开花时，花中的雌性器官（柱头）先成熟。碗状的柱头中充满黏稠的液体，其中有吸引蜂类和甲虫等昆虫的化学成分。当它们为了搜寻花蜜而爬进柱头中央时，来自其他睡莲花朵的花粉就从昆虫身上洗下进入柱头，为这朵花完成传粉。有些昆虫在这个过程中会溺死在柱头中。对睡莲来说，它的传粉者是死是活都无所谓。

第一天过后，花朵就不再分泌液体，此时雄蕊成熟，会有1~2天的活性，散出花粉供昆虫采集和传播到其他花中，从而完成这个循环。当花朵最后一次闭合后，它的花梗卷曲起来，把闭合的花拉到水下。这样可以把发育中的种子置于更靠近底泥的地方，种子最终会在泥中萌发。

水中美色

在全世界，睡莲属花卉都是水生花园中备受赞誉的装扮。但它们在逸为野生时，却常常会排挤本土植物，破坏水生生态系统的平衡。

花中的**雄性和雌性器官**在不同时间成熟，减少了自花传粉的概率

正在开放的花蕾

睡莲花只在水面上开放，以便受粉。一旦受粉完成，它们就回到水面下，为种子的萌发提供更好的机会。

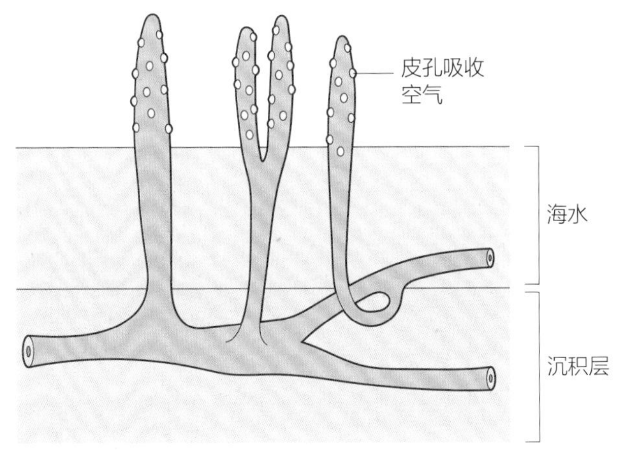

根如何呼吸

红树的根大多数时候淹没在海水中，一天可露出水面两次。它们所占据的土壤只有很少的氧气或没有氧气。为了呼吸，一些树在根系上发育出直立的延伸结构，即呼吸根，其作用类似潜水用的呼吸管。呼吸根通过表面名为皮孔的小孔吸收空气，并运输到根中。

呼吸根

呼吸根

海滨浅水对植物来说是最艰难的生境之一。潮水和风暴潮会把植物连根拔起，特别是海底松软的沉积物只能给植物提供极小的固定作用。咸水会让植物组织脱水。根和茎淹没在水中，导致其缺氧。红树是在这种生境中为数不多的生长良好的乔木和灌木中的一类树种，它们构成的森林保护了海滨免受风暴和水土流失的威胁。

呼吸根是根的延伸，向上穿过泥泞的地面而出

用于固定的根

为了抵抗潮水的拉力，并在热带风暴中幸存下来，红树发育了大量的支柱根网络。它们不仅能把植株固定在浅薄的土壤中，而且也能减缓水流，让很多沉积物留在根的周围。

吸收空气，排斥盐分

红树的根在低潮位时可以通过呼吸根来吸收空气。一些树种还可以排斥盐分，根细胞膜就像滤纸一样，可以让水进入，同时把盐分排除在外。

Rhizophora sp.

红树

在咸水中生存，对植物来说是极大的挑战，但这一威胁被红树植物成功克服。在所有可称为“红树植物”的乔木和灌木中，只有较少的种类是“真红树植物”——只生活在咸水中，红树属的许多树种就是如此。

盐分的脱水效应和获取淡水的困难，让海滨环境不适宜植物生存。红树属植物克服这些困难的办法是滤掉盐分。这些树木挺立在长纺锤状的支柱根上面，让它们呈现出独特的外观，这些支柱根正是红树生长的秘诀。水在进入根时会通过一系列细胞膜的过滤排掉其中的盐分，从而让树木可以获取无尽的淡水供应。红树始终会让根的一部分露出水面，这也让它们能交换二氧化碳和氧气，避免窒息（见第53页）。

红树属植物对于维持动物的海滨群落和人类的沿海社群来说都有至关重要的作用。它们的根可以固定沙滩，减缓侵蚀，降低波浪的高度，保护和建造本来可能会被侵蚀的海岸线。红树林能为定居者和野生动物提供庇护，减少热带风暴的危害，还为多种鸟类提供了重要的觅食地和筑巢地。

红树属植物依赖海潮的涨落来占领新地盘。这些树种是胎生的，也就是说它们的种子在散播之前在枝头就可以萌发。状如鱼雷的幼苗要么掉落到母株脚下的沙地上，要么随潮水漂走。幸运的话，它们可以被冲到遥远的另一处海滩上，在那里建立一片新的森林。

高潮位时的红树林

种类繁多的鱼会在红树属植物大团纠结的根中产卵，它们的后代就在这些森林的庇护之下长大。

顶部的根总是高出水面，即使是在高潮位时

低潮位时的红树

左图中的这棵美洲红树（*Rhizophora mangle*）的支柱根向下弯曲，插入巴哈马一个咸水潟湖的沙地中。最上部的根从不会被潮水淹没；因此，气体交换可以不间断地进行，从而让光合作用和呼吸也可以连续进行。

茎与枝

茎：植物的主体部分和主干，通常在地面上生长，但有时也在地下生长。

枝：从树木的树干上或草本植物的主茎上长出的分支。

茎的类型

茎是植物的骨架，支持及连接着根、叶、花和果实。在茎的内部隐藏着一个循环系统，让水分和养分在整个植物体内流转。茎的结构展示出巨大的多样性，其中既有高耸的乔木和弓曲的藤本，又有铺散的地被植物和地下的根状茎。茎在大小上也有很大差异，微小的藓类有纤细的茎，而北美红杉树干却极为庞大。

节间含有海绵状的髓和富含糖分的汁液

甘蔗有笔直而结实地挺立的茎，可高达约4.6米（15英尺）

坚硬和柔软的茎

茎的次生加粗是茎产生木质组织的过程，可让茎变得更大、更结实。不过，很多植物从不会变成木本植物，它们的柔软的草质茎寿命只能维持一个生长季。

粗壮的茎对于这种挺立的高大禾草来说至关重要

洋常春藤的幼茎柔软易弯，有助于其攀缘，老茎则变得木质化

生有多朵花或花序（或后来发育而成的果实）的茎叫花序梗

野罂粟
（*Papaver nudicaule*）

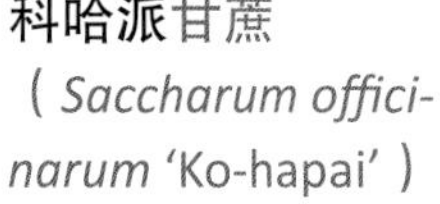

科哈派甘蔗
（*Saccharum officinarum* 'Ko-hapai'）

洋常春藤
（*Hedera helix*）

从茎到枝

随着木质部（木质组织）层的发育，茎变得越来越结实、越来越粗。世界上最高大的植物是有木质茎的乔木。

曲枝欧榛（*Corylus avellana* 'Contorta'）

垂枝桦（*Betula pendula*）

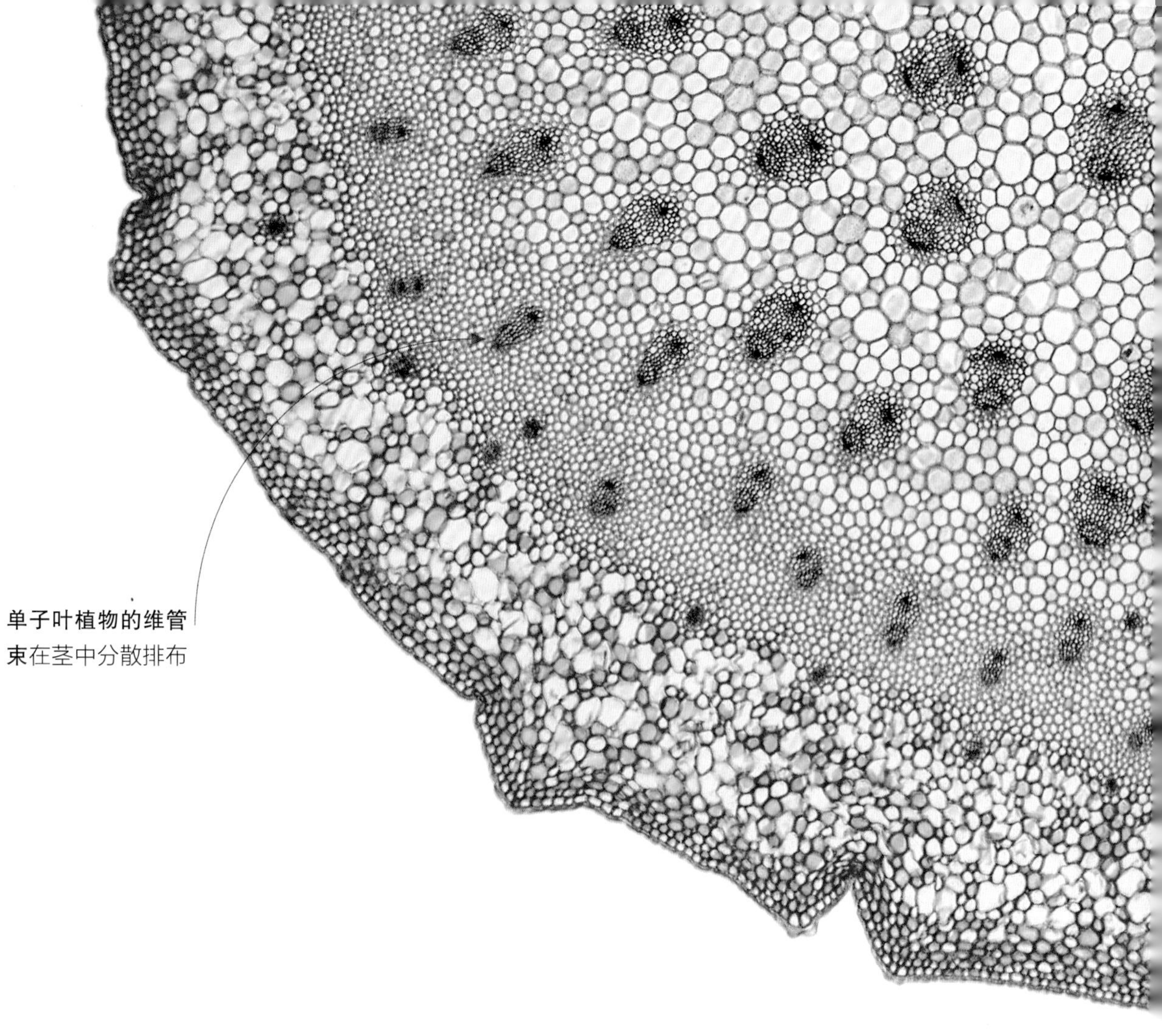

单子叶植物的维管束在茎中分散排布

茎的内部

所有的茎都有两个功能——支持和运输。它们把叶高高托起，让叶可以吸收阳光，然后把叶里制造的糖类运输到其他部位。通过茎中由死细胞构成的木质化的木质部组织，水分和矿物质从根部向上运输。与此同时，养分和其他物质则经由活细胞构成的韧皮部沿着茎运输。

茎与维管束

在茎的内部，木质部和韧皮部细胞紧密结合成维管束。对一种被子植物而言，这些维管束在茎中的排列会采取哪种方式取决于它是单子叶植物还是真双子叶植物（见第15页）。在单子叶植物中，维管束在茎的核心部位分散排布。但在其他被子植物（包括所有的真双子叶植物）中，维管束却排成一环，这在乔木的茎中特别明显。随着时间推移，大多数乔木会在树干中长出年轮，但棕榈等单子叶乔木则没有年轮。

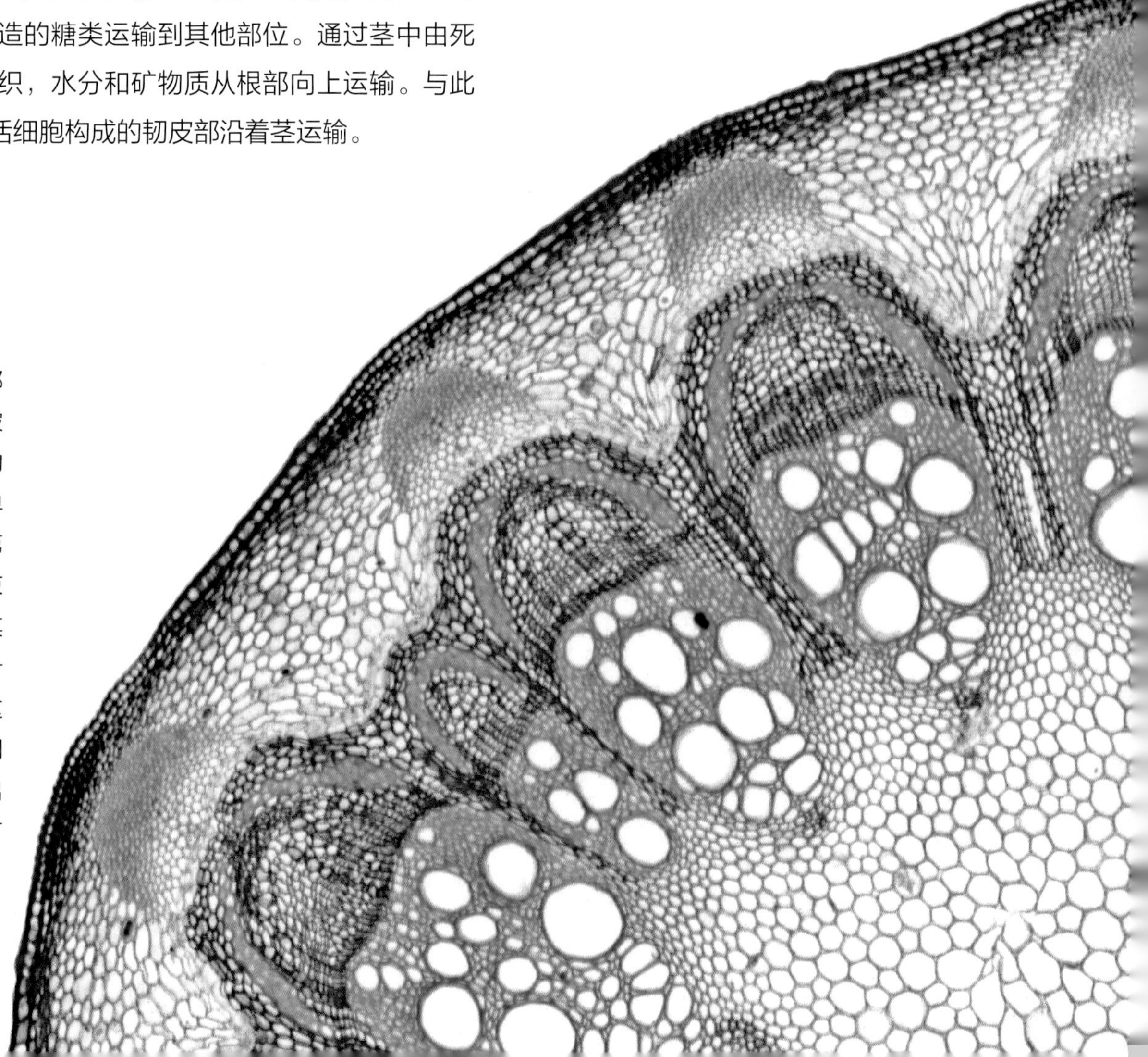

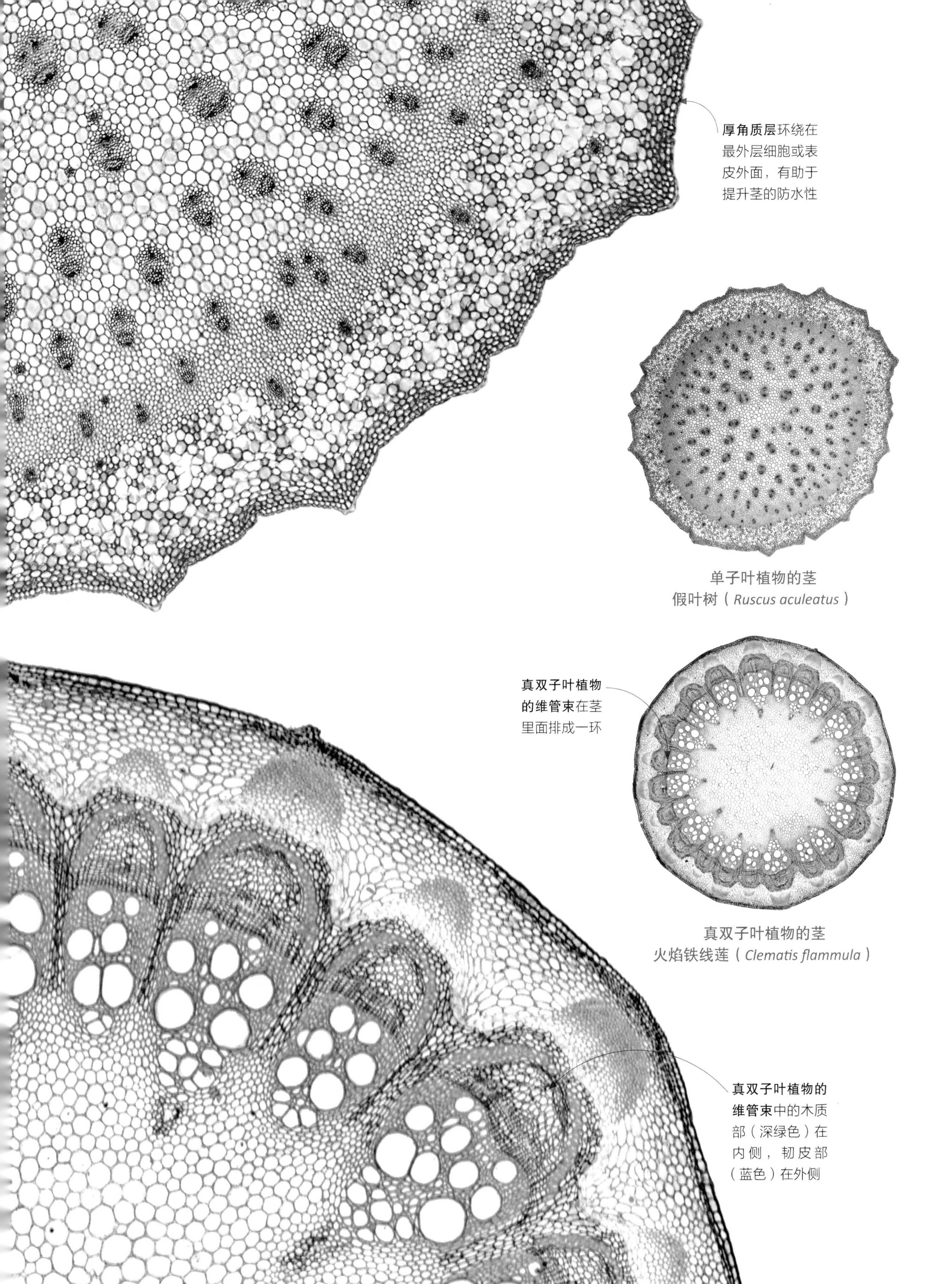

单子叶植物的茎
假叶树（*Ruscus aculeatus*）

真双子叶植物的茎
火焰铁线莲（*Clematis flammula*）

《大片草地》(1503年)

在这幅画中，阿尔布雷希特·丢勒(Albrecht Dürer)对一块由普普通通的禾草和杂草组成的草地做了极为细致的水彩描绘，透视法的运用使画面获得了很强的表现力——观者与栖息在草丛里的昆虫和其他小动物一起放低视角，贴近地面。这幅画在纯色的背景上以充满艺术性的自然主义笔调鲜明地绘出了许多种栩栩如生的植物，包括鸭茅、匍匐剪股颖、草地早熟禾、雏菊、蒲公英、石蚕叶婆婆纳、大车前、红花琉璃草、愚人芹和蓍等。

自然的复兴

在文艺复兴时期的200年间，求知欲和人类创造力的范围似乎无穷无尽。一些著名艺术家既研究人体解剖，供雕塑和肖像绘画之用；又研究数学，以解决直线透视问题；还研究自然界，为的是以完美的精确性复制植物和景观。他们的植物速写和水彩画在今天仍以其自然主义风格而为人称颂。

细致的研究

达·芬奇为草木绘制了很多精美的粉笔和蜡笔速写。他在创作更大规模的作品之前，常常先画一些这样的画，作为准备性的研究工作，但这些作品也是他的植物学研究成果的重要部分。

在历史上，人们曾在本草书(见第140～141页)中研究和绘制植物，以供鉴定之用。在中世纪，艺术家描绘百合(象征纯洁)之类的花卉，为宗教绘画增添象征意义。在意大利艺术家莱昂纳多·达·芬奇(Leonardo da Vinci)的早期作品中就可以见到这样的花卉。然而，在15世纪后期，人们对自然的重新发现，对文艺复兴时期的艺术产生了巨大影响。它启发了达·芬奇把他的画作奠基在对各种植物的细致研究和科学观察之上，从而为他的绘画引入了新的自然主义风格。他的作品又启发了另一位文艺复兴时期的巨匠——德国艺术家阿尔布雷希特·丢勒，他是油画、木刻版画和雕塑的大师。

丢勒因他的状如救世主的自画像及有关神话和宗教主题的充满幻想的绘画而知名，但是他私下的作品却大异其趣。他创作的大量描绘自然的水彩画氛围宁静、观察细致，很可能是为了用来给他的宗教绘画增添现实主义成分。第62页所选的这幅水彩画就描绘了夏日草甸上未开垦的一角，是自然界的一处熙熙攘攘的小世界。

> “……我意识到坚持自然界真实形式的做法要好得多，因为朴实无华就是艺术的最大装饰。”
>
> ——阿尔布雷希特·丢勒《致宗教改革领袖菲利普·梅兰希顿的信》

树干

树干的横切面为我们提供了了解过去的难得机会。每年树木的树干——木质茎都会长出一层新组织，其厚度由环境条件所决定。良好的环境可使树木茁壮生长，长出的树轮较宽。在极端气温或干旱的威胁下，树轮则较窄。研究这些树轮，可以让我们了解过去的天气状况。

强壮的支撑

大多数乔木树干的圆柱状形态为乔木的枝条和数以千计的叶组成的结构提供了物理支撑。树干可以长得又粗又高，极为强壮。它们不需要借助外物来攀缘或缠绕就可以让自身保持挺直。

随着树干增粗，**树皮会开裂**，但在树皮里面又会形成新圈层

韧皮组织紧邻树皮，把养分输送到其他各处

维管形成层可产生新的木质部

每圈浅色树轮都由早材构成，早材形成于春季树木开始生长之时

深色树轮是晚材，形成于一年中较晚的时候，之后树木即转入休眠

树干的结构

在乔木和其他一些被子植物的木质茎内部有木质部和韧皮部构成的圈层，它们分别是把水分和养分运输到其他各处的组织。紧邻树皮的里面是一层薄薄的韧皮部，而当树木被砍伐之后，则可以见到许多层的木质部形成的树轮（年轮）。每年，名为维管形成层的组织会在前一年的木质部层之上再形成一层新的木质部。数一下这些圈层的数目，便可推算树干的年龄。较年轻的外层木质部继续运输水分，称为边材；位于内部的较老的圈层逐渐被堵塞，称为心材。在这些木质圈层外面，木栓形成层会产生新的树皮，覆盖在不断增粗的树干外面起到保护作用。

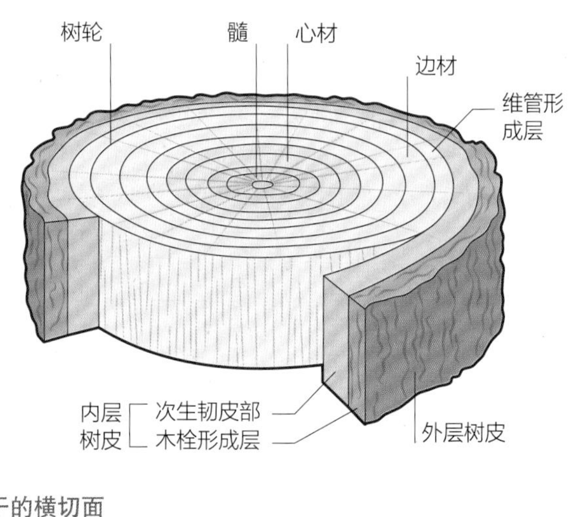

树干的横切面

木栓质的
欧洲栓皮栎（*Quercus suber*）

具细条纹的
条纹槭（*Acer pensylvanicum*）

条裂的
欧洲栗（*Castanea sativa*）

具皮孔的
细齿樱桃（*Prunus serrula*）

鳞片状的
松属（*Pinus* sp.）

具刺的
美丽异木棉（*Ceiba speciosa*）

片状剥落的
悬铃木属（*Platanus* sp.）

层状剥落的
苹果桉（*Eucalyptus gunnii*）

层状剥落成条的
粗皮山核桃（*Carya ovata*）

树皮的类型

作为对木本植物起保护作用的“皮肤”，树皮可以把昆虫、细菌和真菌隔离在外，并留住宝贵的水分。树皮也可以防火，有的树木还可以通过树皮的剥落让攀爬的藤类和附生植物无法附着。在树皮里面有两圈由一直在分裂的细胞构成的重要圈层，叫形成层。它们的位置相对较浅，损坏它们会造成树木生长停滞，甚至会造成树木死亡。

多彩的外皮

只有木质的树木才有树皮，所以树皮可见于松柏类和真双子叶植物之上，但不见于蕨类和单子叶植物之上。随着树皮变老，它会开裂。树皮有多种开裂方式，可产生丰富多彩的纹理、质地和颜色。

光滑的
杨叶桦（*Betula populifolia*）

具裂纹的
北美鹅掌楸（*Liriodendron tulipifera*）

纸质的
血皮槭（*Acer griseum*）

杨属（*Populus* sp.）树皮上的**皮孔**

树皮的裂条呈橡胶状，因为它们含有一种蜡质的防水物质，叫木栓质

在树干周径增大时，**外层树皮会开裂**，可呈层状或片状剥落

Populus tremuloides

颤杨

颤杨有引人注目的白色树干与在风中颤动作响的叶。在秋季，很少能有比一片颤杨树林更迷人的景色了。这个美丽的树种是北美洲所有树木中分布最广的一种，从加拿大向南一直分布到墨西哥。

颤杨拥有极长的寿命，不过这不是传统意义上的寿命。虽然一棵树要么是雄株，要么是雌株，可以进行有性生殖，但是这种树很少靠种子繁殖。相反，一旦一棵树长起来，它就会从根部长出许多萌蘖条。每根萌蘖条都可以再长成一棵新树，于是整片颤杨树林都可能只是同一个体无性繁殖出的“克隆”群体。随着时间推移，单株树会死去，但它地下的根株却会继续长出新树，这个过程可历时数百年、甚至数千年之久。已知最大的“克隆”颤杨树林是犹他州的潘多（Pando）树林，已经是8万岁的高龄，占地约40公顷（100英亩）。

颤杨有纯白色的树皮，可保护树木不会吸收太多阳光而过热，这样在冬季，树皮在反复融冻的时候，可以降低被阳光灼伤的风险。

通过反射大部分光线，颤杨能够在晴朗的冬日维持较低的温度。如果凑近树皮，则可见到隐约的绿色调——光合作用组织。因此，哪怕是在春季长叶之前，颤杨也仍然在吸收阳光，供光合作用之用。

颤杨无性繁殖的习性，让它在森林火灾之后也能重新生长。事实上，火对颤杨生境的维持来说至关重要。如果没有火清出森林空地，颤杨最终会被松柏类等其他树木遮蔽。

在森林中生长

这片颤杨树林整齐的外观意味着它可能是一个“克隆”群体。当森林被清出空地时，颤杨会迅速做出反应。随着更多的光照到土壤上，它们会迅速长出生长很快的新树干。

颤动的叶

颤杨的叶会在风中颤动并发出响声，其叶柄扁平，叶片可在叶柄上扭动，难怪微风也能让它们沙沙作响。

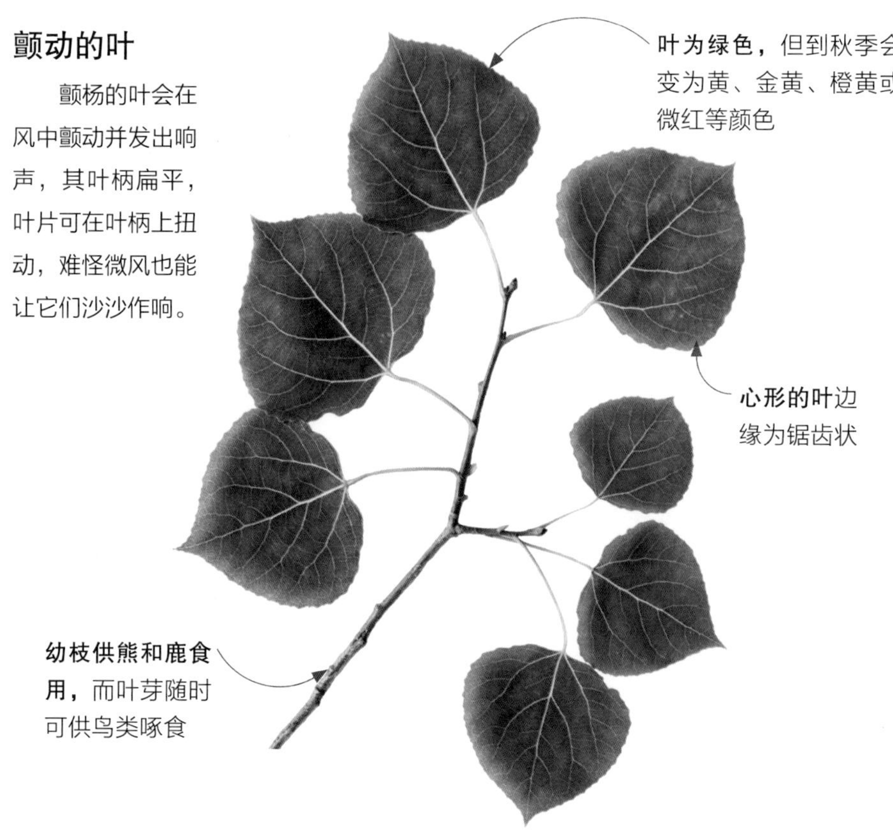

叶为绿色，但到秋季会变为黄、金黄、橙黄或微红等颜色

心形的叶边缘为锯齿状

幼枝供熊和鹿食用，而叶芽随时可供鸟类啄食

枝的位置和形状

枝在树上的位置是由新芽或生长点的排列所决定的。如果芽沿着茎呈互生排列，那么长出的枝也是互生的，树木会长出宽阔的球形树冠。在很多针叶树中，芽为轮状排列，这就意味着枝也会排成轮状。随着最下方的枝不断伸长，上方又长出新枝。当针叶树年幼时，这些枝也比较短，结果就形成了三角状的树形，最长的枝在最底部。

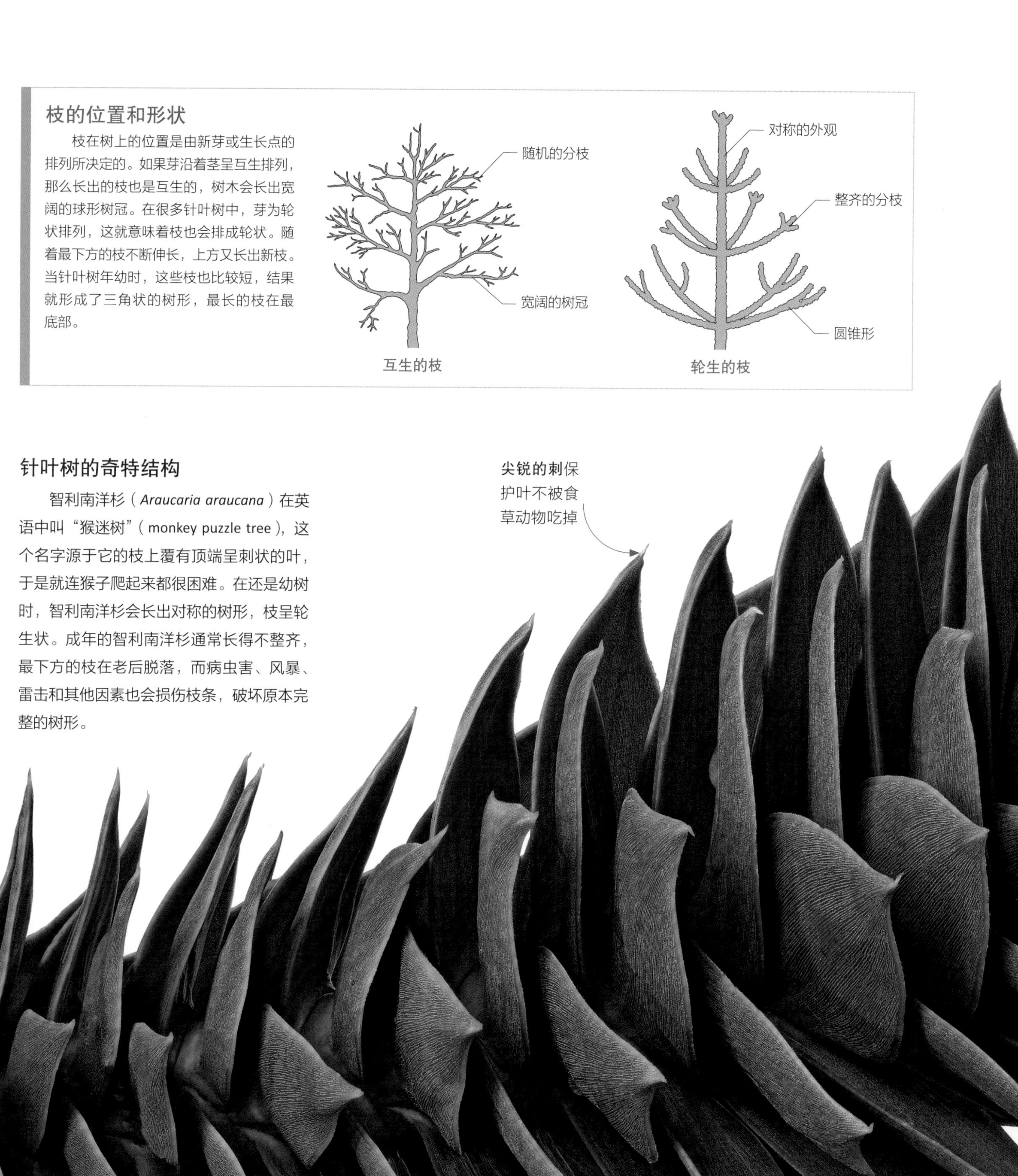

针叶树的奇特结构

智利南洋杉（*Araucaria araucana*）在英语中叫“猴迷树”（monkey puzzle tree），这个名字源于它的枝上覆有顶端呈刺状的叶，于是就连猴子爬起来都很困难。在还是幼树时，智利南洋杉会长出对称的树形，枝呈轮生状。成年的智利南洋杉通常长得不整齐，最下方的枝在老后脱落，而病虫害、风暴、雷击和其他因素也会损伤枝条，破坏原本完整的树形。

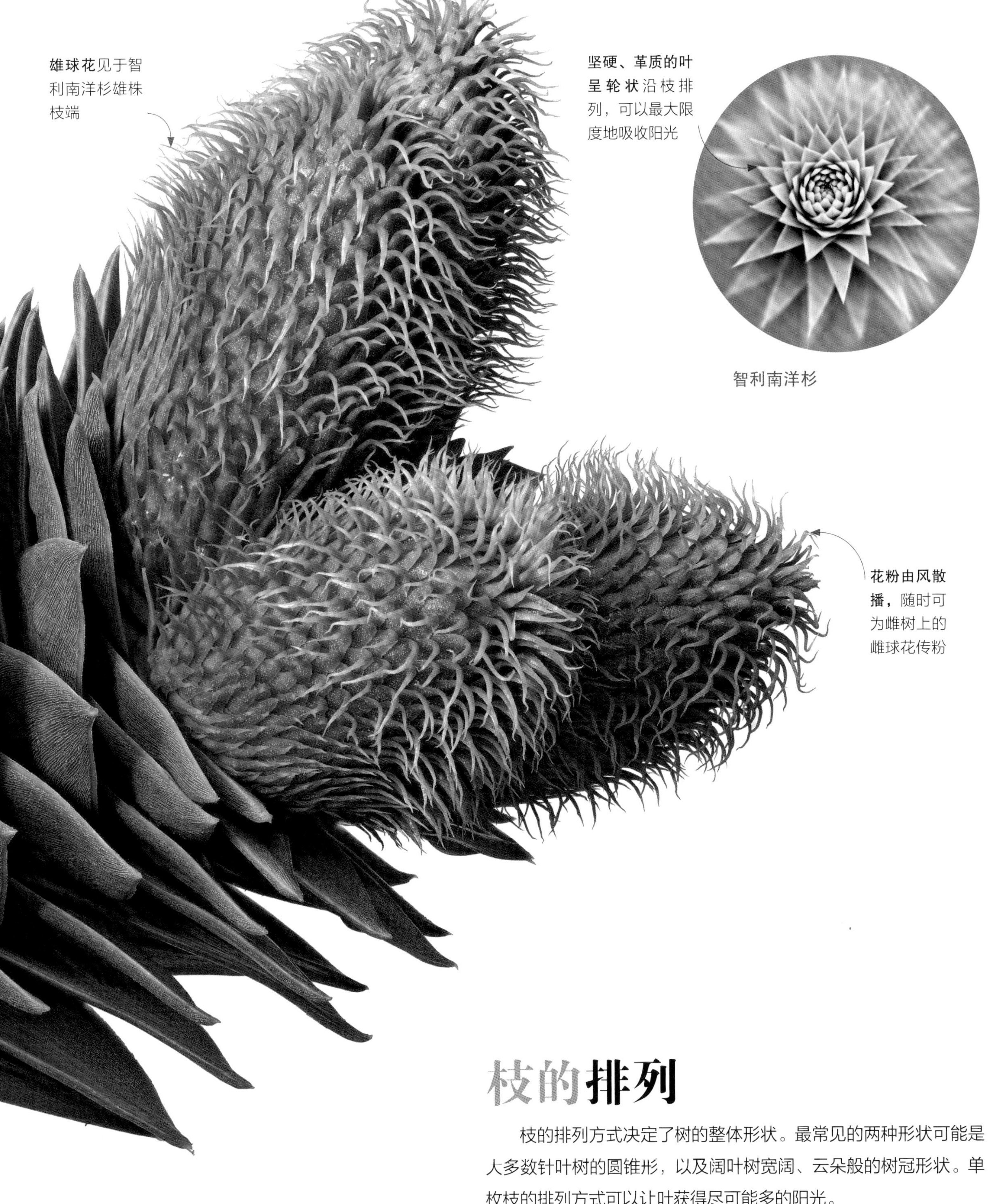

智利南洋杉

枝的排列

枝的排列方式决定了树的整体形状。最常见的两种形状可能是大多数针叶树的圆锥形，以及阔叶树宽阔、云朵般的树冠形状。单枝枝的排列方式可以让叶获得尽可能多的阳光。

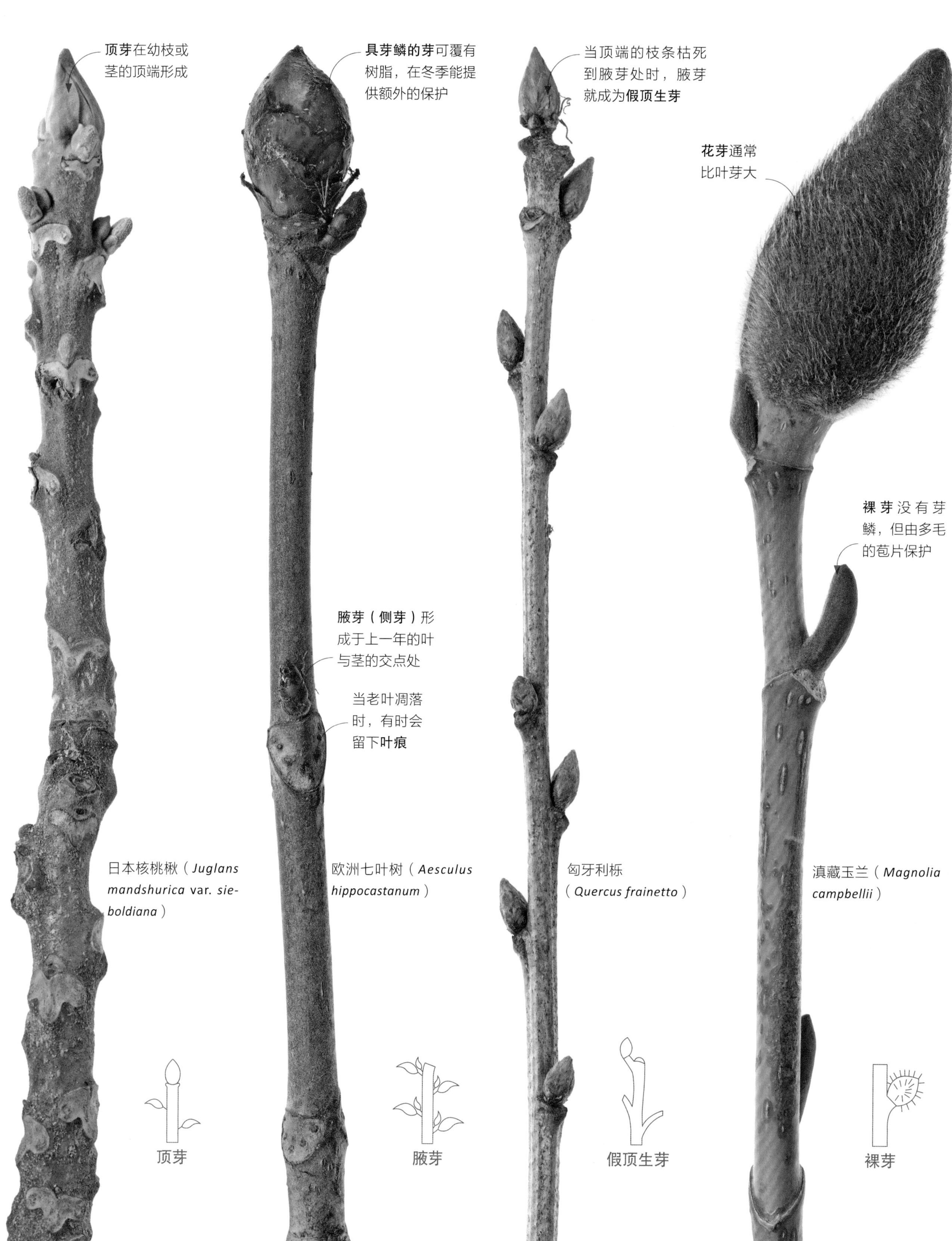

顶芽在幼枝或
茎的顶端形成
具芽鳞的芽可覆有
树脂，在冬季能提
供额外的保护
当顶端的枝条枯死
到腋芽处时，腋芽
就成为**假顶生芽**
花芽通常
比叶芽大
裸芽没有芽
鳞，但由多毛
的苞片保护
腋芽（侧芽）形
成于上一年的叶
与茎的交点处
当老叶凋落
时，有时会
留下**叶痕**
日本核桃楸（*Juglans mandshurica* var. *sieboldiana*）
欧洲七叶树（*Aesculus hippocastanum*）
匈牙利栎（*Quercus frainetto*）
滇藏玉兰（*Magnolia campbellii*）
顶芽
腋芽
假顶生芽
裸芽

冬芽

叶芽有极为丰富的变化和高区分性，无论是形状还是生长方式都是如此。芽与树形一起可在冬季作为鉴定树种的关键手段。检查芽在茎上的生长方式，可以获得很多信息。芽可在茎上彼此对生，或在茎的两侧互生，彼此间隔生长。保护正在发育的叶和花的芽鳞在形状、颜色和数量上也有差异。

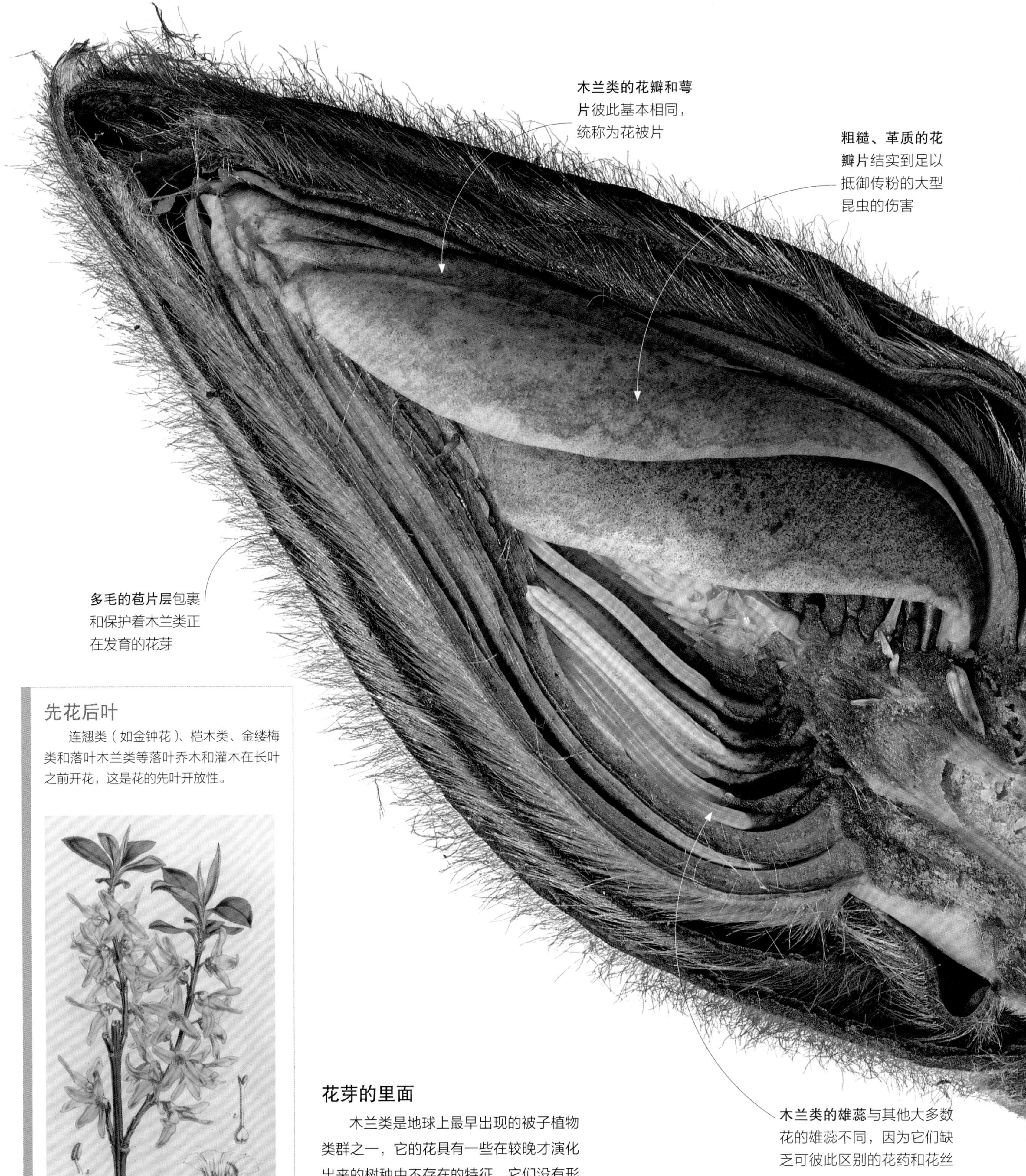

先花后叶

连翘类（如金钟花）、桤木类、金缕梅类和落叶木兰类等落叶乔木和灌木在长叶之前开花，这是花的先叶开放性。

金钟花（*Forsythia viridissima*）

花芽的里面

木兰类是地球上最早出现的被子植物类群之一，它的花具有一些在较晚才演化出来的树种中不存在的特征。它们没有形态彼此分明的萼片和花瓣，保护花芽的是凋落性的苞片，而不是萼片。

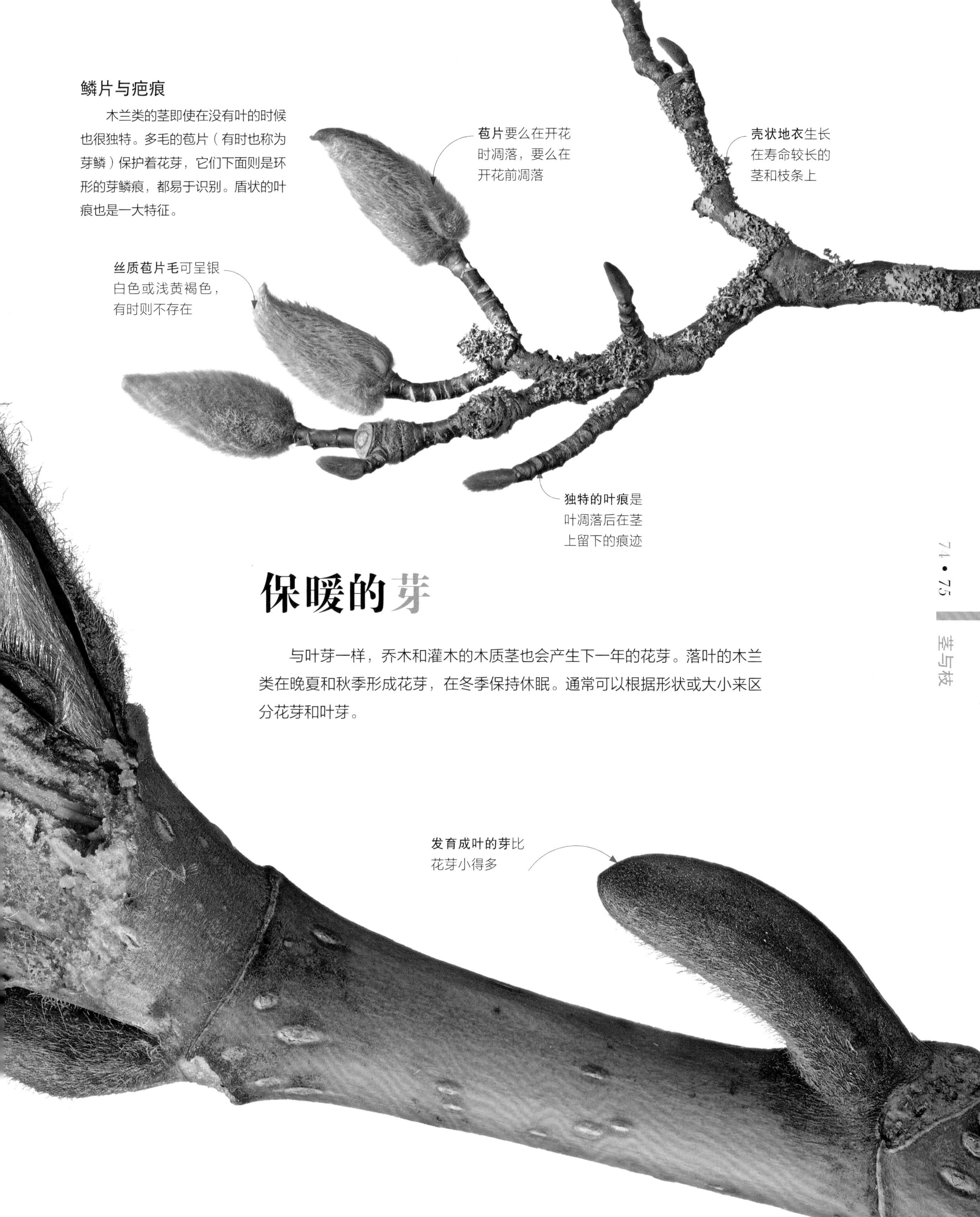

鳞片与疤痕

木兰类的茎即使在没有叶的时候也很独特。多毛的苞片（有时也称为芽鳞）保护着花芽，它们下面则是环形的芽鳞痕，都易于识别。盾状的叶痕也是一大特征。

保暖的芽

与叶芽一样，乔木和灌木的木质茎也会产生下一年的花芽。落叶的木兰类在晚夏和秋季形成花芽，在冬季保持休眠。通常可以根据形状或大小来区分花芽和叶芽。

开花的树干

枝花猴耳环（*Archidendron ramiflorum*）是豆科植物，原产于澳大利亚昆士兰州。它的花没有绚丽的花瓣，但有艳美的雄蕊，可以吸引传粉者。球形的花簇生在雨林树冠荫蔽下的木质茎上，这些亮白色的花在周围阴暗的环境中十分显眼。

茎上生花的植物

花和果实通常长在新的枝条上，但一些乔木和灌木的花却直接在木质的树干和主茎上绽放。这种策略叫茎花性（cauliflory），热带地区比较冷凉的地区更常见。这些植物采用老茎生花的策略的原因现在还不清楚，但这可能是演化出来的一种适应性，让生活在森林树冠层下部的动物能容易地够到花和果实。不过，虽然花椰菜（cauliflower）在英文中与茎花性的拼写相似，但它不是茎花植物，只是在茎顶生有非常密集的花簇而已。

可可树的果实

可可（*Theobroma cacao*）在木质的茎上长花和结实，它们都在树荫之下。花由蠓类传粉，它们偏好有斑驳阳光的荫蔽环境。其他老茎生花的树种还有面包树（*Artocarpus altilis*）、番木瓜（*Carica papaya*）、葫芦树（*Crescentia cujete*），以及热带的多种榕属（*Ficus* sp.）树种。在温带乔木和灌木中，茎上生花的树种很少，包括加拿大紫荆（*Cercis canadensis*）和南欧紫荆（*C. siliquastrum*）等。这两种树都在春季长出新叶前在成熟的枝条上开出粉红色的花。

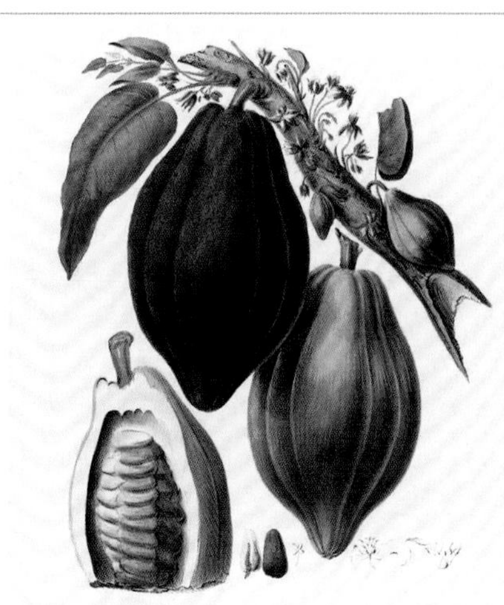

可可

花芽从位于木质茎的茎节处
的生长点或分生组织长出
白色的雄蕊形成一
大簇，为潜在的传
粉者提供了花粉
开败的花会成
为卷曲的鲜红
色荚果
雄蕊可长达约6.4
厘米（2.5英寸）

茎的防御

食草动物依赖植物生存，但植物也会保护自己。植物可以在茎上生出茎刺、叶刺和皮刺，至少能抵御一部分的摄食者。虽然这3种防御设施的名字常常互换使用，但如果回顾它们的演化史，每种刺都是从植物的一个特定部位发育而成的。

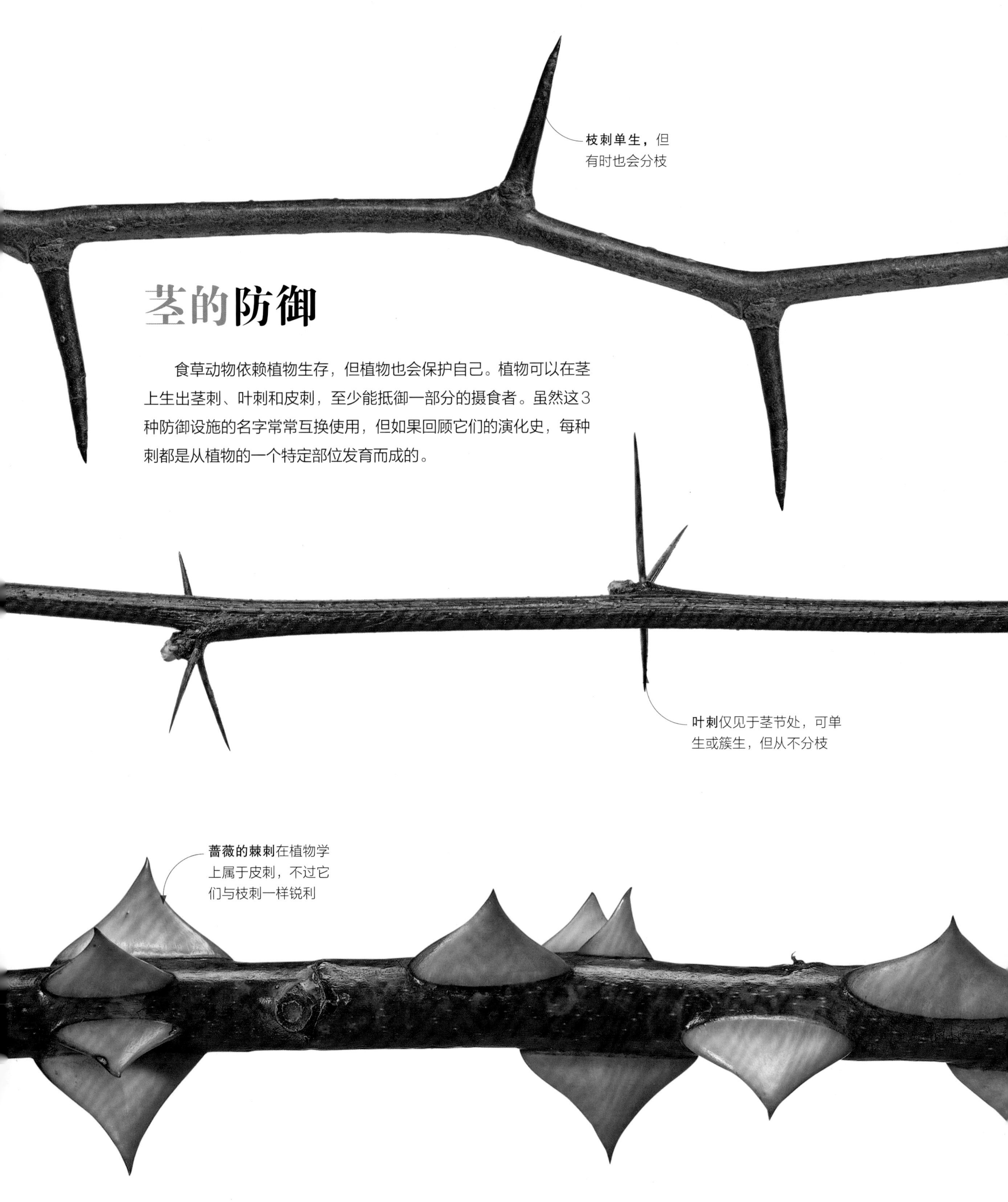

枝刺单生，但有时也会分枝

叶刺仅见于茎节处，可单生或簇生，但从不分枝

蔷薇的棘刺在植物学上属于皮刺，不过它们与枝刺一样锐利

枝刺位于茎节处，
仿佛是侧生的枝

枝刺

枝刺由茎发育而成，其中含有维管组织，整根刺可分枝，有的枝刺甚至还生有自己的叶。它们通常坚硬而木质化，如这根山楂属（*Crataegus* sp.）枝条上的刺就是如此。枝刺也见于柑橘属（*Citrus*）和火棘属（*Pyracantha*）的枝条上。

叶刺

与枝刺一样，叶刺含有维管组织，但叶刺起源于叶或叶的某个部位，如叶托或叶柄。叶刺从不分枝，但常在茎节上簇生，如这根小檗属（*Berberis* sp.）枝条上的刺就是如此。叶刺见于大多数仙人掌类和金合欢类植物。

在具叶刺的茎上，
叶长在叶刺之上

皮刺

与枝刺和叶刺不同，皮刺是植物的皮层和表皮向外的突起，如这根蔷薇属（*Rosa* sp.）枝条上的刺，所以不含维管组织。皮刺不仅生于茎上，也可见于树皮、叶和果实上。

皮刺可沿整根茎分布，
而不限于茎节处

Ceiba pentandra

吉贝

很多雨林乔木可以长到很高，并生出巨大的板根。不过，几乎没有树能比威严的吉贝更壮观。在条件合适的时候，这种重要的树冠层乔木可以长到约70米（230英尺）高，其板根能从树干突出约20米（65英尺）远。

吉贝是落叶树，生长区域北起墨西哥南部，南到亚马孙雨林的南部边界。在西非部分地区也能见到它。这种树为何能够生长在相隔重洋的两个地区，一直是科学研究的一个课题。通过分析吉贝的DNA，植物学家现在相信，吉贝的种子曾经从巴西跨越大西洋，于是让它散布到了非洲。

吉贝在其生长的地方生态和文化中扮演着关键角色。它凹凸不平的树皮为凤梨科和其他附生植物提供了附着之处，也让爬行类动物、鸟和两栖动物有栖息之所。吉贝能够占领受破坏的地区，这也让它成为一种重要的先锋树种，如在森林采伐之后的迹地中，吉贝就是首批占领这里的树木之一。

吉贝的花在夜晚开放，散发出臭味，可以吸引蝙蝠——它的主要传粉者。这种树可以根据当地蝙蝠种群的数量改变传粉策略。在蝙蝠很多的地方，吉贝依靠它们在树与树之间散播花粉；而在蝙蝠很少的地方，吉贝就自花传粉，保证每年能取得传粉成功。

传粉之后，吉贝就结出累累硕果，每个果荚开裂后可散出大约200粒种子。种子周围生有棉花般的纤维，微风也能四处散播种子。未开裂的果实可以漂浮在水中，所以吉贝最初可能是通过海路从南美洲到达非洲的。

多刺的巨人

吉贝的巨大树干直径可达约3米（10英尺），其上硕大的皮刺可以阻止动物嚼食树皮。随着树木变老，皮刺最终会脱落。

大丰收

一棵吉贝可以结出500~4000个果荚，不需要砍倒它就能收获。果实的每个部位都有不同的用处。

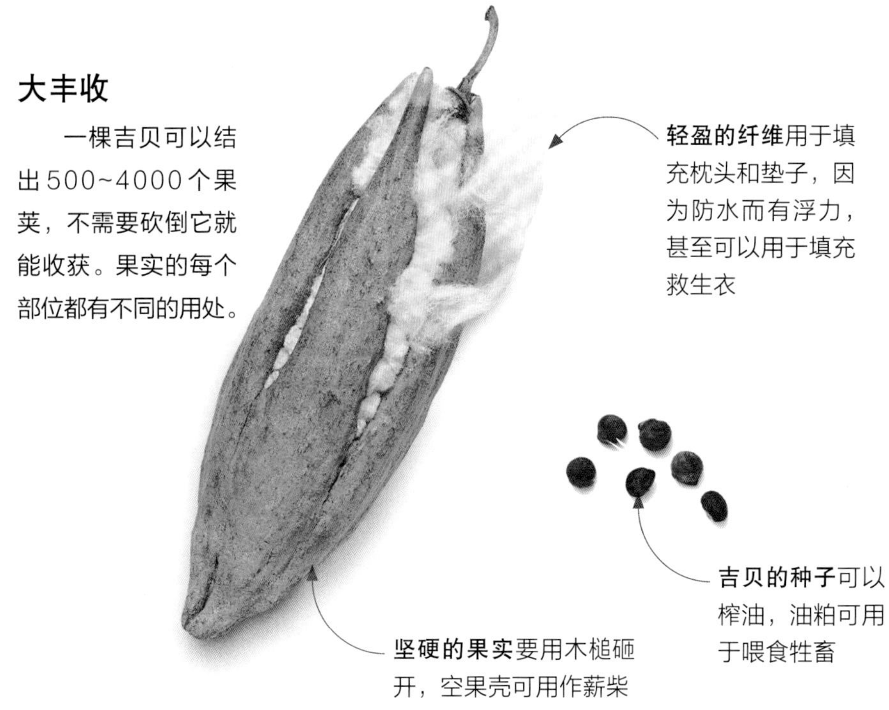

轻盈的纤维用于填充枕头和垫子，因为防水而有浮力，甚至可以用于填充救生衣

坚硬的果实要用木槌砸开，空果壳可用作薪柴

吉贝的种子可以榨油，油粕可用于喂食牲畜

茎与树脂

树木随时都会遭到极为多样的昆虫、鸟类、真菌和细菌的侵害，它们都试图攻破树皮，取食皮下的组织，要么是直接击破，要么是通过树木已经存在的伤口侵入。很多树木会分泌黏性的树脂以使树皮上的缺口愈合，并把害虫困于其中。有些树脂甚至还含有能吸引昆虫天敌的化学物质，它们以树木的侵害者为食。树脂会逐渐硬化，成为化石之后就是我们熟知的琥珀，其中常含有古代昆虫的遗骸。

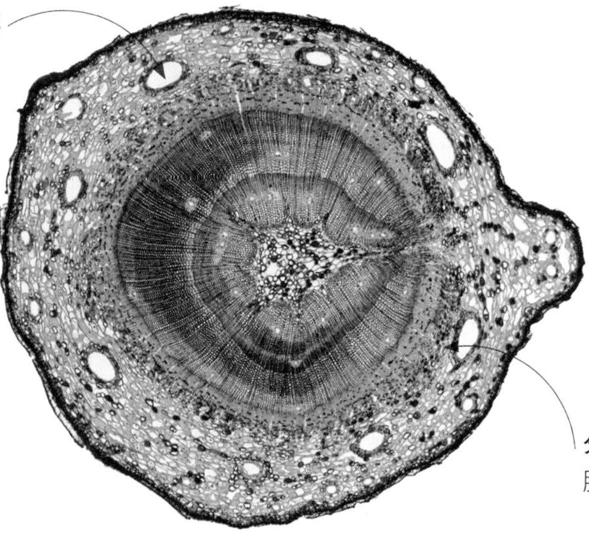

树脂道在整根茎或枝中运输树脂

松树树干的横切面

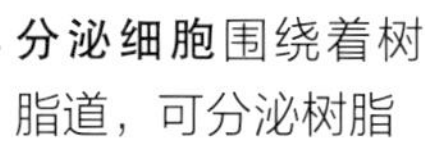

分泌细胞围绕着树脂道，可分泌树脂

释放树脂

一些树木仅在对伤害做出反应时分泌树脂，另一些树木平时就会在木质中发育树脂道，如这株松树就是如此，其横切面已染色以揭示其细胞结构。

黏乎乎的保护

像栎树这样的树木分泌出来的树脂可用于伤口愈合，不管是被害虫噬咬，还是由恶劣天气或火灾引起的物理伤害。植物树脂是有机化合物的混合物，具有多种用途，如可用于制造香水、清漆和黏合剂等。树脂也是一些贵重商品的来源，如乳香、没药和柏油等。

Dracaena draco

龙血树

龙血树看上去仿佛是奇幻小说中的生物。这种奇特而美丽的单子叶植物之所以叫“龙血树”，是因为它在受伤时能分泌名为“龙血竭”的红色树脂。龙血树是天门冬科植物，演化出了独特的类似乔木的生长习性。

龙血树是北非部分地区、加那利群岛、佛得角和马德拉群岛的特有植物。在生命的最初几年，龙血树只有一根茎，顶端是一丛细长的叶。10~15年之后龙血树才第一次开花。长长的花穗上是芳香的白色花，在叶丛中绽放，之后就结出亮红色的浆果。当又一簇新芽生在植株的顶端，这些发育出来的枝条仿佛是幼树的微缩版。它们再继续生长10~15年，这个分枝的过程又会重新开始。随着时间推移，这些重复分枝的枝条就使龙血树呈现出伞形外观。龙血树的寿命可达大约300年，但因为其茎中不产生年轮，所以精确的树龄很难计算。

龙血树的枝生有气生根，它们沿着树干逐渐向下蔓延，最终接触到土壤。根是从伤口长出的，如果树木的伤口太多，那么根就可以起到新树干的作用，发育为母树的无性繁殖体。

龙血树的血红色树脂曾是贵重的药材和尸体防腐液，现在则用于给木材染色和上光。在树皮上切口就可以获得树脂，但是树木多次受伤会加大受感染的风险。龙血树的数量在野外处于衰减之中，在过去是因为滥采树脂，现在则是因为生境被破坏。

群龙之林

龙血树在野外生于营养贫瘠的土壤中。粗大的树干分出的树枝有如扬起的手臂，末端生有莲座状叶丛，由披针形的蓝绿色叶组成，叶长可达60厘米（2英尺）。龙血树现在的濒危等级是易危。

龙血竭从伤口处渗出，它是一种黏性液体，干燥后变硬

深红色的树脂自古以来被用作染料和传统药材

硬化的树脂

龙血树受伤后会流出一种颜色特别的树脂，叫“龙血竭”，它因此得名“龙血树”。这种树脂是一种防御方式，可以阻止食草动物的啃食和阻挡病原体。

贮藏养分

有些植物具有特殊的变态茎、根或叶基，它们永久生活在地下。这些地下的鳞茎、球茎、块根茎和根状茎具有膨大的形态，并密集地贮藏着养分，在一年中的部分时间里休眠，然后在生长条件合适时萌发出新芽。它们隐藏起来不为食草动物所见，又常常在地下蔓延，扩展地盘。

从鳞茎到开花

球根植物大多有鳞茎，其中包括洋葱等许多我们熟悉的种类。这些植物有短而粗壮的茎，叫鳞茎盘，肉质的叶（鳞片）就附着其上。鳞片中贮藏着植株开花所需的营养和水分。这些风信子鳞茎在春季开花。之后，叶子通过光合作用制造更多养分，贮藏起来又供下一年开花之用。

风信子的休眠鳞茎的X射线影像

鳞茎由许多重叠的鳞片构成，把鳞茎剖开即可看到鳞片

根把鳞茎固定在地下（见第36～37页），在必要时可把它拉向土壤深处

露出地表、花序正在发育的鳞茎

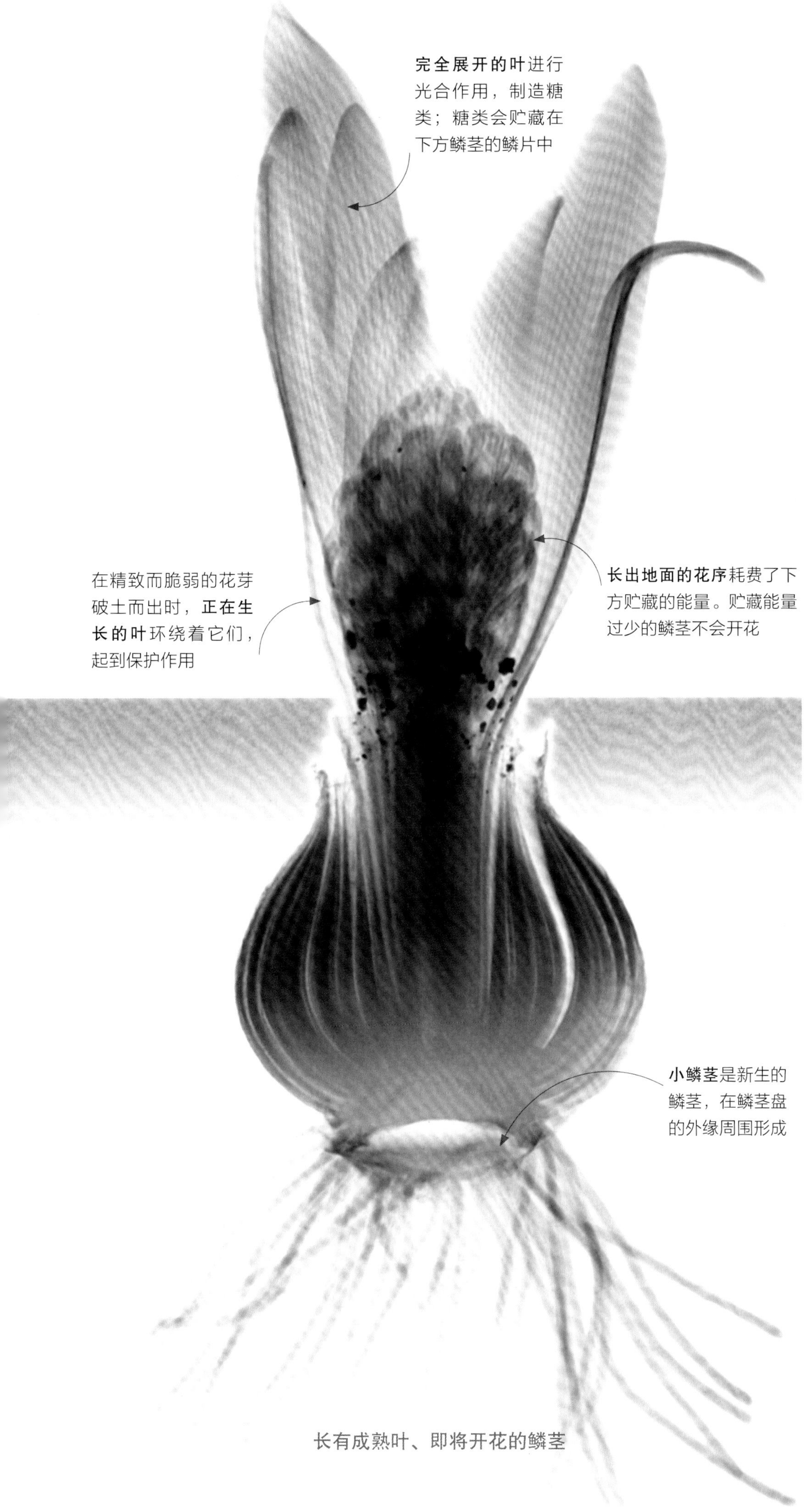

完全展开的叶进行光合作用，制造糖类；糖类会贮藏在下方鳞茎的鳞片中
在精致而脆弱的花芽破土而出时，**正在生长的叶**环绕着它们，起到保护作用
长出地面的花序耗费了下方贮藏的能量。贮藏能量过少的鳞茎不会开花
小鳞茎是新生的鳞茎，在鳞茎盘的外缘周围形成

长有成熟叶、即将开花的鳞茎

贮藏器官

鳞茎是由膨大的叶基形成的圆块，可以保护新芽并为其提供养分。球茎和根状茎均是变态的地下茎。球茎形如鳞茎，而根状茎在地面上或地面下不远处水平生长，在顶端和各茎节处可以产生新芽。块根茎则可由根（块根）或茎（块茎）形成。

鳞茎

生长点
外层覆被（鳞茎皮）
小鳞茎
鳞茎盘
根

球茎

新芽
球茎通常有球茎皮
在老球茎的顶端形成新球茎
根

根状茎

新茎叶
生长点
茎的节段
根

块根茎

新芽
块根茎
根

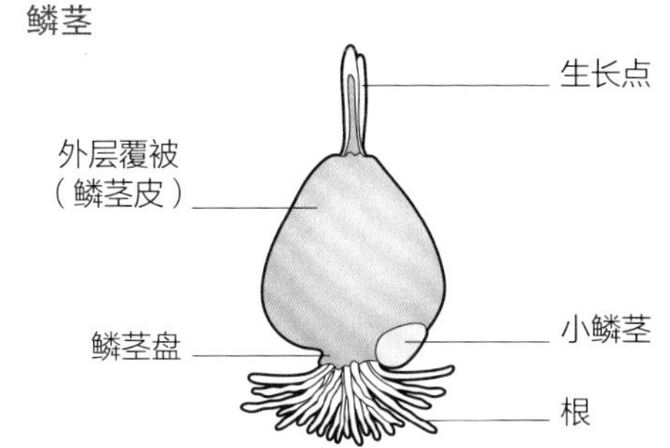

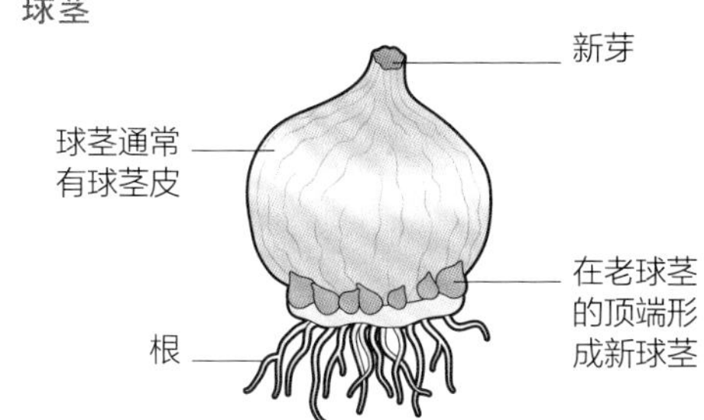

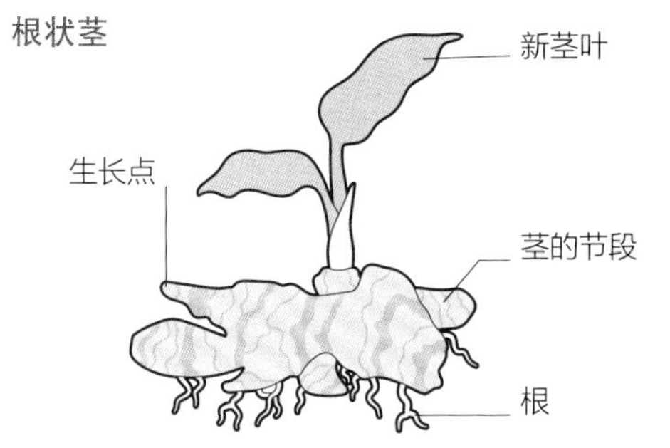

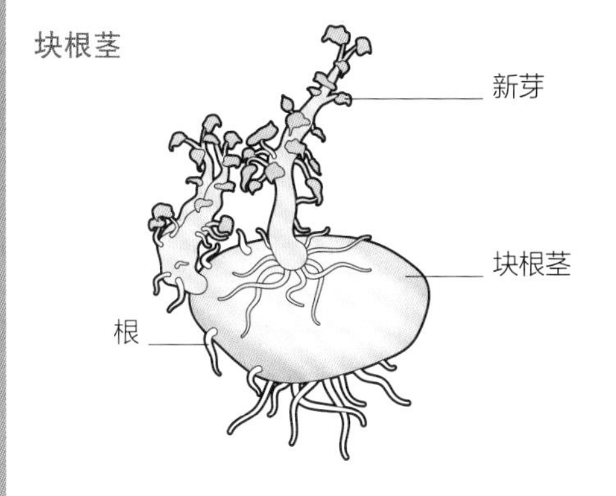

蚂蚁之家

适蚁植物为蚁类提供的居所叫虫穴，可在植株的不同部位中发育。眼树莲属（*Dischidia*）的藤本植物把膨大的叶作为蚁类的居所，而蚁蕨属（*Lecanopteris*）的蕨类用根状茎为蚁类提供庇护。蚁蕉兰属（*Myrmecophila*）的兰花让蚁类生活在茎的中空、鳞茎状的膨大部位中，而一些金合欢类则让它们栖息在中空的刺中。刺蚁木属（*Myrmecodia*）和蚁寨木属（*Hydnophytum*）都有膨大的块茎，内部有复杂的结构，为蚁类提供了可作不同用途的巢室。

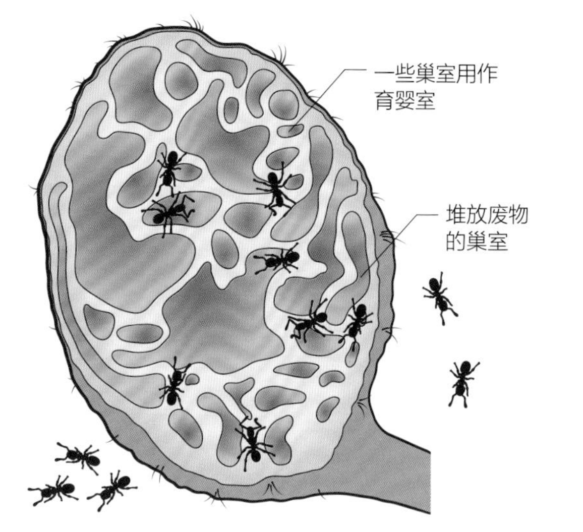

蚁寨木属块茎中的虫穴

好房客

澳洲刺蚁木（*Myrmecodia beccarii*）结构精巧的块茎里有侧壁粗糙的空穴，蚁类就在这里排泄，并把猎物和它们自己的残骸也丢弃在这里。穴壁上的小瘤可以从这些垃圾中吸收营养，为这种树栖植物提供它很难通过其他途径获取的关键营养元素。右图是为《柯蒂斯植物学杂志》（*Curtis's Botanical Magazine*）所绘的插图，其中所示的植株来自澳大利亚，1888年种在邱园中。

互惠关系

昆虫既可为植物带来好处，又可成为植物的负担。虽然一些昆虫提供传粉服务，但另一些昆虫却是食叶者，为了满足它们的食欲而导致植物虚弱不堪。不过，有不少种类的植物却与蚁类建立了互惠（共生）关系。这些是所谓的适蚁植物，为蚁类提供了安全的家园。作为回报，蚁类也保护着植物，会攻击任何靠近的生物。因为很多适蚁植物是附生植物，不与土壤及其中的营养接触，蚁类的排泄物形成的富含营养的肥料也就成了它们重要的养分来源。

“犯罪同伙”

一些适蚁植物常长在一起。在这棵树上，蚁寨木属的褐色块茎生在一种眼树莲属植物的黄色叶中间。这两种植物都能为蚁类提供栖息地。

茎的结构

树蕨的树干实际上是直立的根状茎，由紧密包裹在其外面的大量根和纤维所支撑。芭蕉属则根本没有茎，而是有几层彼此重叠的叶鞘，真正的茎是藏在地下的根状茎（见第87页）。

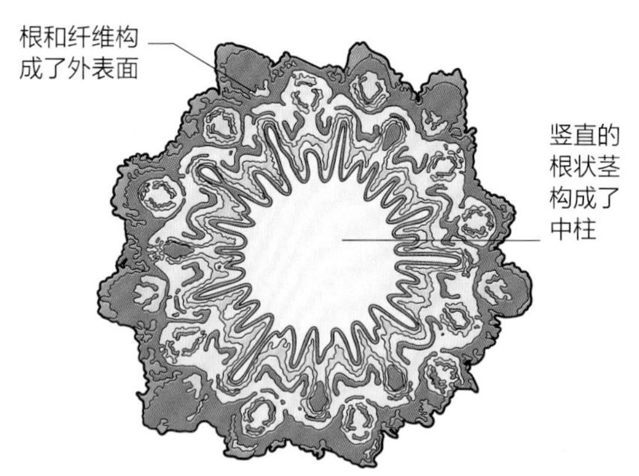

软树蕨（*Dicksonia antarctica*）的横切面

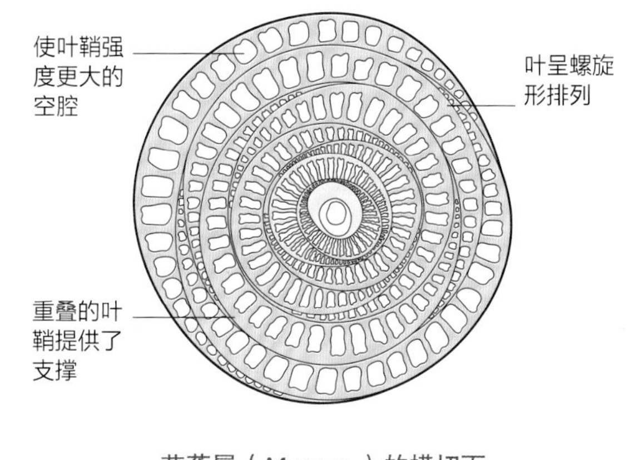

芭蕉属（*Musa* sp.）的横切面

树蕨

根状茎是一类膨大的茎，对植物来说起着贮藏养分的作用。根状茎通常水平生长，但在树蕨中却直立生长。在树蕨的根状茎上长出大量根和纤维，它们包裹着根状茎，形成了保护性的外层，支撑着根状茎保持直立的姿态。

纤维构成的树干

不是所有的树木都是真正的乔木。松树和冷杉（松柏类）或栎树和槭树（落叶树）这些广为人知的树种具有木质的树干，其中有特征性的年轮，最外层则是树皮。然而，树蕨和芭蕉属的茎却有非常不同的结构，并没有木质或树皮。它们粗壮直立的茎是由紧密成束的纤维、根或紧密包裹的重叠叶鞘支撑起来的。

科罗曼德尔海岸的植物

这幅插图见于威廉 · 罗克斯堡（William Roxburgh, 1751—1815年）的《科罗曼德尔海岸植物》（*Plants of the Coost of Coromandel*，1795年）所绘的是糖棕（*Borassus flabellifer*）。这部著作是在约瑟夫 · 班克斯（Joseph Banks）爵士的指导下出版的，他长期担任英国皇家学会的主席。

公司画派

这幅水彩插画画的是蒲葵（*Livistona mauritiana*），由佚名的画家所绘，被人们归于公司画派。属于这个画派的是一群在东印度公司的赞助下工作的印度画家，体现了这种独特的印度—欧洲公司的风格。

植物与艺术

当西方遇到东方

在18和19世纪，随着英国在印度的影响不断扩大，东印度公司雇用的博物学家开始探索和记录这个国家丰富多样的植物。他们撰写的大量著作最引人注目之处就是其中精美的插图，展示了西方科学和东方艺术的融合。

威廉 · 罗克斯堡被视为“印度植物学之父”，他在担任加尔各答植物园主任时，开始委托当地画家创作植物插画，用于他的重要著作。在他的里程碑式的著作《印度植物志》（*Flora Indica*）中有2500多幅与实物同样大小的绘画。

印度画家受到16和17世纪莫卧尔帝国细密画画家的影响后创造了一种风格，即把西方植物插图的精确细节与他们自己的绘画艺术中的装饰画风和直观性结合在一起。这样一种混合的艺术风格非常适合用来绘制植物插画。与罗克斯堡一起工作的是博物学家约翰 · 柯尼希（Johan König），他曾是伟大的瑞典分类学家卡尔 · 林奈的学生。因此，罗克斯堡委托创作的很多画作可以成为用于鉴定的“模式”绘画，特别是对于植物野生种来说。

> “这些画作表现了它们所受的多样的艺术滋养的本质特征。”
>
> ——菲利斯 · I. 爱德华兹（Phylis I. Edwards）《印度植物绘画》（1980年）

特征性的排列

这幅由威廉 · 罗克斯堡委托绘制的手绘插画以水彩绘于纸上，画的是苏木（*Caesalpinia sappan*）。画中呈现的是植株被砍下的一部分，其他部分则不见，这是这种绘画风格的特征。图下方有注记“1791年6月9日经‘罗德尼（Rodney）号’收到”，指出了把这些画从印度带到伦敦的东印度公司的商船名。

攀缘植物如何找到支撑物

植物没有视力，所以它们不得不寻找其他方法寻找支撑物。一些藤本植物可以侦测出荫蔽环境，并向着那里生长，因为这有可能把它们引向一棵树的基部。其他一些藤本植物可以追踪化学物质的踪迹，伸向合适的宿主，同时可以避开另一些把它们带向其他藤本的化学物质。幼茎在生长时会绕圈，这可以帮助它们挂在附近的枝条上。一旦到达合适的位置，缠绕茎或卷须就会牢牢钩在支撑物上。

靠缠绕来占领

旋花（*Calystegia sepium*）是让很多园艺师抱怨不已的杂草，它的特点在于缠绕茎。旋花生长在灌木和多年生草本植物之间，可以迅速用自己的叶盖住这些植物的叶，从而在与它们争夺阳光的竞赛中获胜。这种植物的地下白色的根状茎可以向四面八方蔓延。

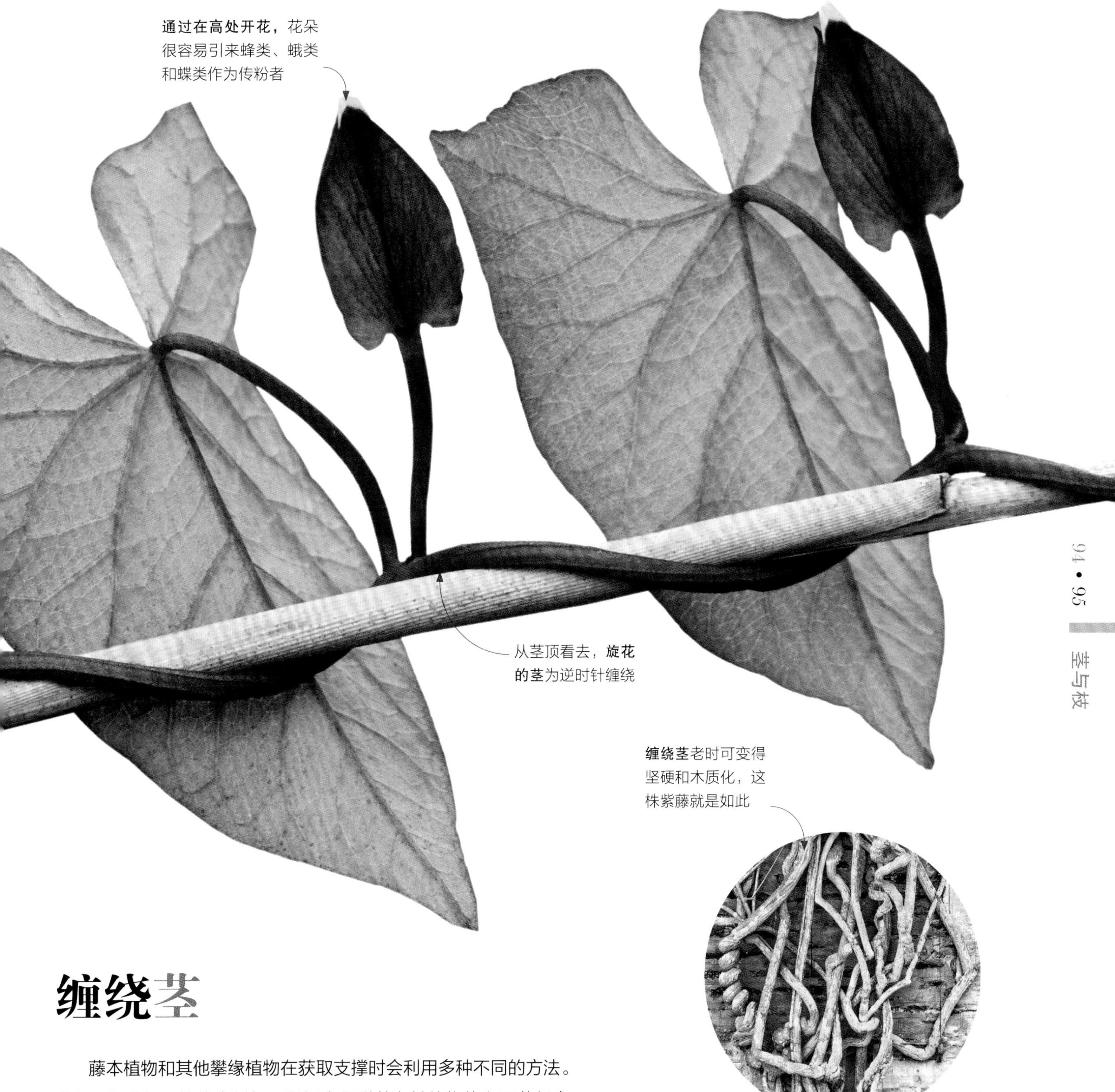

缠绕茎

藤本植物和其他攀缘植物在获取支撑时会利用多种不同的方法。卷须、气生根和钩状皮刺都可以把它们附着在其他物体上而获得支撑，但有些攀缘植物的茎本身就能通过缠绕的方式攀爬。一些缠绕藤本植物顺时针缠绕，另一些则逆时针缠绕，这种区别可能有遗传基础，可以用来区分一些攀缘植物的种。蚕豆和旋花是逆时针缠绕，而啤酒花和忍冬是顺时针缠绕。

接触和感知

茎缠绕他物的能力源于它们的“向触性”。当攀缘茎和卷须侦测到支撑物的存在时，其生长点的一侧便开始比另一侧更快地生长，从而让茎弯曲。

攀缘手段

对生长在森林地表的植物来说，阳光是一个限制性因素，但是藤本植物和其他攀缘植物却有沿乔木和灌木而上朝向阳光的本领。攀缘植物通常有很长的节间（两个相邻的叶与茎的连接点之间的一段茎），可以让它们跨越较长的距离。但是，它们也有其他结构来控制自己的走向，这些结构包括卷须、气生根和缠绕茎。

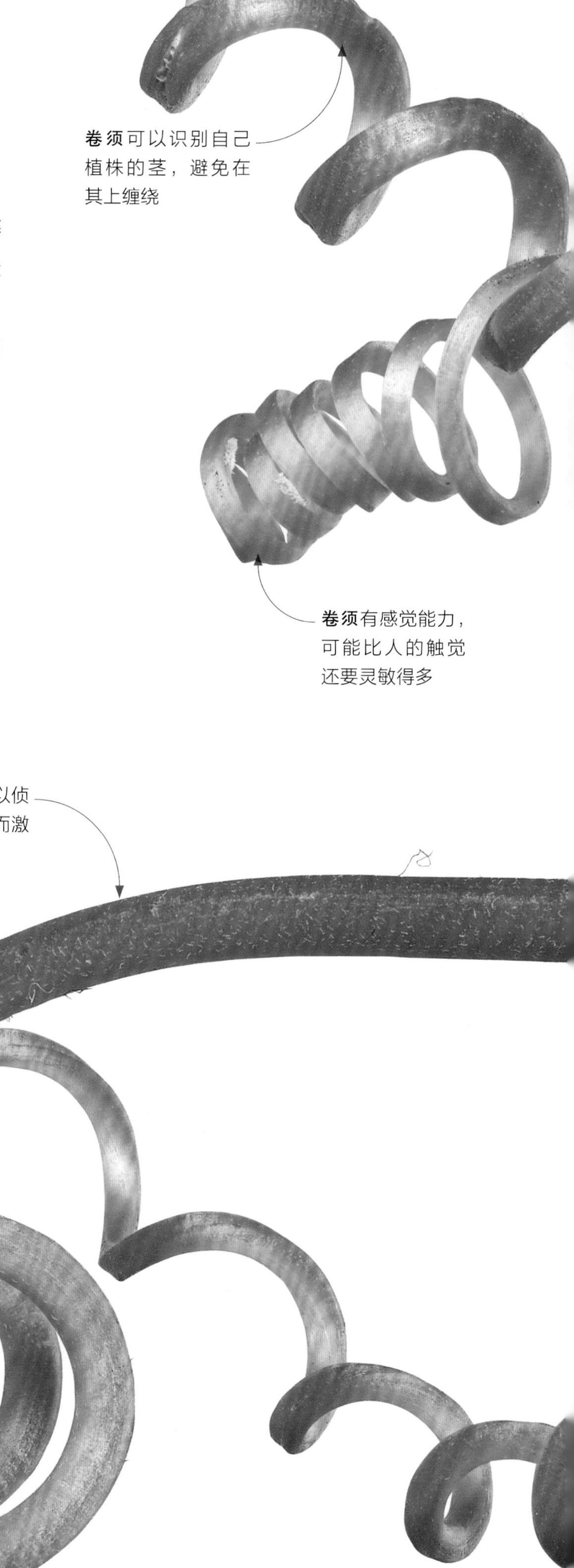

卷须可以识别自己植株的茎，避免在其上缠绕

当卷须两侧的细胞以不同速度生长时，**卷须就会卷曲**

卷须有感觉能力，可能比人的触觉还要灵敏得多

表面的毛可以侦测到异物，而激发卷须缠绕

弹簧般的卷须

在葫芦科中，包括丝瓜（*Luffa cylindrica*）在内的很多种植物会长出卷须。卷须是变态的叶，可以钩在枝条上，然后卷曲起来，从而把藤茎拉向其支撑物。

向上运动的根

如果根生在地面以上，就是气生根。与洋常春藤（*Hedera helix*）等很多植物一样，这株鞘梢崖角藤（*Rhaphidophora elliptifolia*）也用气生根把自己贴附在树枝上，并在其上攀爬。

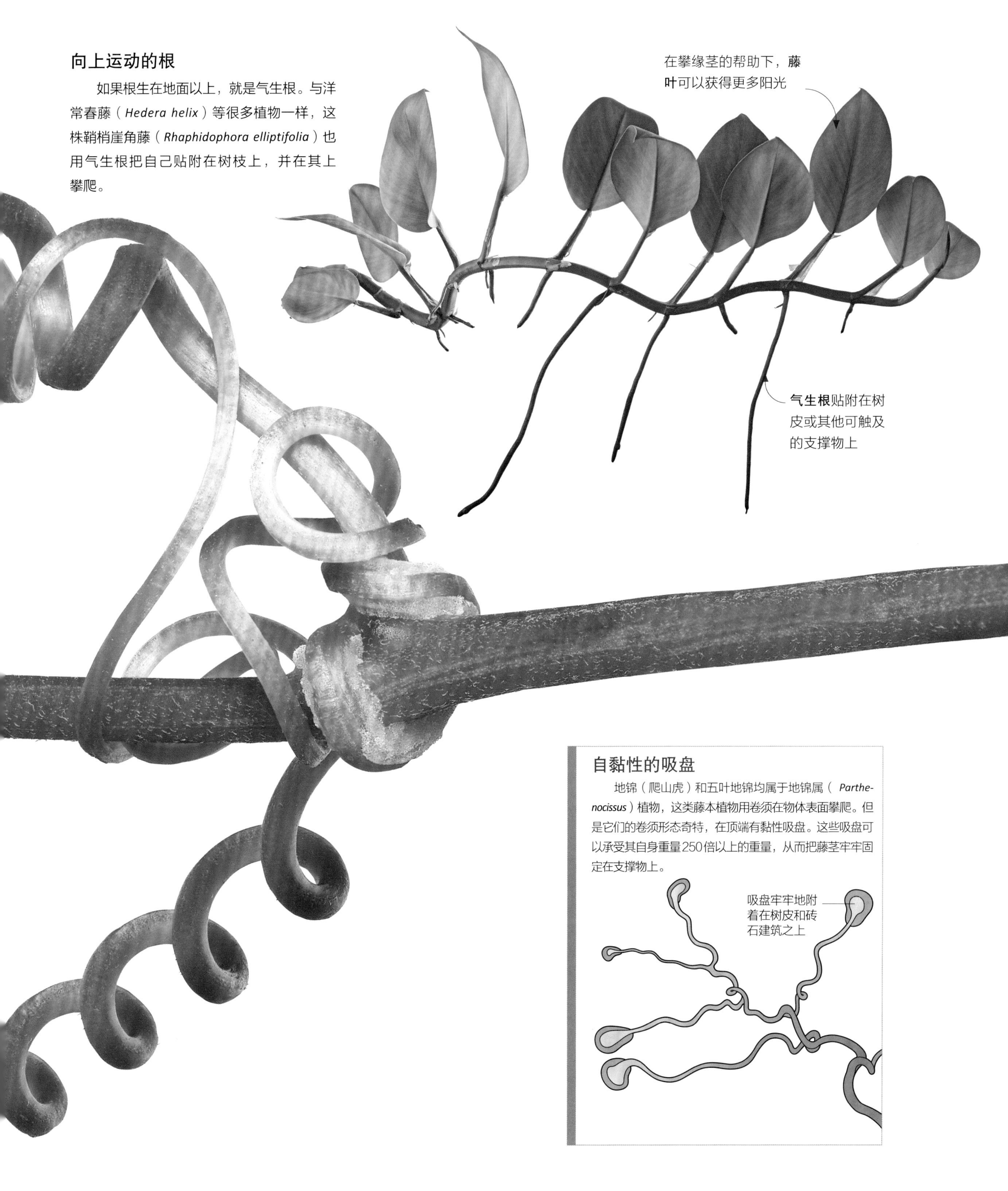

自黏性的吸盘

地锦（爬山虎）和五叶地锦均属于地锦属（*Parthenocissus*）植物，这类藤本植物用卷须在物体表面攀爬。但是它们的卷须形态奇特，在顶端有黏性吸盘。这些吸盘可以承受其自身重量250倍以上的重量，从而把藤茎牢牢固定在支撑物上。

刺和贮存水分

仙人掌科的刺是叶的变态，可以保护肉质茎免受动物的啃食。刺也可以把水汽向下导向地面。刺还能挡住阳光，为植株遮阴，并减缓植株周围空气的流动。这些都可以减少水分损失。

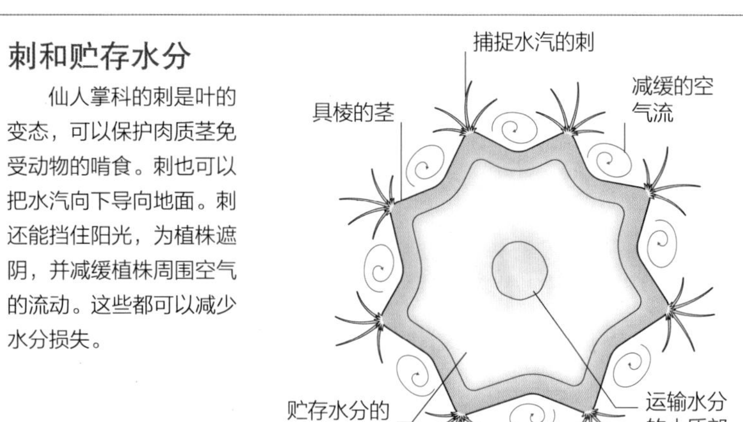

仙人掌科植物典型的茎横切面

贮存水分

仙人掌科最有名的成员是巨人柱（*Carnegiea gigantea*，见第100页），但该科中也有小巧的像大福球（*Mammillaria infernillensis*），它们同样能很好地适应干旱。仙人掌科植物表皮很厚，具有蜡质外层，极大地减少了水分损失。

贮藏茎

仙人掌科植物因具有在肉质茎中贮存水分的能力而闻名。该科的大多数种长于降水稀少的干旱地区，所以当雨过天晴之时，它们必须对雨水加以充分利用。为了尽快地吸收足够多的水分，很多仙人掌科植物的茎上有棱，展开之后就像一台手风琴，这可以在植株脱水的时候避免茎开裂。

叶的脱落

仙人镜（*Opuntia phaeacantha*）之类的仙人掌科植物在新的茎节上有微小的叶，但为了贮存水分，这些叶很快就脱落了。

单个茎节在干旱延长时可以脱落

簇生的大刺周边有微小的毛状刺，即倒刺刚毛，可以脱落并刺伤动物的皮肤

成丛的白毛可减少
水分蒸发，并反射
阳光，从而降低植
株的温度
尖锐的刺取叶而代
之，可以保护植物
免遭动物啃食

Carnegiea gigantea

巨人柱

如果没有巨大的巨人柱作为背景的话，美国西部片的场面又岂能完整？这些直冲云天的多肉植物是美国亚利桑那州、加利福尼亚州及墨西哥西北部索诺兰沙漠中的标志性景观，专门有某种蝙蝠、鸟类等动物围绕着这种植物演化和生存。

巨人柱的最让人印象深刻的特征显然是它的体型。单棵植株通常可以长到约15米（50英尺）或更高，重量可达约2000千克（4400磅）。茎干中大部分是贮藏的水分——沙漠中珍贵的资源。在难得一见的雨天，沿巨人柱的茎纵向排列的棱会扩大，让植株膨大，通过大规模的浅根系尽可能多地吸收水分。一旦贮藏起来，这些水分就需要巨人柱表面覆盖的刺和刚毛的保护，不仅可以阻止食草动物啃食其肉质的组织，而且也能减缓巨人柱表皮附近的气流，从而让流失到空气中的水分减到最少。

在春季，巨人柱通常会展示出壮观的花朵。只见亮白色花朵组成的密簇长在主茎和侧枝的顶端。花在白天由鸟类和昆虫传粉，在夜晚由蝙蝠传粉。巨人柱花中的花蜜所含的化学物质可以让小细长鼻雌性蝙蝠产生足够的乳汁喂养幼仔。开花之后会结出果实，为许多沙漠动物提供富含能量的食物。

巨人柱与吉拉（Gila）啄木鸟之间有特别亲密的关系。这种鸟在巨人柱上挖洞，在其中筑巢。空出来的啄木鸟洞又可以由其他许多鸟类、哺乳类和爬行类动物作为容身处或筑巢地。

巨人柱哨兵

巨人柱就像警觉的哨兵一样监视着沙漠。巨人柱生长缓慢，但寿命很长，可以存活200年以上。它们只在50岁之后才长出侧枝。

缀化的巨人柱

巨人柱偶尔会长成“缀化”的形态。这是一种扇形的外观，是由生长点（顶端分生组织）的变化造成的，其原因还不清楚，可能源于遗传变异，或是因为遭受了雷击或霜冻的物理伤害。

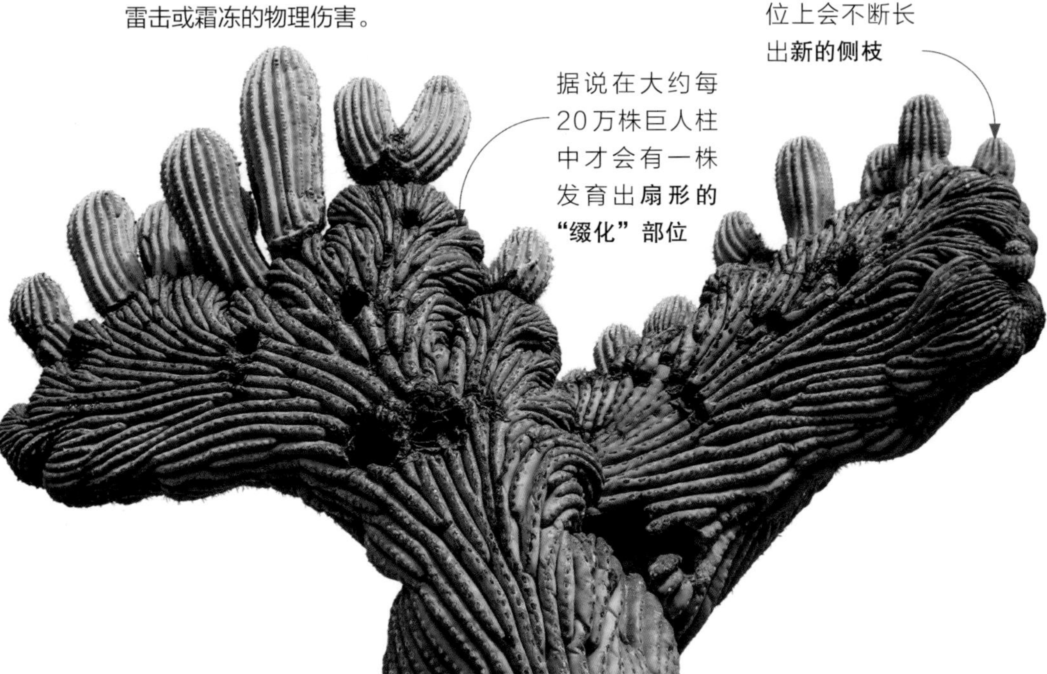

在“缀化”部位上会不断长**出新的侧枝**

据说在大约每20万株巨人柱中才会有一株发育出**扇形的“缀化”部位**

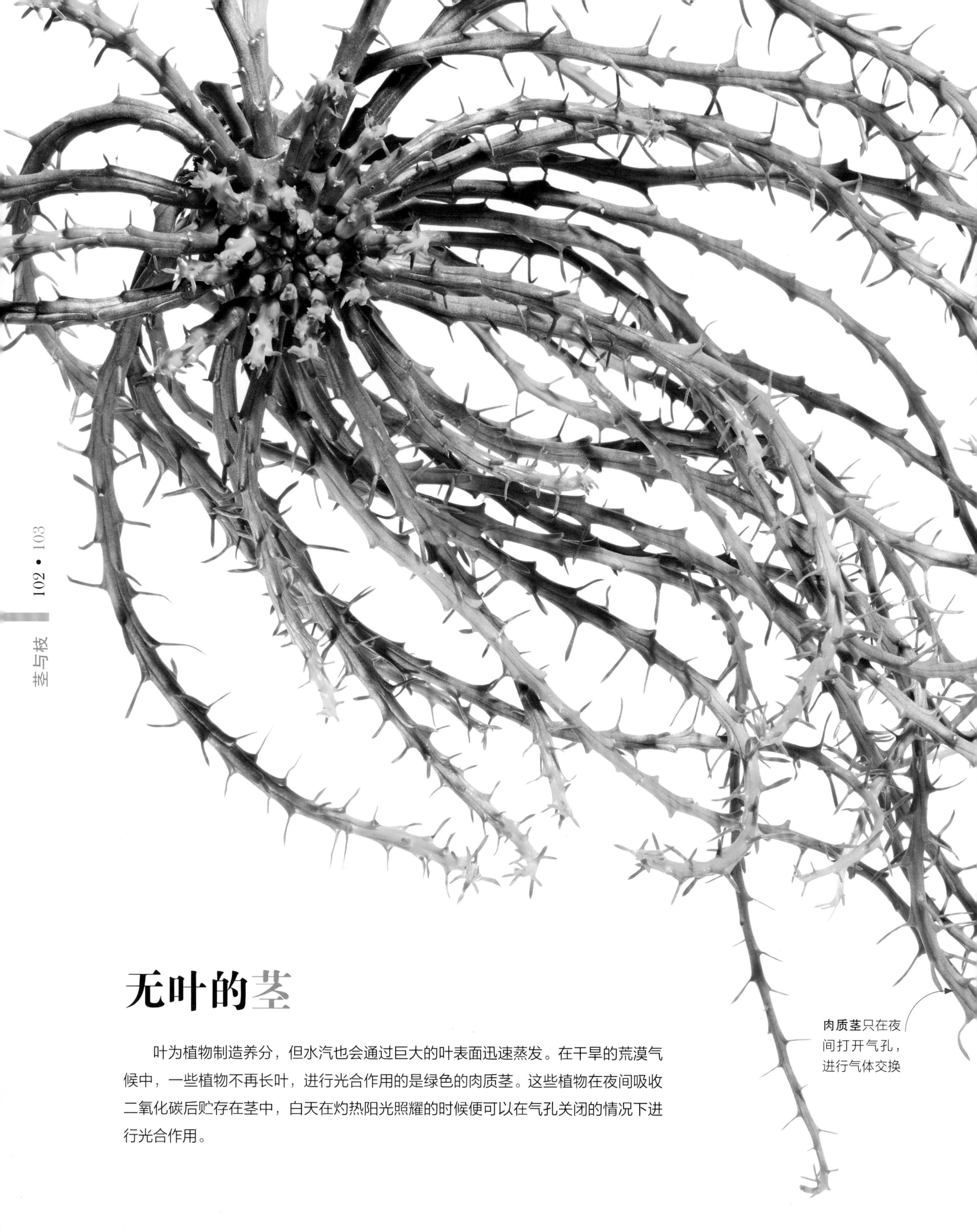

无叶的茎

叶为植物制造养分，但水汽也会通过巨大的叶表面迅速蒸发。在干旱的荒漠气候中，一些植物不再长叶，进行光合作用的是绿色的肉质茎。这些植物在夜间吸收二氧化碳后贮存在茎中，白天在灼热阳光照耀的时候便可以在气孔关闭的情况下进行光合作用。

发挥功能的茎

很多多肉植物也像仙人掌科一样，展现了对环境的类似适应性，如这株孔雀阁（*Euphorbia woodii*）就是如此，它是南非的一种大戟科植物。这些多肉植物虽然没有刺，但是叶也高度退化，这意味着它们也要靠肉质茎来进行光合作用，以制造植物体生长所需的糖类。

这种大戟属（*Euphorbia*）多肉植物茎中的**汁液有毒**，可以阻止食草动物啃食

在茎中，让光合作用得以进行的**叶绿素**存在于最外层（表皮）里面一点

多刺的茎

仙人掌科植物的肉质茎在大小和形状上展示出了巨大的差异，但它们几乎都是无叶的。虽然少数种仍然长叶，但大多数种的叶已经演化成叶刺。叶刺可以保护植物不被动物啃食，减缓空气流动，并能产生荫蔽。原产于潮湿雨林中的仙人掌科植物也没有叶，但它们扁平的茎看上去呈叶状。

蛇莓的纤匐枝

很多植物利用纤匐枝来占领新地盘，其中包括草莓（*Fragaria × ananassa*）、吊兰（*Chlorophytum comosum*）和蛇莓（*Duchesnea indica*，异名*Fragaria indica*）。这里展示的蛇莓1846年由一位画师在印度为罗伯特·赖特（Robert Wright）所绘。蛇莓的茎在节上产生新植株，一旦与母株断开就成为独立的个体。

从茎长出的新植株

茎可以通过几种方式让植物扩展地盘。一些植物的铺地而生的匍匐茎可以在蔓延的时候生根，地下的根状茎则在地下起着同样的作用。有些植物本身是直立的，但可以产生细长的水平茎，在地面或地面以下不远处爬行，并在节上形成幼植株。这些水平茎叫纤匐枝。

地下茎

很多植物长有根状茎、球茎或块根茎，都是茎的衍生物。这些地下茎长在土壤表面上或土壤表面以下不远处，不仅可使植物在不利的条件下存活，而且也是一种繁殖方式。任何与母株断开的茎段都可以生根，形成新植株。雄黄兰属（*Crocosmia*）的球茎还可以产生纤匐枝，在离母球茎不远的地方形成新球茎。

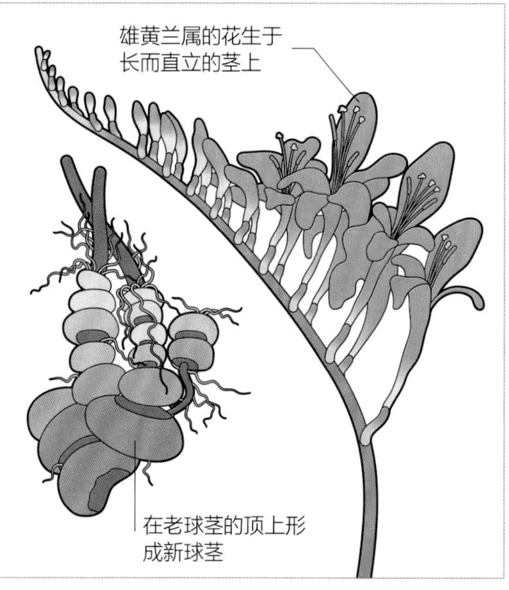

雄黄兰球茎的生长

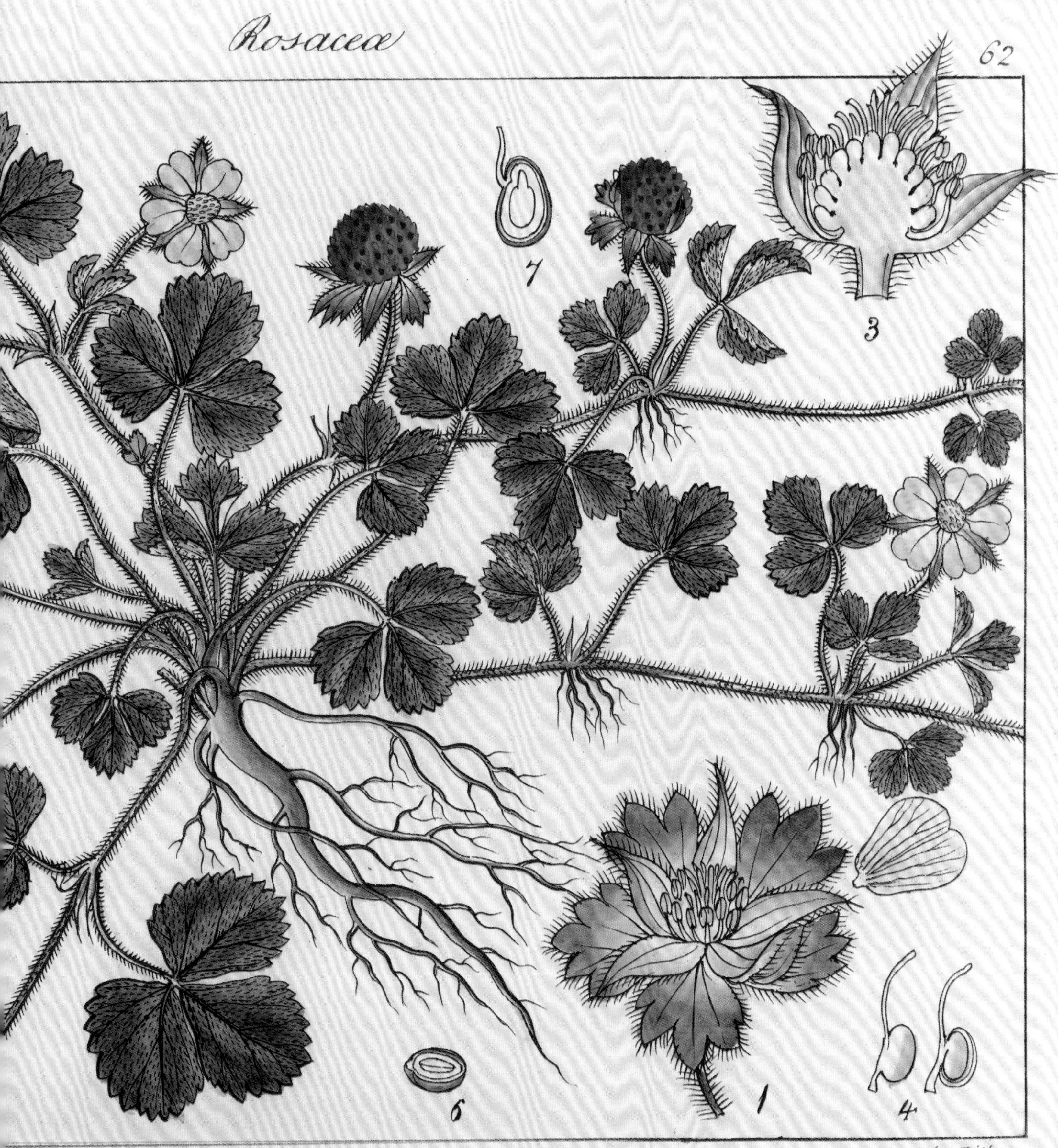

Fragaria indica (Andr)

Phyllostachys edulis

毛竹

毛竹林的冠层可高达地面以上约30米（100英尺），让人很容易把这些巨型的竹子视为乔木。不过，毛竹在本质上仍是禾草，虽然是非常高大的木质化禾草。与其他禾草一样，毛竹具有标志性的多节的茎，在毛竹这里被称作竹竿。

虽然一提到毛竹就会让西方人想到日本文化，但它实际上原产于中国气候温和的亚热带地区的山坡上，在日本只是归化植物。毛竹在整个东亚都有重要的经济价值，可食用、作为建筑材料和编织用的纤维，还可以造纸。

毛竹的生长速度惊人，新的茎每天可以增高0.9米（3英尺）以上。在土壤表面以下，毛竹的生长同样迅猛，其根和根状茎（地下茎）组成的密网一直在蔓延，并长出新茎，从而可以占领更多地盘。这种营养生长是毛竹的主要繁殖策略。最后，一株个体就可以通过无性繁殖占据整片山坡。虽然毛竹也可以进行有性生殖，但是它每50～60年才开一次花。不过毛竹一旦开花，就可以结出成千上万枚可以迅速萌发的种子。

当毛竹被引种到天然分布区之外时，其侵略性的生长习性便令人担忧。毛竹的个体可以迅速蔓延到花园之外，入侵周边地域。这种植物形成的难以穿透的垫状根网、深厚的落叶和浓密的树荫很容易扼杀其下生长的其他植物。

毛竹的嫩芽（笋）可食，但和很多竹子一样，其竹笋含有草酸和氰化物等化学成分，可以起到有效的防御作用。在充分浸煮之后，这些化学物质会分解，从而让竹笋可以安全食用。

日本的竹林

日本京都附近的嵯峨野竹林占地约16平方千米（6平方英里）。稠密的竹子带来的美丽和静谧让这里的景色备受珍爱。

毛竹的枝叶

竹子的枝叶从节上长出，节位于竹竿的两个空心节段之间。

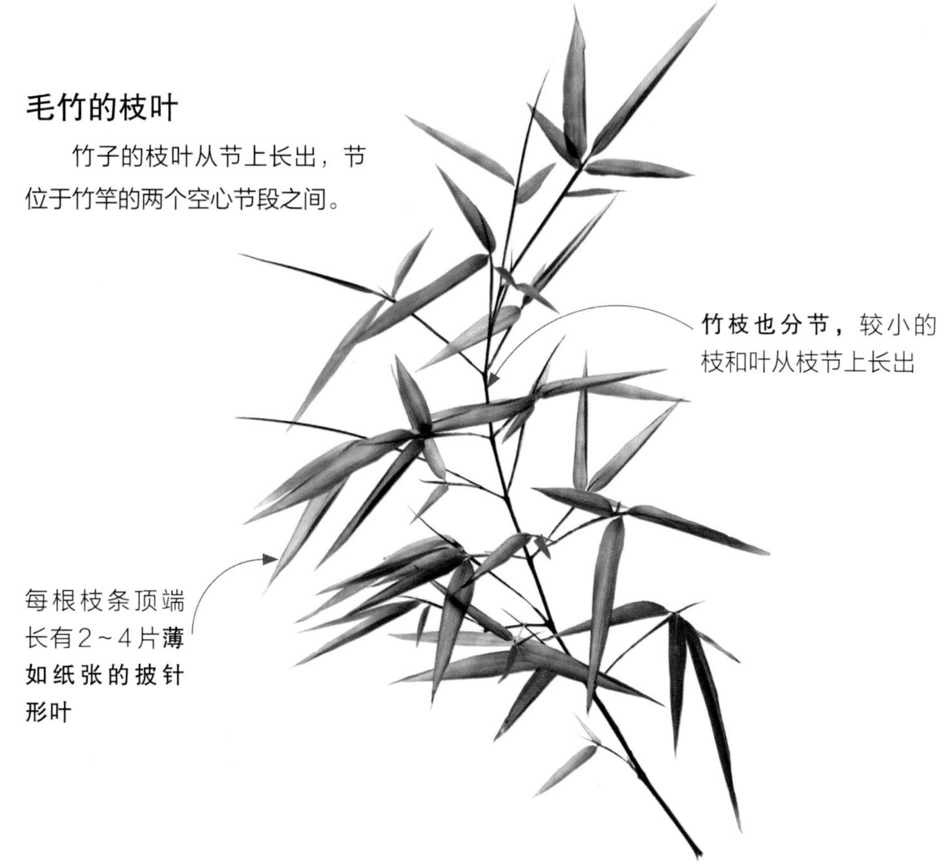

竹枝也分节，较小的枝和叶从枝节上长出

每根枝条顶端长有2～4片**薄如纸张的披针形叶**

叶

叶：一种扁平的、通常为绿色的结构，与植物的茎直接相连或通过叶柄相连，是进行光合作用和蒸腾作用的部位。

凋落性阔叶

类似这棵糖槭（*Acer saccharum* subsp. *saccharum*）的很多植物长有硕大而扁平的叶，从而让进行光合作用的表层区域扩至最大。

叶的类型

叶分为两大类：常绿叶和凋落性叶。常绿叶整年都长在植物体上，而凋落性叶会季节性地凋落。叶是植物的重要“投资”。常绿叶从长期来看可以让植物把用于生长叶的资源减到最少。然而，如果由于某种不合适的条件，叶无法在全年中一直存活，那么凋落性叶会对植物更有益处。

常绿阔叶
冬青属（*Ilex* sp.）

针叶
花旗松（*Pseudotsuga menziesii*）

鳞叶
巨杉（*Sequoiadendron giganteum*）

常绿叶

大多数松柏类生有常绿叶，叶细缩为针状或鳞状。这些常绿叶进行光合作用的表层区域较小，但可在一年中的更多时候进行光合作用。它们能在寒冷的冬季存活。

叶的结构

大多数叶中充满了可以进行光合作用的细胞。这些叶肉细胞通过叶脉网络获得水分和营养。叶脉也可以把光合作用制造的糖类输送到植物的其他部位。叶表面的气孔打开时可以吸收二氧化碳，关闭时可以避免水分流失。叶表面的其他地方有防水性的蜡质覆被，即角质层，可以阻止水分从这里蒸发。

叶的里面

芋（*Colocasia esculenta*）的叶表覆有一层称作表皮（蓝色）的细胞，其内部的叶肉细胞分为栅栏组织（绿色）和海绵组织（黄色）细胞。灰色的结构是叶脉或维管束，由木质部和韧皮部维管构成。

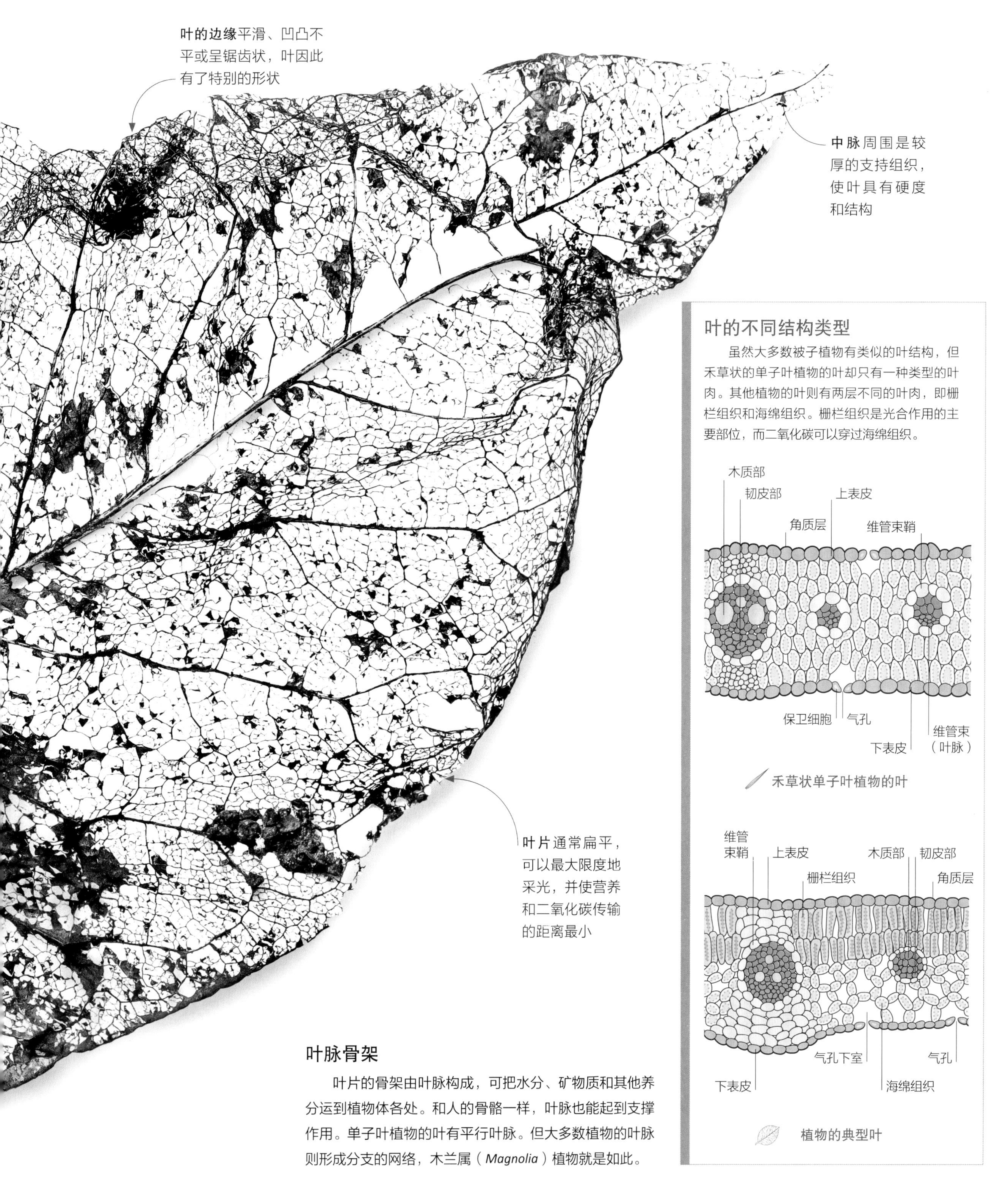

叶脉骨架

叶片的骨架由叶脉构成，可把水分、矿物质和其他养分运到植物体各处。和人的骨骼一样，叶脉也能起到支撑作用。单子叶植物的叶有平行叶脉。但大多数植物的叶脉则形成分支的网络，木兰属（*Magnolia*）植物就是如此。

叶的不同结构类型

虽然大多数被子植物有类似的叶结构，但禾草状的单子叶植物的叶却只有一种类型的叶肉。其他植物的叶则有两层不同的叶肉，即栅栏组织和海绵组织。栅栏组织是光合作用的主要部位，而二氧化碳可以穿过海绵组织。

禾草状单子叶植物的叶

植物的典型叶

复叶

复叶的叶片分隔为2片或多片小叶，让植物一边用同样多的资源建造枝条之类的支撑性组织，一边可以拥有更大的叶片表面积以进行光合作用。如果小叶从共同的单独一点长出，即是掌状复叶。如果小叶沿着复叶中央的轴（叶轴）从多个位置长出，即是羽状复叶。

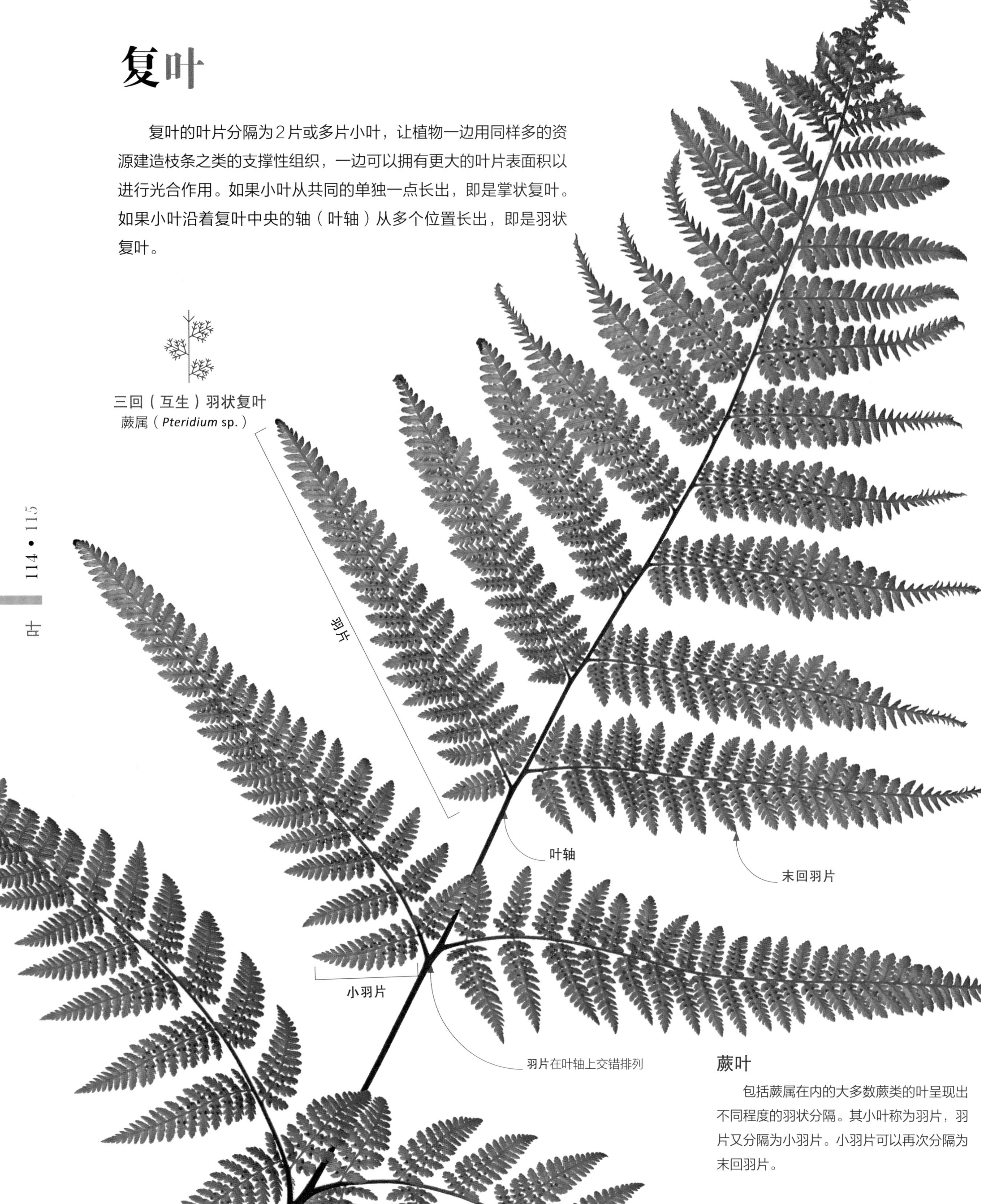

三回（互生）羽状复叶
蕨属（*Pteridium* sp.）

蕨叶

包括蕨属在内的大多数蕨类的叶呈现出不同程度的羽状分隔。其小叶称为羽片，羽片又分隔为小羽片。小羽片可以再次分隔为末回羽片。

一回（偶数）羽状复叶
酸豆（*Tamarindus indica*）

一回（奇数）羽状复叶
粗皮山核桃（*Carya ovata*）

二回（对生）羽状复叶
银合欢（*Leucaena leucocephala*）

单身复叶
箭叶橙（*Citrus hystrix*）

二小叶复叶
孪叶豆（*Hymenaea courbaril*）

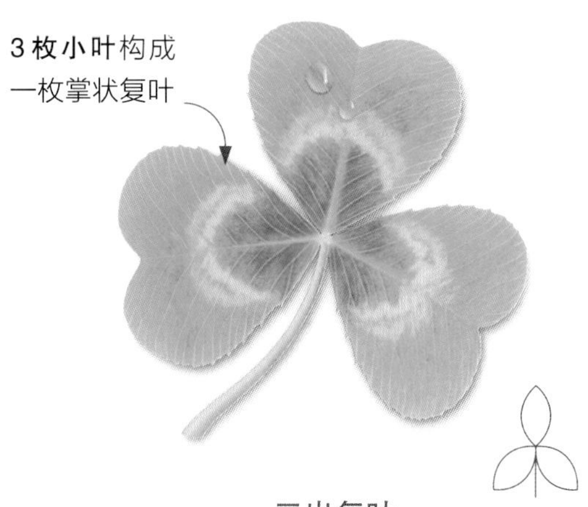

三出复叶
车轴草属（*Trifolium* sp.）

四小叶复叶
南国田字草（*Marsilea crenata*）

五小叶掌状复叶
东美七叶树（*Aesculus pavia*）

多小叶复叶
大麻属（*Cannabis* sp.）

茛苕叶壁纸设计（1875年）

威廉·莫里斯（William Morris）的壁纸和织物以风格化的图案为特色，这些设计呈现为大面积且重复出现的花、叶或果实的纹样。上图是他设计的壁纸中生产规模最大的一种，他在其中运用了茛苕（植物学上叫蛤蟆花）深裂的叶作为设计元素。从古典时代开始，茛苕就出现在建筑和艺术设计之中。为了印刷这幅壁纸，伦敦的杰弗里公司（Jeffrey & Co.）每印一块重复的纹样都要使用15种天然染料和30块木版。

> “……任何装饰都将是徒劳的……如果它不能让你想到它背后的什么东西的话。”
>
> ——威廉·莫里斯《装饰纹样讲义》（*Lecture on Pattern*，1881年）

玻璃彩饰

这扇钢化玻璃窗上的装饰纹样是意大利艺术家乔瓦尼·贝尔特拉米（Giovanni Beltrami, 1860—1926年）设计的。纹样中精妙的叶和花的元素属于典型的新艺术风格。

植物与艺术

自然的设计

19世纪后期，工业化对普通人的生活产生了很大影响。在英国兴起的工艺美术运动是对这种影响的反应，也是对大批量制造的质量低劣的商品和设计的回应。对从前的简单生活的怀念、精致的用材和诚实的手艺都是这场运动的核心内容，领导这场运动的工艺师和设计师主要是受到了自然界的启发。

欧洲七叶树（1901年）

苏格兰艺术家珍妮·福尔德（Jeannie Foord）的植物绘画是从一名设计师的角度出发创作而成的。这些画作向日常可见的叶和花的简单自然的美感致敬，代表了工艺美术运动的典型价值取向。

工艺美术运动背后的推动力量来自英国工艺师威廉·莫里斯。事实上他的所有壁纸和织物设计的纹样都展示了植物缠绕的卷须、叶和花的形象。这些图案以所展示的植物命名，但莫里斯的纹样并不是具有精确性的植物摹绘，而是对其形式的风格化提炼。

莫里斯对古代本草书、中世纪木刻、织毯纹样和插图手稿的研究影响了他的纹样设计，他恢复了木版印刷和手工纺织之类的传统工艺。他敦促学习纹样设计的学生要对自然界和不同时代的艺术勤加研究，再加上想象力，以纠正自己“矫揉造作的作品”。

由于受到工艺美术运动的影响，新艺术运动的艺术家和设计师也把自然界视为根本性的生命力所在，以盘旋的植物的根、卷须和花的形状为依据来设计独特的纹样元素，这些纹样元素还常常与女性的性感形象相融合。

幼叶

与植物的所有部位一样，叶也由成簇的分裂细胞发育而成。很多乔木树种，特别是松柏类会持续长出新叶，但落叶阔叶树只在一年中的特定时间长叶。在秋季，落叶树会产生坚硬的休眠芽，其中有部分发育的幼叶。芽在整个冬天受到保护，到了春天不再有霜冻时便会迅速长出新叶。

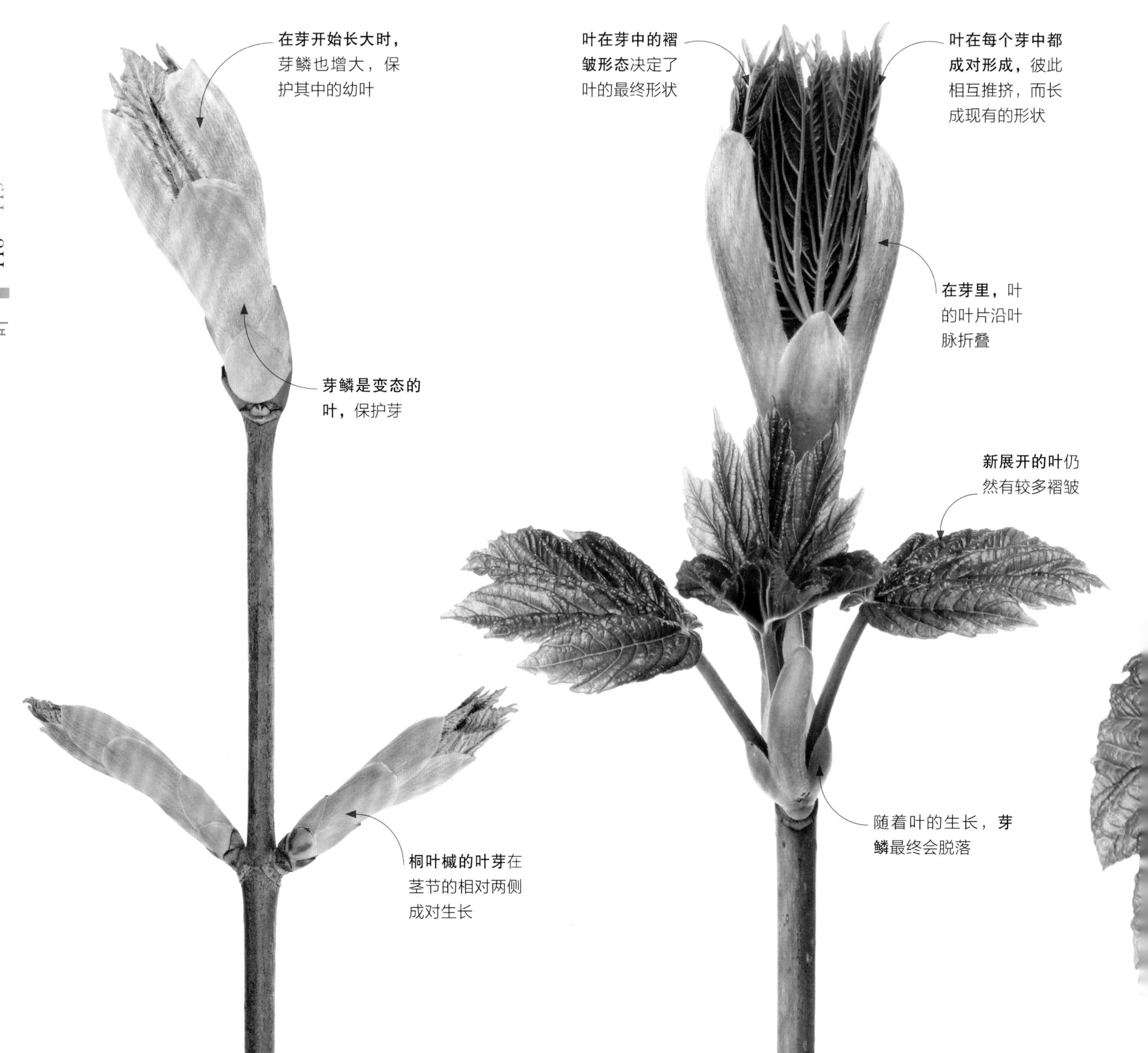

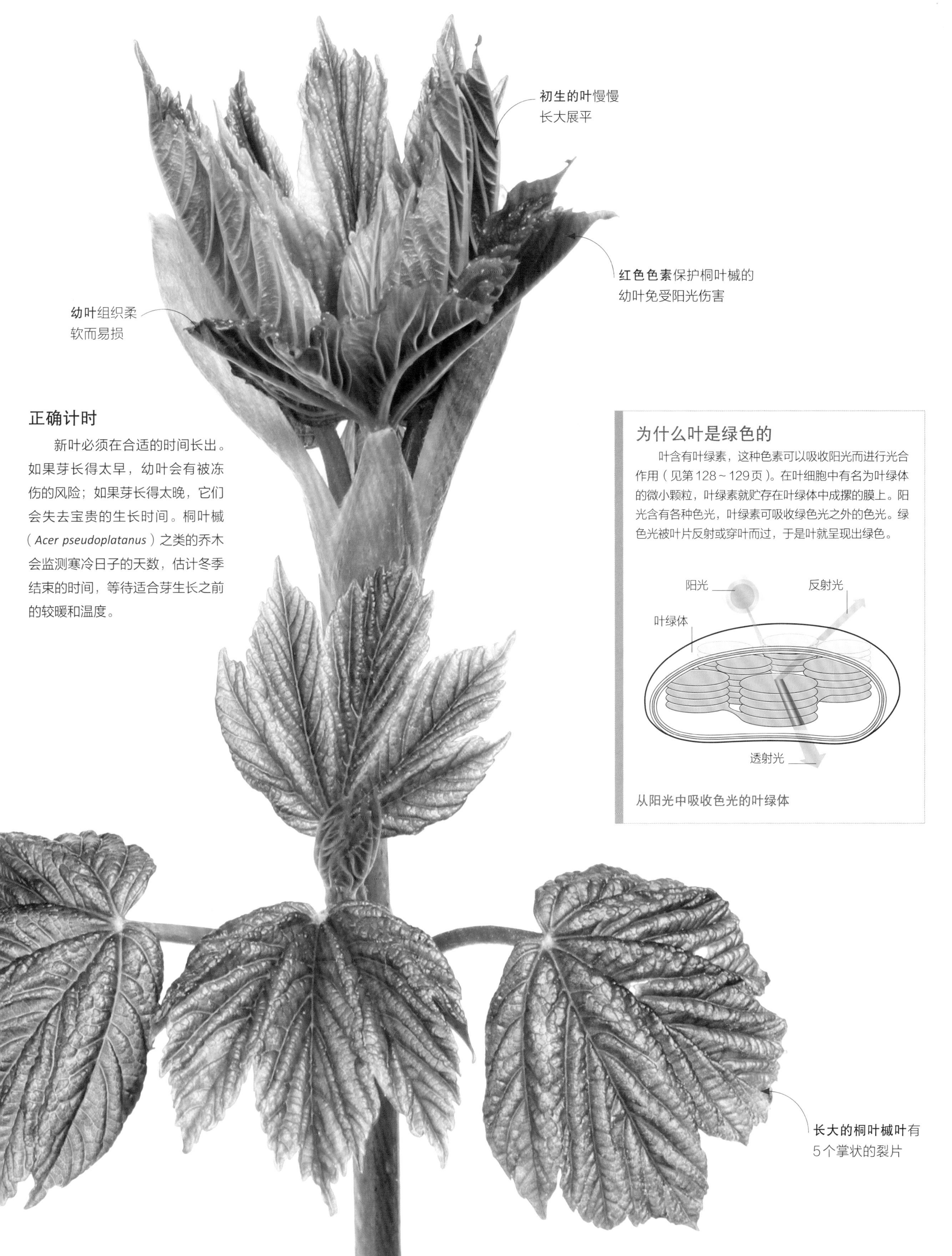

正确计时

新叶必须在合适的时间长出。如果芽长得太早，幼叶会有被冻伤的风险；如果芽长得太晚，它们会失去宝贵的生长时间。桐叶槭（*Acer pseudoplatanus*）之类的乔木会监测寒冷日子的天数，估计冬季结束的时间，等待适合芽生长之前的较暖和温度。

为什么叶是绿色的

叶含有叶绿素，这种色素可以吸收阳光而进行光合作用（见第128~129页）。在叶细胞中有名为叶绿体的微小颗粒，叶绿素就贮存在叶绿体中成摞的膜上。阳光含有各种色光，叶绿素可吸收绿色光之外的色光。绿色光被叶片反射或穿叶而过，于是叶就呈现出绿色。

从阳光中吸收色光的叶绿体

孢子叶

蕨类不开花，而是在叶片下面的斑点中产生孢子（见第338页）。这种斑点叫孢子囊群，有时会有保护性的覆盖物——囊群盖，在下图中呈现为半圆形结构。囊群盖萎缩之后便可让蕨类释放出孢子。

欧洲鳞毛蕨（*Dryopteris filix-mas*）

展开的**蕨叶**

蕨类的幼叶紧紧地卷曲在一起，形成类似提琴头部的结构，可以保护其中央脆弱的顶端生长部位。随着它们慢慢展开，蕨叶的下部逐渐变硬，开始进行光合作用，为叶的其余部分的发育提供能量。这种逐渐展开的过程叫拳卷幼叶展开，主要见于蕨类和形似棕榈的苏铁类植物。

为什么蕨类植物会卷曲

蕨类只能长出数目相对较少的大型叶，每一片叶都是重要的。虽然卷起来的幼叶只能进行很有限的光合作用，但是它们可以防御食草动物的啃食。减少昆虫的侵害比光合作用上的损失对植物而言更重要。

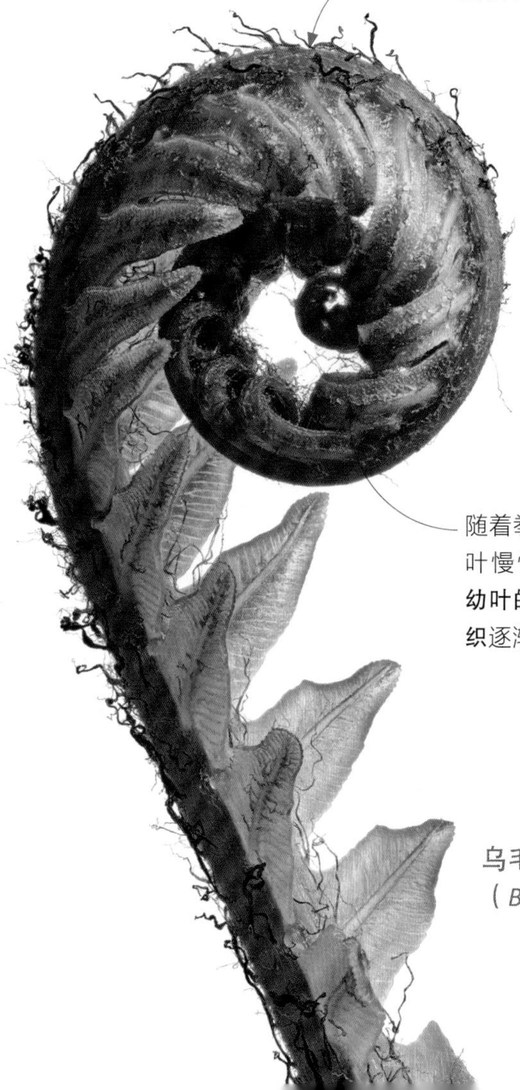

乌毛蕨的幼叶可食，也用作传统药材

随着拳卷的幼叶慢慢展开，**幼叶的柔软组织**逐渐变硬

乌毛蕨（*Blechnum orientale*）

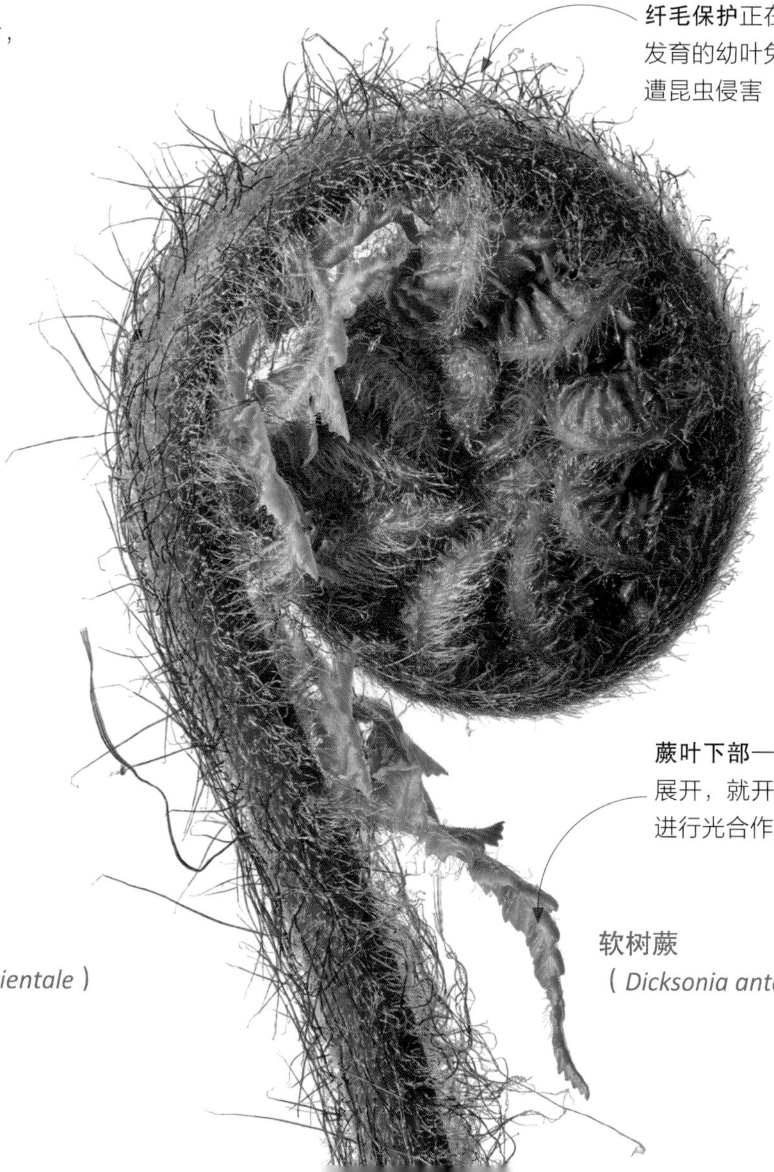

纤毛保护正在发育的幼叶免遭昆虫侵害

蕨叶下部一旦展开，就开始进行光合作用

软树蕨（*Dicksonia antarctica*）

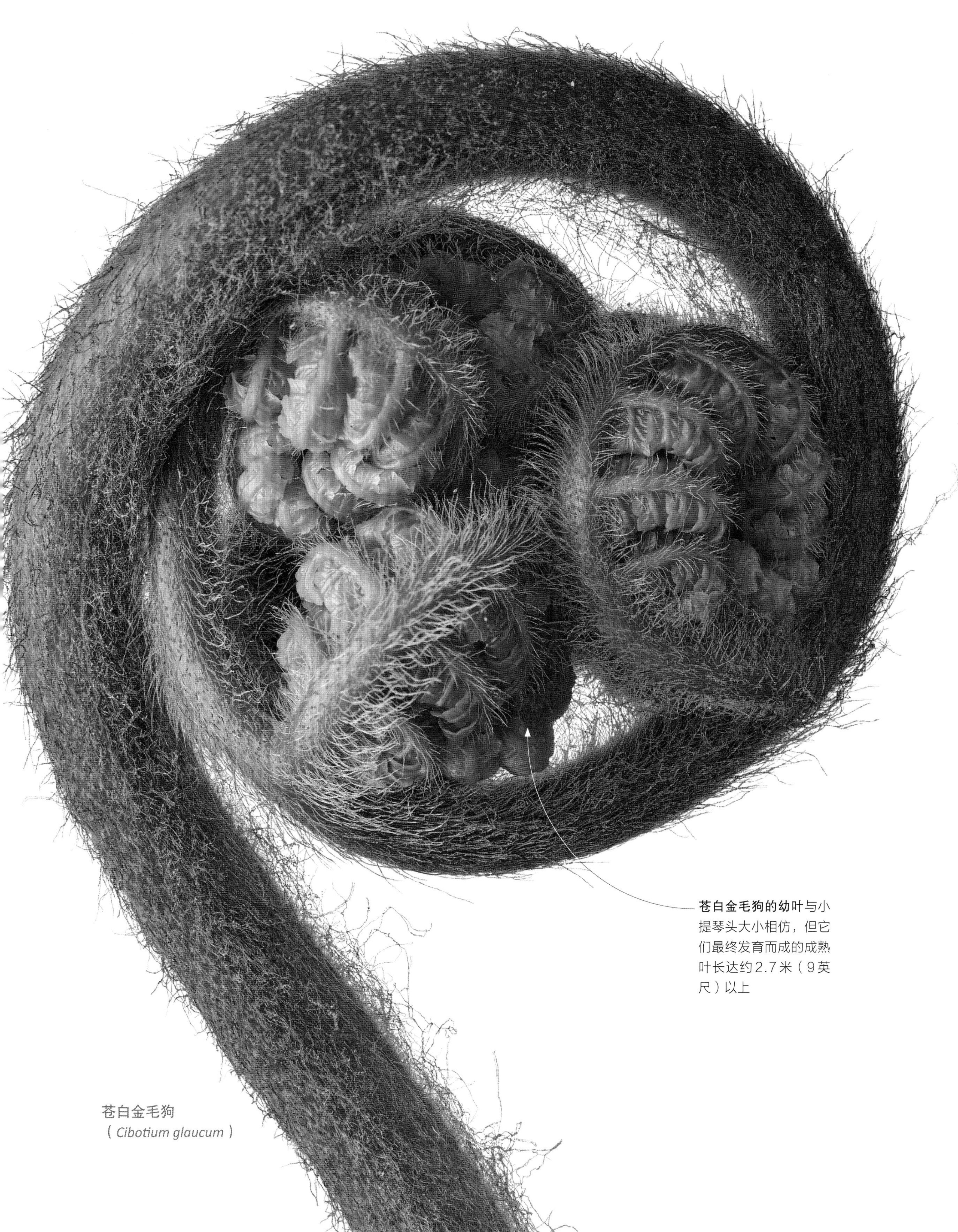

苍白金毛狗的幼叶与小提琴头大小相仿，但它们最终发育而成的成熟叶长达约2.7米（9英尺）以上

苍白金毛狗
（*Cibotium glaucum*）

互生叶

包括这株蛇葡萄（*Ampelopsis glandulosa*）在内的大多数植物的叶以一定的间隔交错地沿着茎生长。在枝顶，促进植物生长的激素——生长素流入正在发育的叶中。枝顶对侧因为缺乏生长素而导致新叶会在茎上离当前叶最远的点发育。

典型的叶序

虽然互生叶序最常见，但有些植物在茎上的同一点却生有成对的叶（对生）或成组的叶（轮生）。这些成对或成组的叶可以同时从多个方向收集阳光。沿着茎生长的轮生叶彼此的间隔较大，这样可以避免把下面的叶遮住。

叶序

对一株植物来说，不被邻近的植物遮住阳光是很重要的，但它还要避免自己的叶相互遮蔽。叶序，也就是叶的排列方式，在每种植物中都呈现出特别的式样，可以避免上方的叶遮挡住下方枝条，从而让植株能照到尽可能多的阳光。

颜色鲜亮的浆果位于叶与叶之间，可以吸引鸟类等散播种子

复杂的搭配

上图中这幅画由潘多拉·塞拉斯（Pandora Sellars）创作于1989年，其中的暗色蕾丽兰（*Laelia tenebrosa*）、喜林芋属（*Philodendron*）杂交种、肖竹芋（*Calathea ornata*）、莱希特林龟背竹（*Monstera leichtlinii*）和水龙骨科（Polypodiaceae）植物不仅展示了塞拉斯准确描绘植物的才华，而且也呈现了她在搭配上的艺术感觉，捕捉到了光线穿过叶丛的方式。

《布列塔尼》（*Brittany*，1979年，局部）

右图中这幅羊皮纸上的水彩画描绘了西洋梨（*Pyrus communis*）的一片落叶，呈现出精致的美感。麦克尤恩绘制了一系列呈现出秋色或处在不同腐烂阶段的叶，这幅画是其中之一。他的关注重点是人们脚下的自然宝藏。他的每一幅画都记录了地点和年份，在其中以植物学的精确性和艺术家的敏感捕捉到了叶的色调和残破之处。

植物与艺术

植物再发现

当画家不再搜寻完美新奇的植物，而是选择揭示普普通通的蔬菜、水果和花卉之美时，植物画领域就掀起了一场革命。这些平凡的植物都有微小的瑕疵，有的叶被甲虫啃食，有的甚至正在腐烂。20世纪的英国画家罗里·麦克尤恩（Rory McEwen）是这种画法的先驱，人们普遍把他视为第一位从现代艺术家的思路出发去描绘自然界的植物画家。

麦克尤恩对植物艺术的激进革新源自20世纪60年代已经普遍酝酿的变革。他的作品画在羊皮纸上，而不是一般的纸上。他发现在丝般光滑而无孔隙的羊皮纸表面上，水彩颜料可以呈现出非凡的透明感，就像中世纪插画一样。

麦克尤恩使用很小的细毛画笔，以严谨的准确性来绘画。无论是花卉、洋葱，还是他从路上拾得的落叶，他画什么东西都会应用这同样一套细致的画法。他会花时间把物体画得纤毫毕现，突出它们的形状和色彩之美，哪怕是所谓的缺陷也都如实绘出。

另一位在20世纪把植物艺术引向新高度的英国画家是潘多拉·塞拉斯。她的作品见于许多植物学出版物，她的艺术才能和感受力为她带来了世界性的赞誉。塞拉斯发现照相机无法把她的丈夫温室中兰花的颜色和形态充分地捕捉下来，于是开始了她的植物艺术生涯。

绘于贝拿勒斯的印度洋葱（1971年，局部）

这个洋葱有纸般的褐皮，闪耀着紫红色和粉红色的层层色调，仿佛伸手可及。洋葱以半透明的水彩绘制，仿佛悬置在空中。麦克尤恩的洋葱系列绘画属于他的最具影响力、最为迷人的作品之列。

> “一片垂死的叶应该能承载世界的重量。”
>
> ——罗里·麦克尤恩《通信》（*Letters*）

蜡质表面和滴水叶尖让雨林植物的叶能迅速排水

叶与水循环

植物利用的水分不到它们从土壤中吸取的水分的5%，剩下的水分都从叶表面蒸发到空气中了。乍一看，这种蒸腾生理活动是一种浪费，在干旱气候下会成为麻烦，但它其实有多方面的关键作用。蒸腾作用让水能克服重力的作用而向上流动，即使在最高的树也是如此。这些向上流动的水带来了土壤中的矿质营养，为植物的生长所必不可少。在炎热的气候下，蒸发的水可以让叶降温，正如出汗可以让人的皮肤降温一样。

红色的叶片下表面能在荫蔽条件下尽可能地吸收光

蒸腾作用

当气孔张开吸入二氧化碳时，水也持续不断地从叶蒸发出去。这产生了负压，把水分从根部通过植株的维管系统向上引到茎叶。水所经过的维管组织叫木质部，是成束的细管。

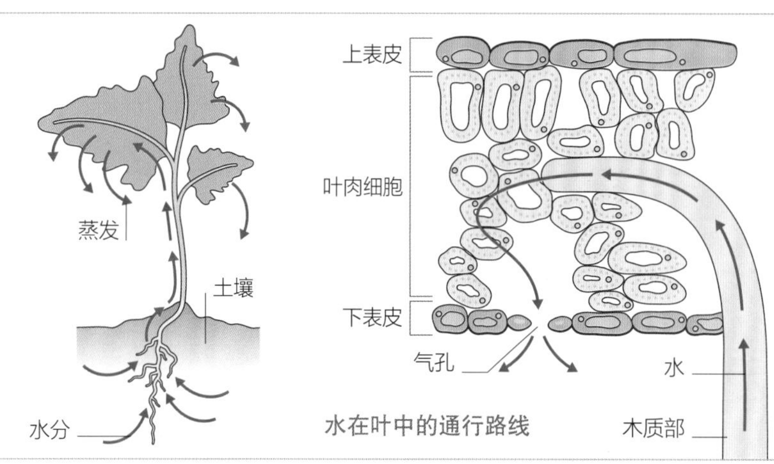

水在叶中的通行路线

浪费水？

苦宝塔姜（*Costus guanaiensis*）长于南美洲热带地区。在雨林中，水分充沛，所以这种植物长出了硕大的叶，可以大量吸收阳光，而没有由于高蒸腾率造成脱水的风险。这样，每年降在地面上的雨水中大约有30%要被雨林植物的叶利用。

雨林植物的叶有很
多气孔，能最大限
度地吸取二氧化碳
苦宝塔姜的叶很长，
通常可达约60厘米
（2英尺）

叶与光

植物的叶吸收阳光，通过光合作用的复杂过程把其中的能量转化为养分。植物的叶中有一种对光敏感的绿色色素——叶绿素，植物利用光和叶绿素把来自空气的二氧化碳和来自土壤的水分一起转化为糖类。在此过程中它们还产生氧气，维持了地球上几乎所有生命的生存。

叶的绿色来自叶绿素，这是一种能吸收光的色素

宽大的表面积

灰银叶喜林芋（*Philodendron ornatum*）的叶之所以较大，是因为它生长在荫蔽之中，需要靠稀少的阳光生存。叶脉把根吸收的水分运输到叶的各部分，叶脉也把通过光合作用制造的糖类运输到植株的其余部位。

长叶柄能使叶倾斜而朝向太阳

叶的上表面

叶的下表面

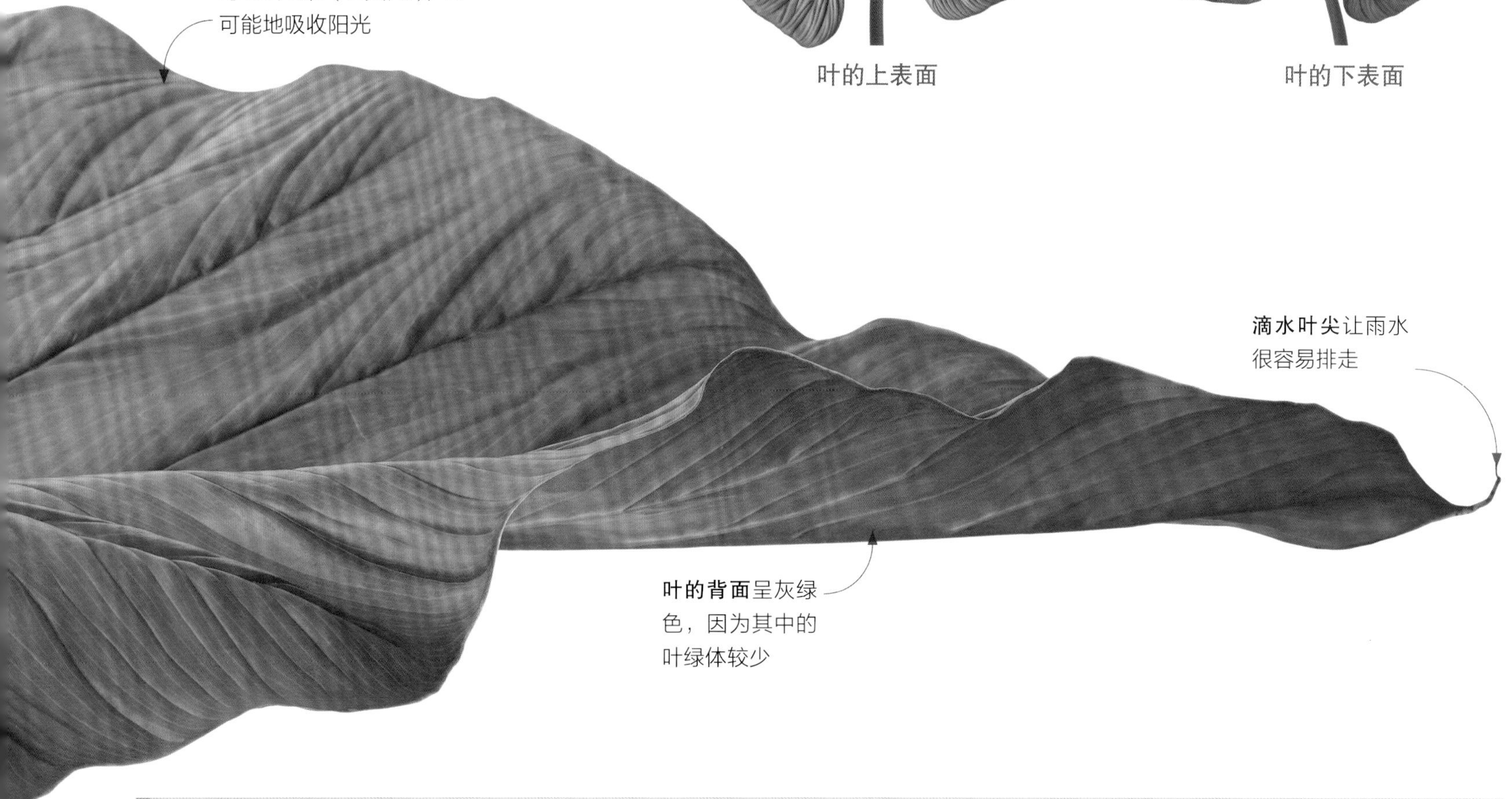

灰银叶喜林芋的叶可长达约60厘米（2英尺），尽可能地吸收阳光

滴水叶尖让雨水很容易排走

叶的背面呈灰绿色，因为其中的叶绿体较少

光合作用

在叶表面的下方有一群名为叶肉细胞的特殊细胞，负责进行光合作用。叶肉细胞含有名为叶绿体的微小颗粒，其中含有叶绿素——能吸收光的色素。叶绿体从阳光中吸收光能，从空气中吸取二氧化碳，把它们与水（由根从土壤中吸收，通过植株的维管系统运输到叶）一起转化为葡萄糖。葡萄糖再压缩成蔗糖，这是作为养分的一种糖类。氧气也通过光合作用经由叶上的小孔（气孔）释放到空气中。

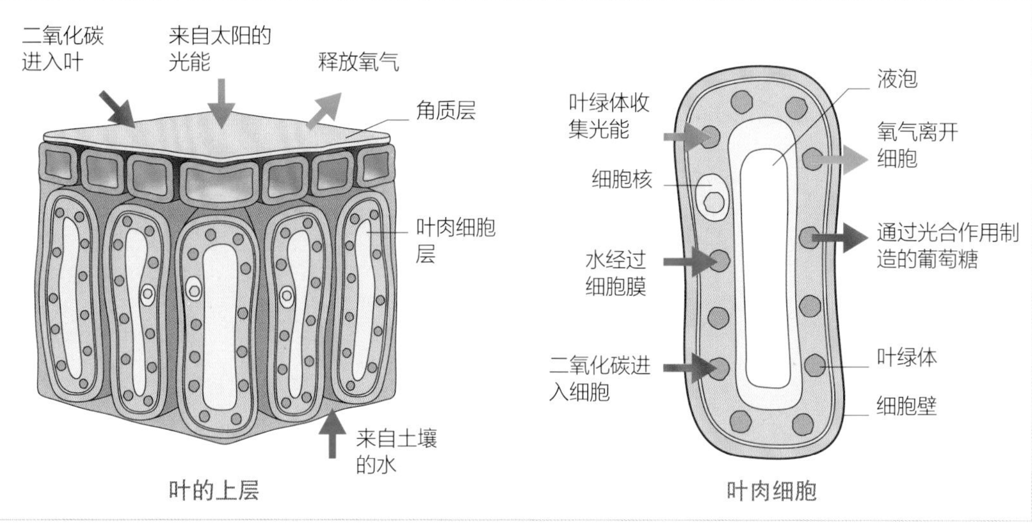

叶的上层

叶肉细胞

较厚的组织和
坚硬的叶脉有
助于巨大的叶
维持其形状

较小的表面积能极大地减少能量损失和水分蒸发

微小的表面积在寒冷气候下减少了能量和水分的损失，并能让树木减少积雪

大型叶让森林下层的植物能吸收足够的阳光

小型叶
银香茶属（*Eucryphia* sp.）

微小的宽度
松属（*Pinus* sp.）

大型叶
芋（*Colocasia esculenta*）

巨型叶
长萼大叶草（*Gunnera manicata*）

巨大的冠盖

长萼大叶草的巨型叶直径可达约3米（10英尺）。这种植物原产于巴西温暖湿润的山地，它的超大叶子可以在吸收阳光的竞争中胜过其他植物。

叶的大小

叶的大小变化极大，小的不到约1毫米（0.04英寸），而一些酒椰属（*Raphia* sp.）的棕榈植物的叶长可超过25米（82英尺）。大型叶有比普通树叶进行光合作用的更大的表面积，但也会蒸腾更多的水分，让植物在湿润的热带地区降温。在寒冷的高山地区生长的植物叶较小，损失的能量较少，极大地降低了遭受霜冻伤害的概率。荒漠植物则有微小的叶（甚至没有叶），以减少水分蒸发。

中型叶在温带气候中既能最大限度地进行光合作用，又能避免过多的水分蒸发

中型叶
羽扇槭（*Acer japonicum*）

叶形

叶可以长成多种多样的形状和大小，每一种叶形都有助于植物生长良好。植物需要叶来吸收光，但又要避免水分损失或抵抗风雨，叶形就是这两方面需求取得平衡的结果。单叶的叶片只有一个部分，而复叶的叶片分成几个部分。

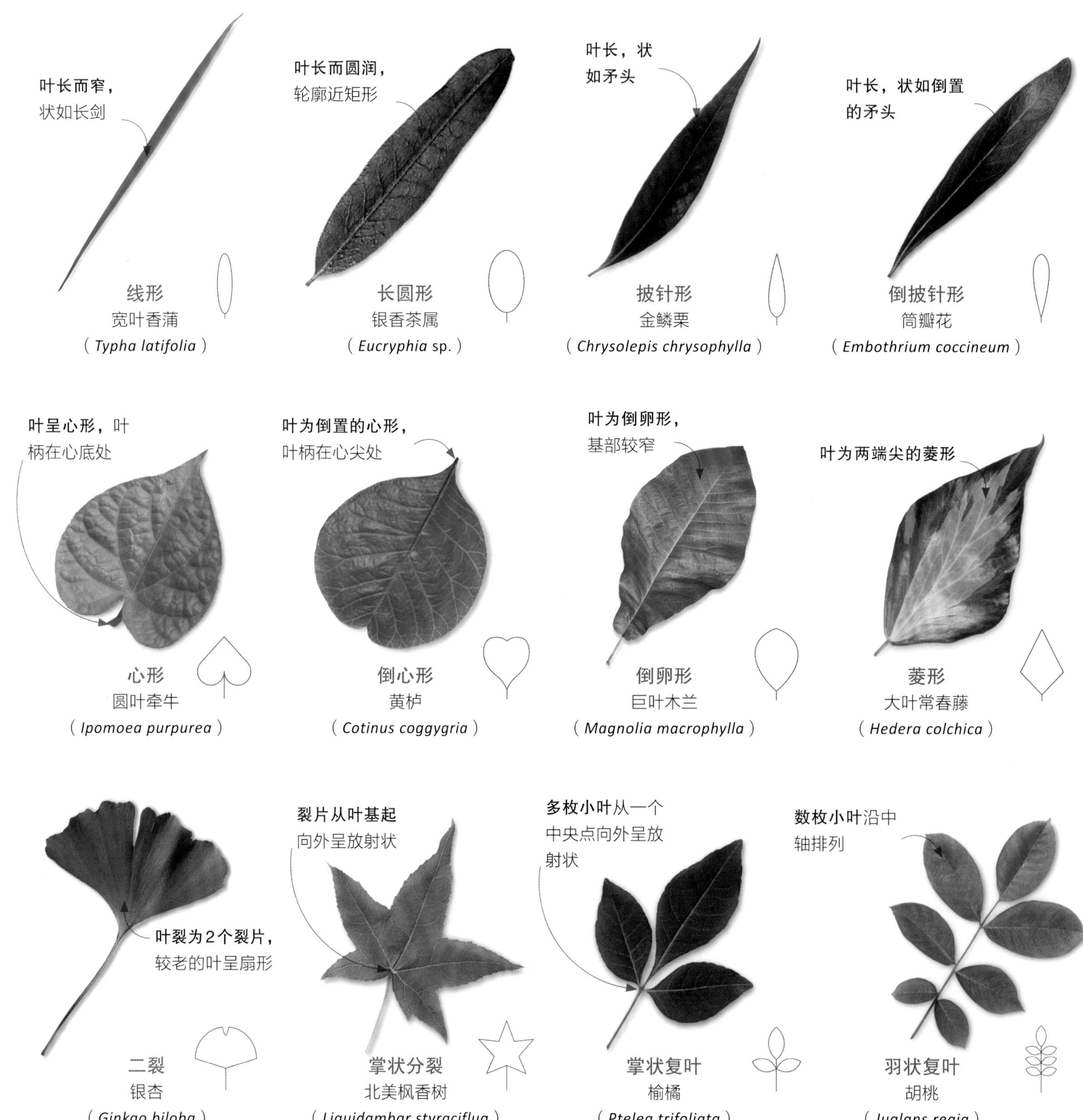

平行演化还是趋同演化

为什么在相同环境中生长的不同植物会有类似的叶形呢？演化是其中一个因素。随着时间推移，具有更适合植物的专门需求、更适应其环境的叶形的个体植株存活下来，繁衍更多后代，植物的DNA也就发生了改变。叶形不适应生境的植株则会死亡。演化并非总能创造完美的叶形，只是选择能够实现的最佳选项而已。

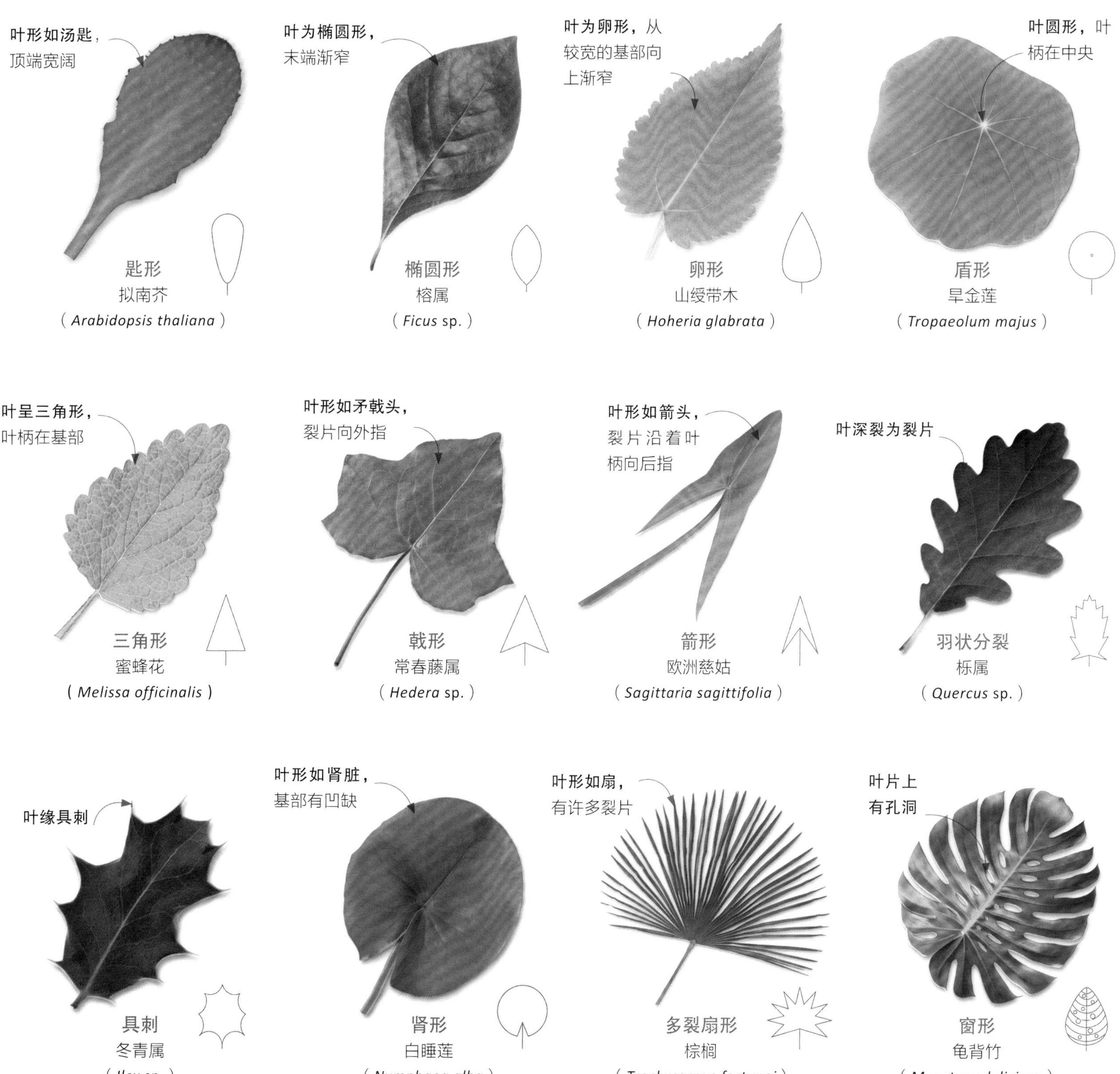

排水设计

滴水叶尖通常与叶的主脉呈一条线，主脉把水从叶面上导向这里。像右图所示的这几种植物叶的各个部分（羽片）在叶形上较为复杂，它们的每个裂片都会形成各自的滴水叶尖。滴水叶尖与叶面疏水的蜡质外层（角质层）结合，可以让雨林植物应对暴雨。

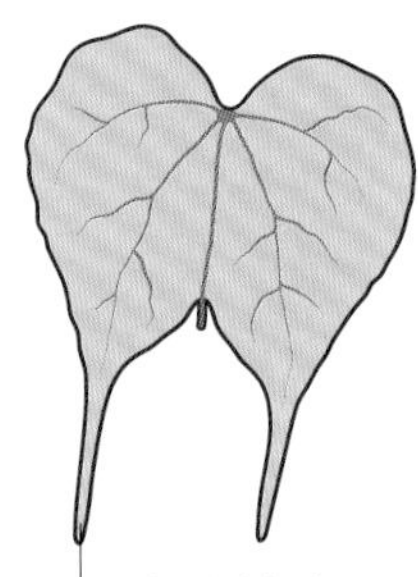
两个裂片都有滴水叶尖

攀缘龙须藤（*Bauhinia scandens*）

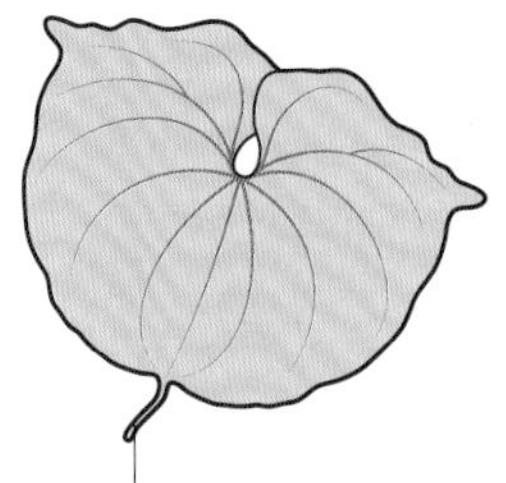
在中央的滴水叶尖两边还有另外两个滴水叶尖

非洲薯蓣（*Dioscorea sansibarensis*）

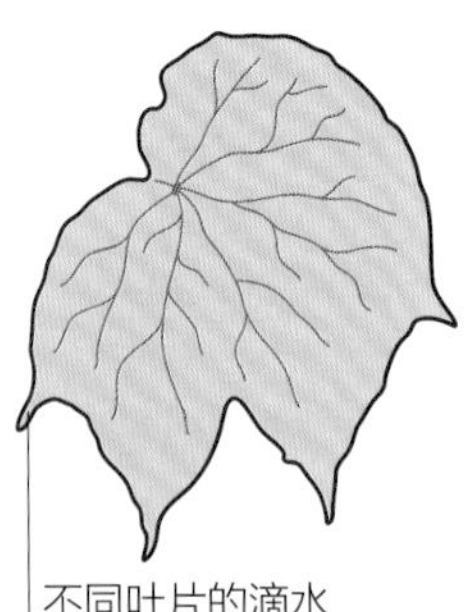
不同叶片的滴水叶尖数目可变

总苞秋海棠（*Begonia involucrata*）

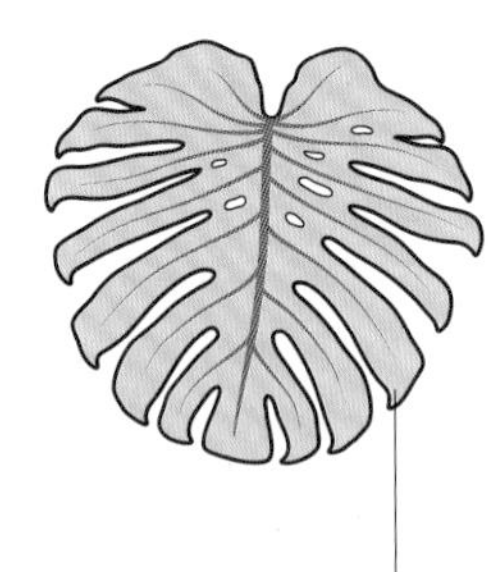
每个裂片均有滴水叶尖

龟背竹（*Monstera deliciosa*）

长叶花烛

长叶花烛（*Anthurium warocqueanum*）又名皇后花烛，原产南美洲，叶长约0.9米（3英尺）以上。这样大的表面积会接收很多雨水，但在滴水叶尖的作用下，雨水很快就排走了。滴水叶尖在花烛属（*Anthurium*）之类的雨林下层的植物中较为常见，在雨林树冠层顶部生长的叶上则少见，因为它们可以在阳光烘烤下迅速干燥。

蜡状角质层有助于排水

叶表面的尘垢会遮住叶面，但可由向叶下方流去的雨水冲走

叶的中脉起到排水沟的作用，把水排向滴水叶尖

水的重量让叶向下弯，使水流向滴水叶尖

滴水叶尖

滴水叶尖

为了抵御暴雨，很多热带雨林植物的叶都形成了滴水叶尖——叶片尖而长，水可以迅速排走。这样做的具体好处还不清楚。一些研究者认为滞留在叶上的雨水可能会导致有害真菌、藻类或细菌的生长，另一些研究者则相信排走雨水有助于叶调节温度，或避免水滴反射阳光而妨碍光合作用。

叶缘

叶的边缘叫作叶缘，是可用于鉴定植物种类的独特特征。叶缘的形状有助于植物适应环境。分裂或锯齿状的叶缘加快了空气绕叶流动的速度，造成更多的水分流失，但也让叶能吸收更多的二氧化碳进行光合作用。而平滑的叶缘则能让雨林植物迅速排掉雨水。

全缘
银香茶属（*Eucryphia* sp.）

具锯齿
薄荷属（*Mentha* sp.）

具小锯齿
大叶早樱（*Prunus × subhirtella*）

具重锯齿
鸡爪槭（*Acer palmatum*）

具圆齿
早花犬堇菜（*Viola reichenbachiana*）

具小圆齿
连香树（*Cercidiphyllum japonicum*）

具睫毛
臭椿（*Ailanthus altissima*）的小叶

深波状
高加索栎（*Quercus macranthera*）

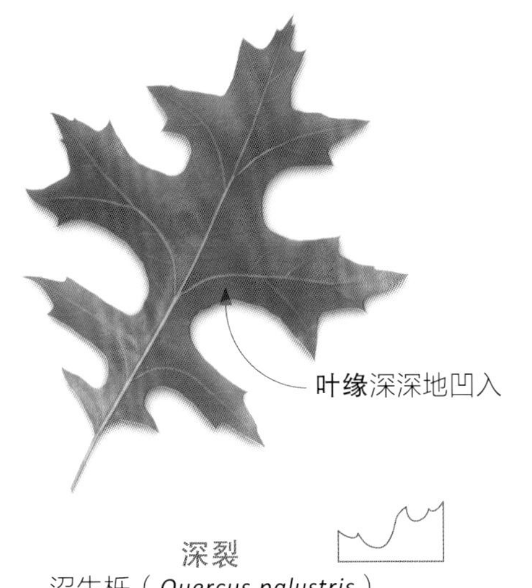

深裂
沼生栎（*Quercus palustris*）

具缺刻
栾树（*Koelreuteria paniculata*）的小叶

具牙齿
土尔其栎（*Quercus cerris*）

具小牙齿
红果桑（*Morus rubra*）

具裂片
无梗栎（*Quercus petraea*）

具刺
欧洲枸骨（*Ilex aquifolium*）

皱波状
灰银叶喜林芋（*Philodendron ornatum*）

叶缘和气候

来自温暖、干旱气候区的植物叶缘常全缘（平滑），比边缘凹凸不平的叶损失的水分更少。锯齿状的叶可使汁液在叶中流动更快，让温带植物在温暖的天气中迅速开始光合作用。察看化石叶的叶缘，可以获得这些叶生存的时代中有关地球气候的详细情况。

长毛的叶

为了驱退食草动物、在极端天气下保护植株、用除草性的物质驱逐竞争的植物，植物可以用叶、茎和花蕾上的毛状结构（毛被）来实现这些目的和其他更多功能。毛被可以防止昆虫啃食或产卵，分泌毒素作为自身的防御手段。一些植物的毛被可以把刺激性的化学物质注入哺乳动物的皮下，以发出警告。

绵毛水苏
（*Stachys byzantina*）

薄荷的防御

很多植物的毛被会妨碍昆虫啃食，还有一些植物会主动驱赶昆虫。薄荷属（*Mentha* sp.）植物的毛会分泌挥发油——薄荷醇，既能驱赶昆虫，又能杀死咬过叶片的昆虫。

留兰香（*Mentha spicata*）

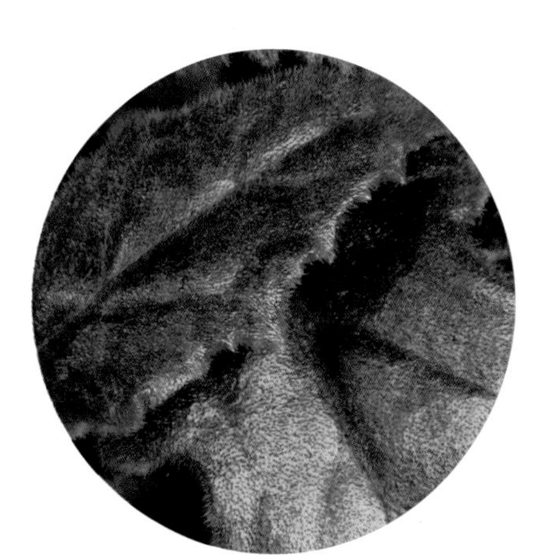

天鹅绒效应

橙花菊三七（*Gynura aurantiaca*）叶表面天鹅绒般的紫红色毛被含有色素花青素。毛被可以让这些通常处于荫蔽处的叶不被偶尔照射到森林地面的强烈阳光所伤害。

浓密的毛丛让昆虫在其中寸步难行，也就无法啃食叶片

防御恶劣环境

绵毛水苏全株覆有由丝状毛被构成的银白色毛层，让植物可以对付干旱。毛可以吸收叶附近的水汽，让风向偏转，使水分蒸发减到最少。银白色的毛则可以反射来自太阳的光和热。

毛茸茸的覆被可以
被一些蜂类拔取，
用来铺在蜂巢中
毛覆盖着叶、茎
和花蕾，使它们
隔绝霜冻和炎热
绵毛水苏还生有腺
毛。腺毛分泌的化
学物质具有抵抗微
生物侵害的功能，
可使植株免受伤害

βάτος
Rubus sylvestris
83r

方便鉴定

在尼古拉·库尔佩珀的《英格兰医师》中，类似的植物常并列，以方便鉴定。在这幅插图中，南茼蒿和滨菊彼此就画在一起。

本草书

本草书是一些图书或手抄本，其中含有对植物的描述，以及有关其特性和医药用途的信息。对于植物鉴定和植物学研究来说，它们也可用作参考。在人类最早的图书和文献中就有本草书，其中一些古代的代表作品中包含已知最早的植物墨线图和彩绘图。

本草书的内容很可能以古代世界的植物传说和传统医学为根据。来自中东或亚洲的一些最古老的代表作的撰成时间可以追溯到几千年前。本草书在欧洲古典时代颇为流行，其中最有影响力的是《本草》（*De Materia Medica*，约公元50—70年），其作者佩达尼乌斯·迪奥斯科里德斯（Pedanius Dioscorides）是古罗马军队中的一位希腊医师。该书包含了500多种植物的详细信息，在后来1500多年的时间里广为誊抄和利用。现在不知道最初的版本是否有插画，但目前人们所知的最古老的手抄本《迪奥斯科里德斯维也纳抄本》（*Vienna Dioscorides*）中有不少自然主义风格的绘画，常常绘出微小的细节。

木刻雕版印刷加强了图书的复制能力，但15世纪印刷机的发明才真正引发了插图本草书的大量撰著和图像质量的改善。虽然本草书最终不再流行，被插图具有植物学准确性的科学图书取而代之，但它们可以视为这些科学图书的先驱。

库尔佩珀的本草书

这张手工上色的铜版雕刻植物图版出自尼古拉·库尔佩珀（Nicholas Culpeper）的《英格兰医师》（*The English Physitian*，1652年）。这本书价格低廉，容易买到，又很实用，因此成为同类图书中最流行、最成功的著作之一。

《本草》

来自迪奥斯科里德斯《本草》的这页图版描绘的是一种野生悬钩子，被鉴定为*Rubus sÿlvestris*（图版上方则是希腊语batos）。这个手稿抄本摹写于1460年，在该书原版撰成之后大约1400年。这个抄本是英国著名植物学家和博物学家约瑟夫·班克斯爵士的私人藏书之一。

> “（本草书）……是从古希腊时代一直到中世纪结束时几乎代代相传的少数几种手稿之一。”
>
> ——明塔·科林斯（Minta Collins）
> 《中世纪本草书：插画传统》（*The Illustrative Traditions*，2000年）

玉链青塔龙

玉链青塔龙（*Crassula rupestris* subsp. *marnieriana*）紧密重叠的叶又小又圆，可以减小表面积，让贮藏在特殊细胞中的水分蒸发减到最少。叶表的角质层常覆有一层蜡质“白霜”，可以反射来自太阳的热量和光照。

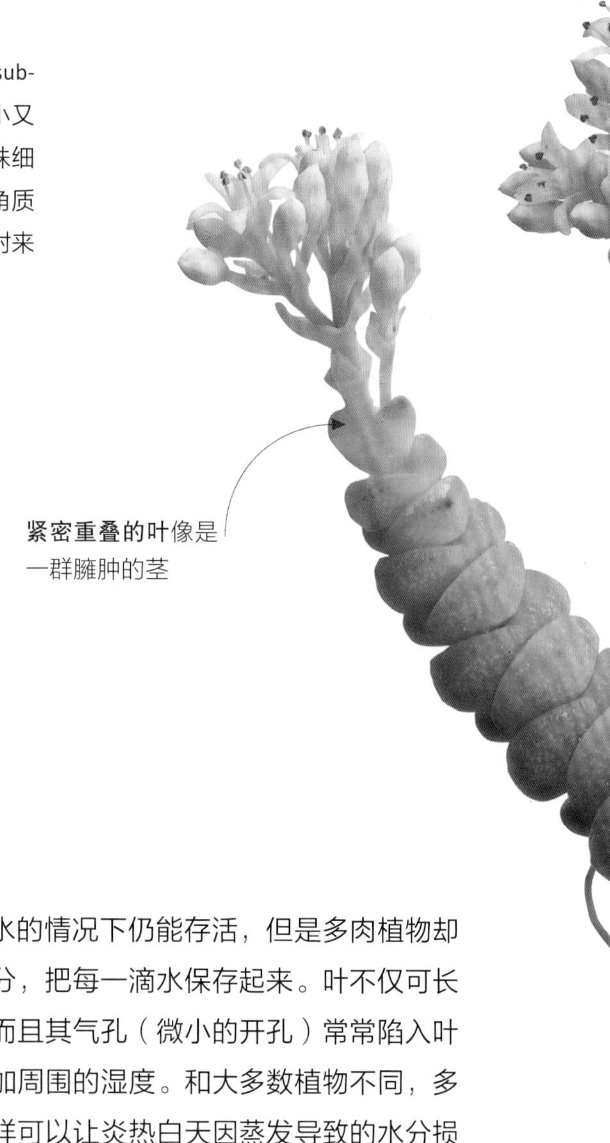

紧密重叠的叶像是一群臃肿的茎

肉质叶

几乎没有植物在长时间缺水的情况下仍能存活，但是多肉植物却可以在膨大的叶或茎中贮存水分，把每一滴水保存起来。叶不仅可长有致密而防水的蜡状角质层，而且其气孔（微小的开孔）常常陷入叶表，减弱周围空气的流动，增加周围的湿度。和大多数植物不同，多肉植物在夜晚才打开气孔，这样可以让炎热白天因蒸发导致的水分损失减到最小。

景天酸代谢

为了保存水分，多肉植物采用了一种叫“景天酸代谢”的光合作用方式，由此不再在白天吸收二氧化碳。景天酸代谢植物在夜晚才打开气孔，以减弱蒸腾作用（见第 126 页）。二氧化碳被加工成一种有机酸性化合物贮存起来，然后在白天运送到叶绿体，再释放出来进行光合作用。

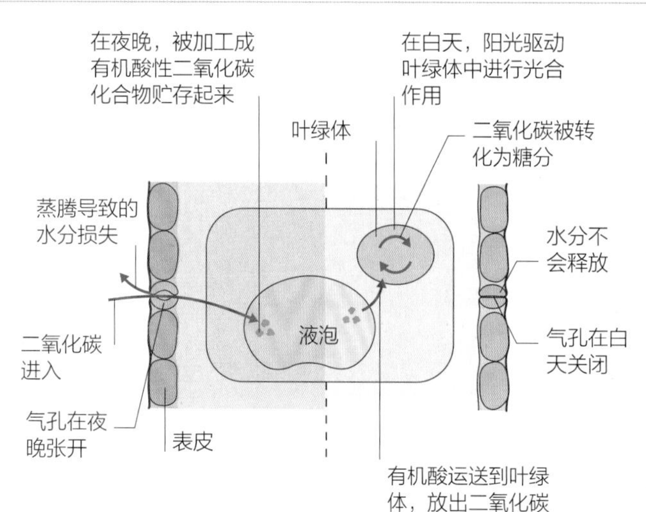

在叶肉细胞里

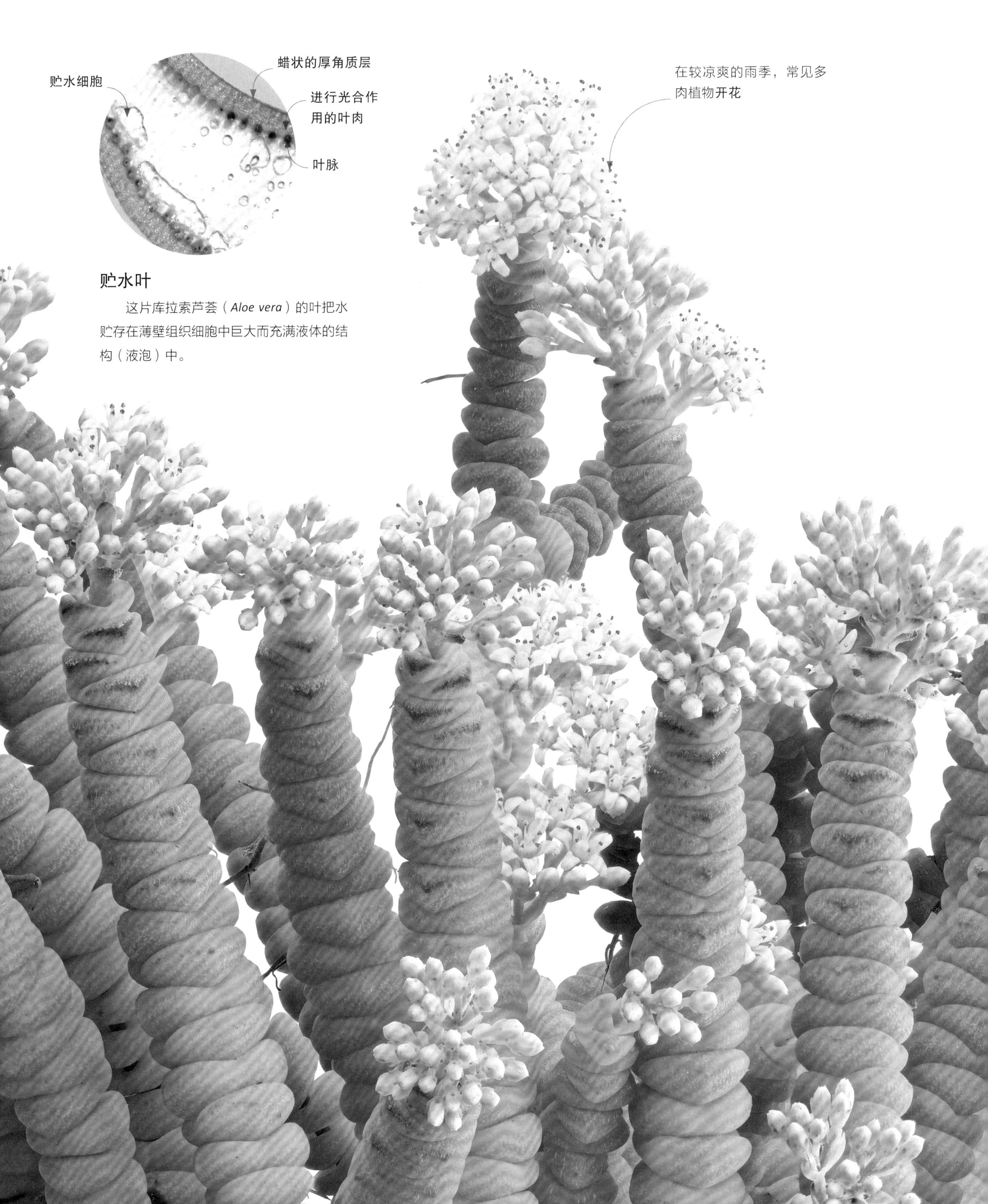

贮水叶

这片库拉索芦荟（*Aloe vera*）的叶把水贮存在薄壁组织细胞中巨大而充满液体的结构（液泡）中。

自洁的叶

莲（*Nelumbo nucifera*）的叶表面覆盖有肉眼不可见的微小突起，以及一层防水的蜡状角质层，水会很快流走，当水从叶面流过时，能带走灰尘，从而清洁了叶面，保证阳光能照到下方的光合作用细胞。这种有用的特性已经在实验室中实现，用于制造具有自洁功能的涂层。

蜡质叶

植物最早长在水中，在大约4.5亿年前，它们开始迁至陆地。为了避免脱水，植物在叶和茎表演化出一种蜡质的防水覆被，名叫角质层。角质层也能保护植株免受微生物感染。虽然角质层是半透明的，可以让光线通过，满足进行光合作用的需求，但是它也能反射多余的光和热，避免植株受到伤害。

叶表的显微结构

蜡状角质层由疏水的化学物质构成。这些化学物质可避免水分蒸发，同时也保护植物免受真菌和细菌侵害。下图中大戟属（*Euphorbia*）植物上的毛毡状覆被是蜡质晶体，常常形成于角质层的外表面。

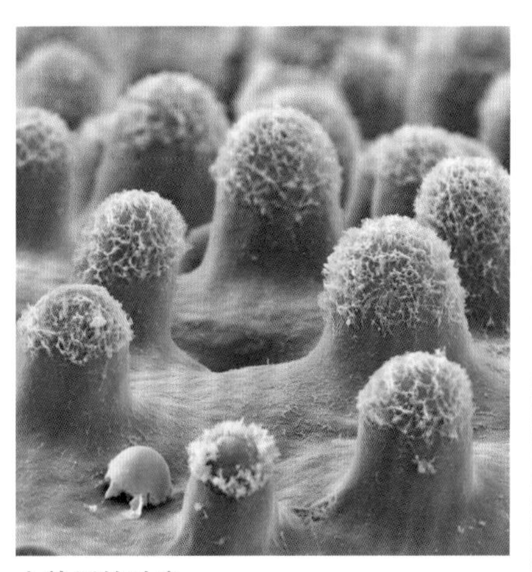

大戟属的叶表

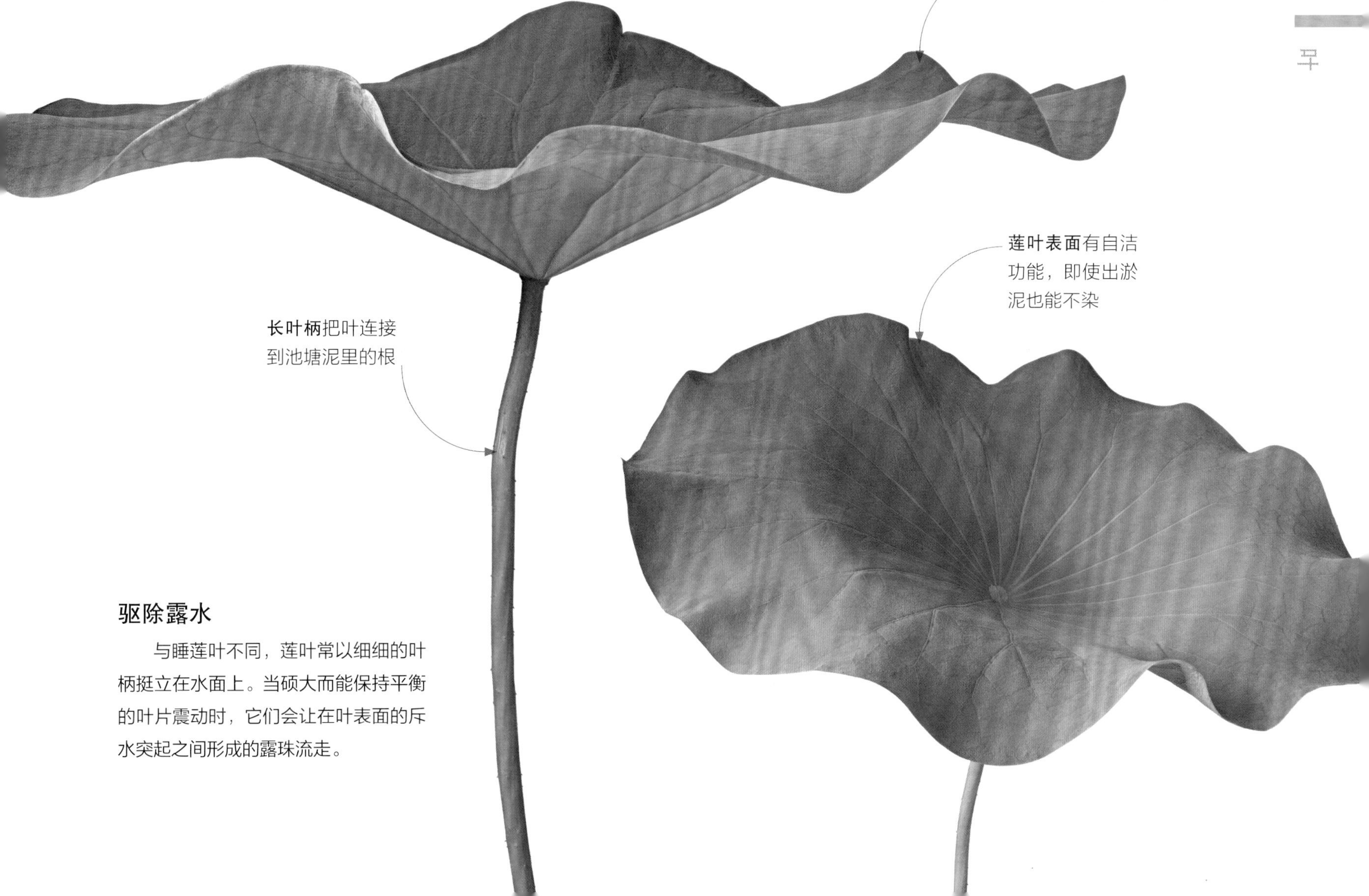

伞状的莲叶直径可达约60厘米（2英尺）

莲叶表面有自洁功能，即使出淤泥也能不染

长叶柄把叶连接到池塘泥里的根

驱除露水

与睡莲叶不同，莲叶常以细细的叶柄挺立在水面上。当硕大而能保持平衡的叶片震动时，它们会让在叶表面的斥水突起之间形成的露珠流走。

Aloidendron dichotomum

二歧树芦荟

二歧树芦荟在英文中叫"箭筒树"（quiver tree），这个名字是由非洲南部的桑人（San）创造的。他们把这种植物的枝挖空，用作箭筒来装箭。二歧树芦荟是一种巨大的多肉植物，忍耐力非常强，高可达约7米（23英尺），能存活80多年。

二歧树芦荟原产于纳米比亚南部和南非北开普省，实际上就是一种植株巨大、呈乔木状的芦荟类植物。与株形较小的近亲类似，二歧树芦荟也会长出具有芦荟类特征的莲座状叶丛，不过这些叶丛是长在分叉的枝条顶端。

二歧树芦荟的枝上覆有一种粉末状的白色物质，其功能类似一种保护性的遮阳层。当气温上升、周边的景观遭南非毒辣的阳光炙烤时，这些粉末可以让二歧树芦荟把体内的温度维持在一个较低水平。

在春天，每个莲座状叶丛中会抽出长花穗，其上有橙黄色的花。花穗仿佛是从四面八方向野生动物发出信号的旗帜。蜂类、鸟类甚至狒狒等很多动物都会赶来，尽情享受二歧树芦荟的花蜜。即使它不在花期，也是宝贵的筑巢地点，可以让鸟类在其粗壮的枝间筑巢。成熟的二歧树芦荟植株上常常栖息着织雀等群居性鸟类的大规模鸟群，它们利用植株所提供的少量荫蔽，在枝间编织硕大而精致的共用鸟巢。

过长时间的干旱已经让二歧树芦荟天然分布区里较热地区中的很多植株濒临死亡。因为气候变化，人们预测这样长时段干旱的发生地域会越来越广阔，程度也会越来越严重。二歧树芦荟的死亡是降水量发生重大变化的指示。

分叉的习性

虽然二歧树芦荟会长成乔木状，但这种植物并不产生木质。与此相反，它粗大的枝中充填的是软浆状的纤维，其中贮藏着宝贵的水分。在二歧树芦荟生长时，它的枝会分叉，每次产生两根新枝。

橙黄色的花可产生大量花蜜，对当地野生动物非常重要

肉质叶

在二歧树芦荟亮白色的枝顶长有典型的芦荟状叶。这些肉质的叶在进行光合作用和贮藏水分这两方面都有重要作用。

银色的叶

在阳光强烈、蒸发剧烈的干旱山地气候下，很多植物通过银色的叶片保持凉爽。这种银白的颜色来自下方的绿色叶细胞顶上的一层半透明的蜡质覆被或毛被。蜡质和毛也都可以帮助植物减少水分损失。毛可以提升叶表面附近的湿度，从而让蒸发减到最少；蜡质则构成了额外的一层防水层。

高效的气体交换

岛雪桉（*Eucalyptus coccifera*）的叶片垂直生长，这样可以让它们尽量少暴露在阳光之下。这也意味着每枚叶的两面都可以有气孔，从而吸收更多进行光合作用的二氧化碳，同时不会因为蒸发而损失太多的水分。

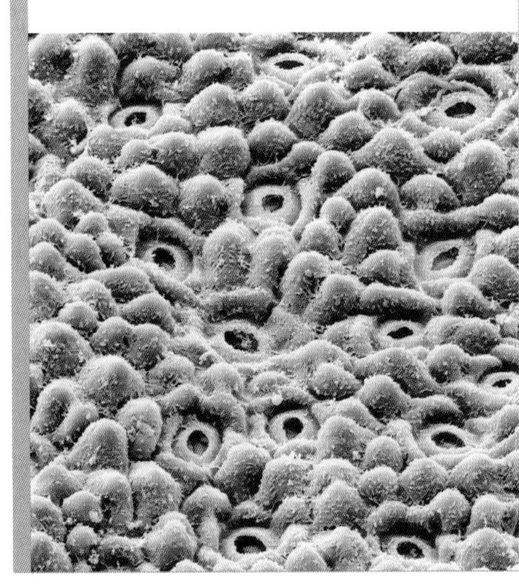

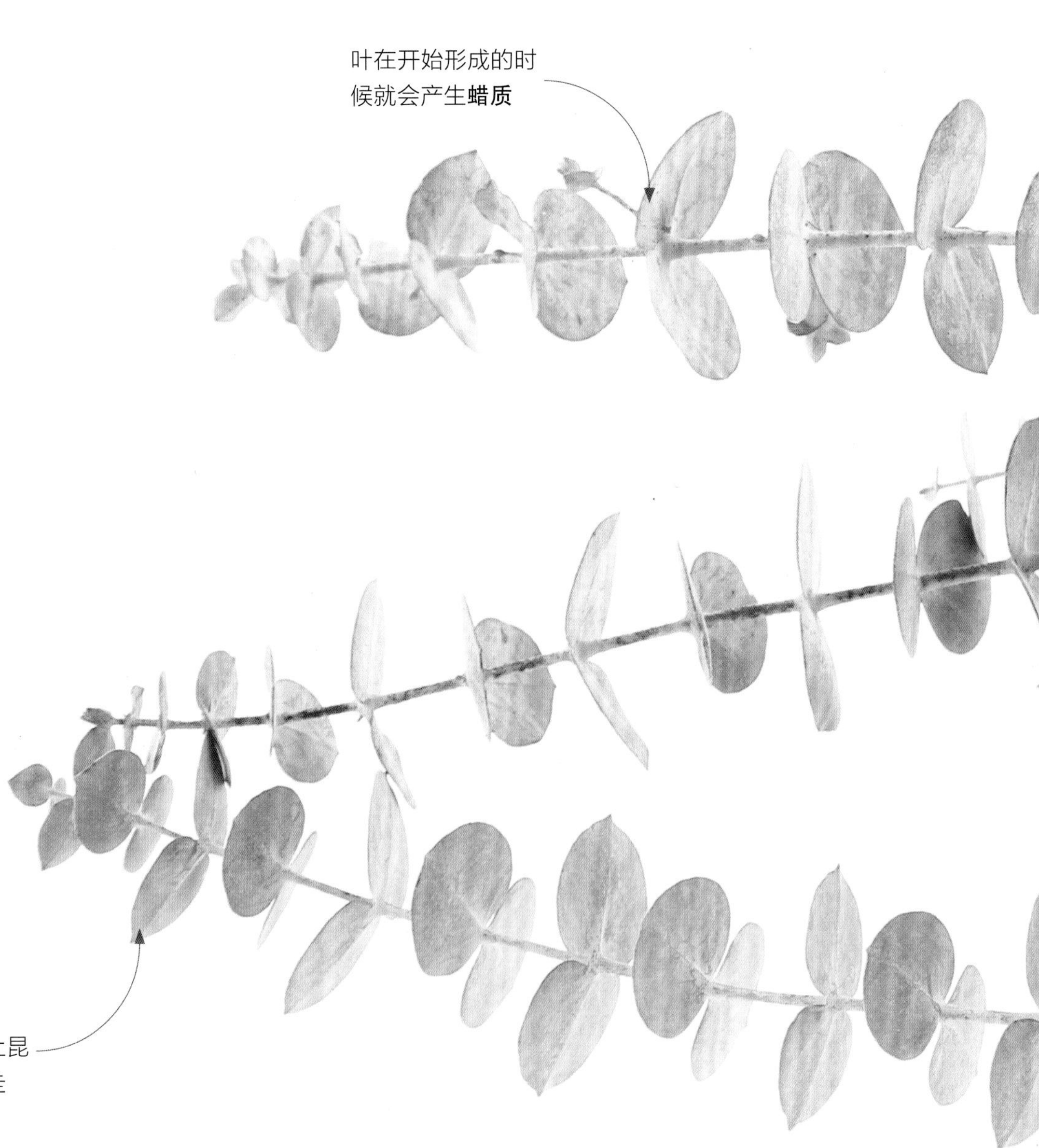

反射光线

银叶山桉（*Eucalyptus pulverulenta*）的叶面覆有极微小的管状蜡质，使叶片呈现出银色外观。这层蜡质帮助植株反射光线，保持凉爽。下图中是园艺品种婴儿蓝（'Baby Blue'）的茎，从主干开始水平生长。这种来自澳大利亚南部高海拔山地的植物的成熟叶与幼叶的形态相似，而不是像大多数桉属（*Eucalyptus*）植物那样会变成狭窄的叶。

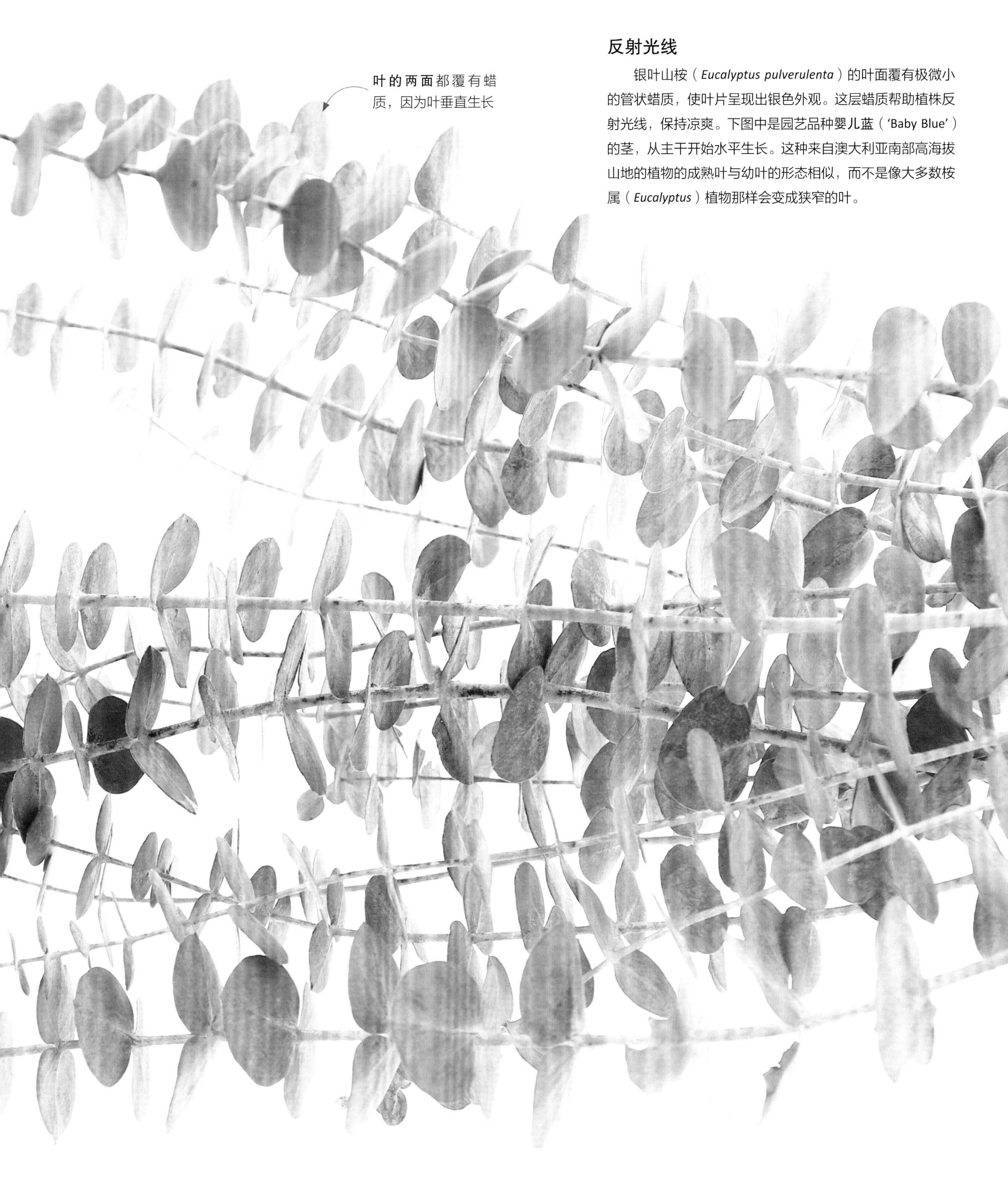

花叶

具有两种或多种颜色的叶称为花叶。虽然花叶在花园中很常见，但它们在自然中却很少见，因为只有叶上绿色的部分才能进行光合作用。有些雨林植物的叶变为花叶，为的是避免从树木间透下来的阳光伤害到叶，或是模仿患病症状，从而免遭动物啃食。大多数园艺花叶植物是嵌合体，即叶上不同颜色的部分所含的细胞因遗传而不同。

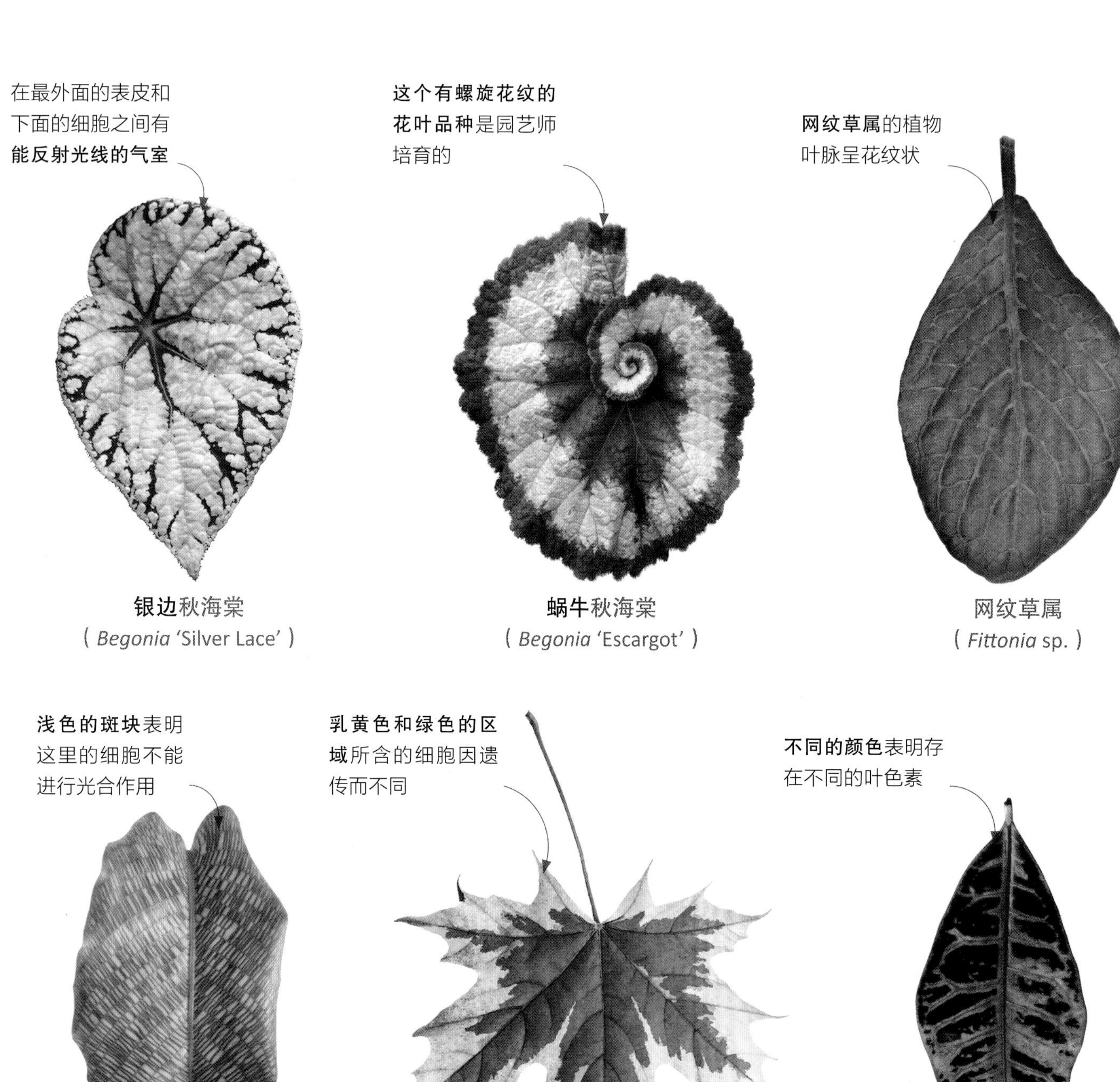

银边秋海棠
（*Begonia* 'Silver Lace'）

蜗牛秋海棠
（*Begonia* 'Escargot'）

网纹草属
（*Fittonia* sp.）

丽叶斑竹芋
（*Calathea bella*）

金边挪威槭
（*Acer platanoides* 'Drummondii'）

变叶木
（*Codiaeum variegatum*）

模仿

五彩芋（*Caladium bicolor*）原产于中南美洲的森林，叶上白色和红色的斑块无法进行光合作用，但可以让叶看上去好像已经被潜叶昆虫所侵害。这种欺骗形式卓有成效：在它的一个亲缘种中，人们发现类似这样的花叶被潜叶昆虫侵害的可能性竟可降到一般叶的$\frac{1}{12}$。

白色斑块模仿了潜叶昆虫幼虫的蛀道

五彩芋
（*Caladium bicolor*）

有花纹的红色叶比纯绿色叶需要更多的阳光，因为它们进行光合作用的效率较低

广东万年青属
（*Aglaonema* sp.）

模仿的潜叶昆虫蛀道可以使动物不触碰似乎已被侵害的叶，也就不会威胁到叶下方的养分

五彩芋
（*Caladium bicolor*）

育成红色

野生的鸡爪槭有绿色的叶，但其中一些品种整个夏季都有红色的叶。在秋季，叶色可以变成更鲜亮的红色。

鸡爪槭的掌状叶有5、7或9片带锯齿而顶端尖锐的裂片

Acer palmatum

鸡爪槭

几乎没有比鸡爪槭的叶更容易识别的叶了。鸡爪槭原产于日本、朝鲜半岛和俄罗斯，是引人注目的落叶乔木，已经成为全世界花园中的重要景致，这都归因于它优美的树形、雅致的叶片和绚烂的叶色。

鸡爪槭是相对较小、生长缓慢的乔木，高度很少超过约10米（33英尺），这意味着它经常长在邻近更高的树木的树荫之下。在野外，它生长在海拔约1100米（3600英尺）的温带林地和森林的下木层中。

鸡爪槭最迷人的特征之一是它的外观千变万化，其原生居群本身就有多种形态，有的是小巧的灌木，有的是高大的乔木。同样，鸡爪槭的叶在形状和颜色上也极为多变，令它享有盛名。所有这些都和DNA有关。鸡爪槭展示出了遗传多样性，同一植株所结的种子长出的后代彼此看上去都很不相同。

18世纪以来，植物育种家利用这些天然的变异，创造出了1000多个不同品种。鸡爪槭的育种大都要求产生亮红的叶色。如此生动的色调来自一类叫花青素的植物色素。花青素可以保护叶组织不被太多的紫外线照射，或是不被气温的波动所伤害。有一些证据表明，花青素还能起到吓退食草昆虫的作用。

鸡爪槭开的花很小，为红色或紫红色，由风或昆虫传粉。花谢后结出带翅的果实——翅果（见第314页）。翅果就像小小直升机，种子搭乘着它，可以随风旋转落下，而离开其母株。

不足为奇

一些鸡爪槭树形直立；另一些枝条下垂，常发育出拱形的树形。在秋季，树叶在凋落之前变为绚烂的黄、橙、红、紫和褐色等各种深浅色调。

秋季叶色

在夏季要结束的时候，白昼变短，气温下降，这些都提醒乔木和灌木需要做好过冬的准备。在叶中发生的化学变化使叶逐渐从绿色变成黄、橙和红的鲜亮色调之后，树木就呈现出壮观的秋色。

颜色组合

给叶上色的化学物质中最容易看到的是叶绿素，使叶呈现为绿色。类胡萝卜素可产生黄色和橙色色调，花青素则可产生红色和紫色色调。

黄色和橙色色调是类胡萝卜素产生的，它们的降解速度比叶绿素慢

叶绿素吸收阳光中的红光和蓝紫光，而反射绿光，使叶呈现出绿色

绿色的叶绿素在强光下会降解，但在生长季，分解的叶绿素可以源源不断地由新合成的叶绿素补充

叶绿体是用叶绿素吸收的光进行光合作用的地方

黄色的类胡萝卜素在叶中始终存在，但只有在秋叶中的叶绿素分解后，它们才变得较为可见

叶细胞里面

叶细胞含有几种色素，但在春季和夏季，光合作用处于高峰，绿色的叶绿素占据了优势地位。叶绿素存在于一种专门的细胞结构——叶绿体中，它可为植物制造养分。

叶色如何变化

在秋季，植物会产生激素，说明叶组织将要死亡。叶中的叶绿素分解速度比类胡萝卜素快得多，于是叶片就变为黄色。与此同时，在名为液泡的大型细胞结构中，红色和紫色的花青素被合成出来。这两类色素使叶呈现橙色，而当类胡萝卜素也损失掉之后，叶就变为红色。

β-胡萝卜素之类常见的类胡萝卜素之所以是橙色，是因为它们吸收蓝绿光，反射红黄光

红色和紫色出现在叶中的淀粉分解为糖分之时，糖分与其他化学物质产生反应后就生成花青素

花青素可起到天然的遮光屏障的作用，会一直保护叶，直到其中的营养被回收，供植株的其他部位使用

如果树液为酸性，叶就**呈现红色**；如果树液为碱性，叶就呈现紫红色

化学鸡尾酒

荨麻的螯毛含有刺激性的化学物质，包括甲酸、组胺、血清素和乙酰胆碱等。这些物质共同发挥作用，可以让被蜇动物的疼痛和不适感持续很长时间，比每种物质单独起作用要持久得多。

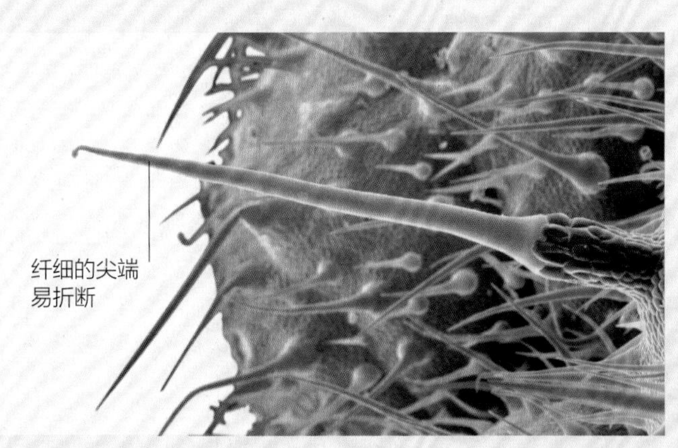
纤细的尖端易折断

蜇人的叶

荨麻之类可以蜇人的植物在表面覆有单细胞毛，其中含有化学物质，能让触碰到这些螯毛的动物感到疼痛，并可能引起发炎。脆硬的螯毛尖在触碰之后很容易折断，仿佛一根锐利的皮下注射针头，立即把其中的有毒混合物注射到动物的皮肤里。如果荨麻叶遭受过动物的伤害，它们就会产生更多的毛作为回应。

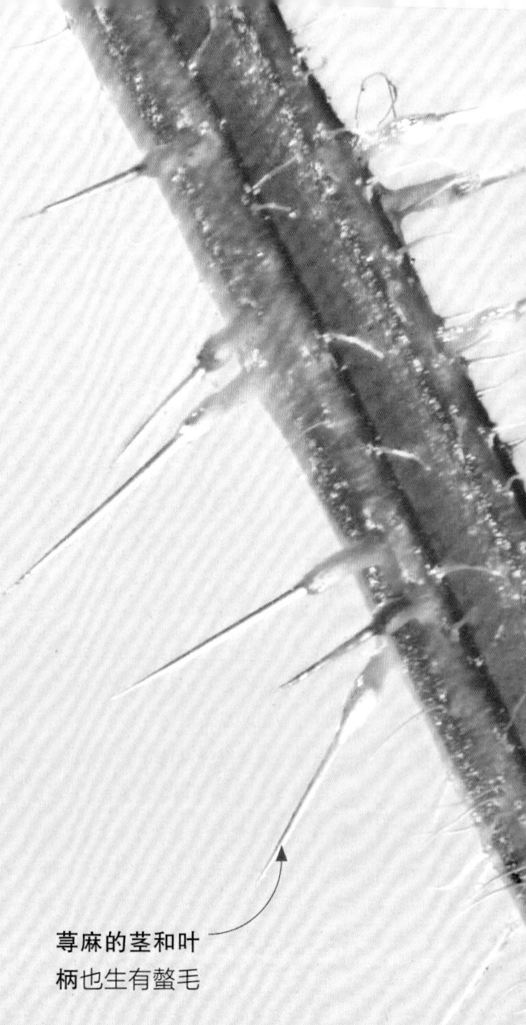
荨麻的茎和叶柄也生有螯毛

在叶片下侧，沿叶脉长有**更多的螯毛**

短而不蜇人的毛提供了抵御昆虫的防御性屏障

蜇人的荨麻

异株荨麻（*Urtica dioica*）的螫毛可以刺痛哺乳类动物和一些鸟类，但不会影响昆虫。因此，异株荨麻就成为本来很容易被捕食的毛虫和其他昆虫的幼虫的重要栖息地。

Vachellia karroo

香棘金合欢

香棘金合欢以前的学名是*Acacia karroo*，它是非洲南部忍耐力最强的树种之一。香棘金合欢具有高度的适应性，在湿润森林、热带稀树草原或半荒漠地区均可生长。一旦这种树的植株成活，它就可以应对几乎所有逆境，哪怕是野火。

令人生畏的香棘金合欢的棘刺可长达约5厘米（2英寸），它们是由叶柄基部两侧的叶状结构（托叶）变态而来的托叶刺。全株上下长满棘刺，足以让很多动物避而远之，但也有一些动物例外。长颈鹿可以把皮带般的长舌头卷绕在香棘金合欢的枝条上，轻而易举地取食如含羞草一般的细嫩叶子。香棘金合欢的树皮、花和富含营养的荚果也为动物提供了食物，如从受伤的树皮中渗出的树脂就是青腹绿猴和婴猴格外喜欢的食物。

香棘金合欢不是大乔木，较大的植株也只高达约12米（40英尺）。它的寿命也相对较短，最长能存活30~40年。然而，这种树仍然能应付极端环境。它不仅耐霜冻，还耐旱，这是因为它有很长的直根，可以从地下深处的水源汲取水分。当土壤缺乏营养时，它又可以通过根上的固氮细菌（见第33页）为自己提供矿质营养。

香棘金合欢是速生树种，可适应多种土壤类型，能够在没有遮阴的地方生长，甚至不受火灾的影响。活过第一年的幼苗可以被烧个精光，而仍然能长出新枝，这是因为在根中贮藏了能量。

香棘金合欢的适应性让它在引种到原产地之外的地方后成为一种入侵植物。几乎没有动物敢啃食它那保护森严的叶，这也让它能在与其他树种的竞争中胜出。

荆棘之墙

香棘金合欢在冬季无叶，此时它的白色长刺长得密密麻麻，清晰可见。这些刺让它成为鸟类最喜欢的筑巢地，它可以吓退几乎所有袭击鸟巢的捕食者，只有最有毅力的捕食者除外。

每个绒球状的花序都由许多单个的小花构成

绒球盛景

在初夏，香棘金合欢的树冠上会绽放出成百上千个绒球状的黄色花团。这种树的花期很长，为蜜蜂提供了稳定的花粉和花蜜，从而让它成为蜂蜜产业的一种重要蜜源植物。

有刺保平安

金合欢类的树木通常有很大的刺，为共生的蚁类提供居所，这些蚁类可以保卫宿主树免受侵袭。大多数仙人掌类植物把它们所有的叶都转化为刺，它们用肉质茎进行光合作用。

球头金合欢（*Vachellia sphaerocephala*）

大福球（*Mammillaria infernillensis*）

叶的防御

植物无法移动，所以演化出了很多方法来阻止被啃食。有些植物把它们的叶转化为尖锐的刺，可以对想要吃上一口的动物造成伤害。这些刺可以是叶的各个部位的变态，如维管组织、叶柄或托叶。另一些植物则把整片叶都转化为防御性的刺。

不同于菊科中类似的一些名为“蓟”的多刺种类，紫花刺阳菊的花很像雏菊

叶的下表面呈蛛网状，覆有柔软的白毛

主茎上的叶形成宽阔多刺的“翅”

叶的上表面几乎全有刺

紫花刺阳菊

紫花刺阳菊（*Berkheya purpurea*）的刺是从叶片突出的维管组织的延伸硬化部分。刺不仅可以保护植株免遭啃食，而且这种多刺的边缘还让毛虫和其他小型昆虫无法找到一个可以放心食用的安全地点。

在风暴中幸存

椰子树（*Cocos nucifera*）具有极强的耐风性，其羽状叶可以让强风穿过它们。在猛烈的风暴中，椰子叶可能会从基部折断，但这通常不会损伤植株的其余部分。

椰子叶可长达约5.5米（18英尺）

叶包围着茎顶端脆弱的生长点，起到保护作用

羽状叶中的小叶沿着中轴成对排列

极端环境中的叶

在台风中，很多树木的叶会像船帆一样，导致枝条或树干可能会因此折断。然而，棕榈科乔木却可以被狂风吹得弯折，而几乎不受损伤。它们有柔韧的茎和符合空气动力学特征的叶，所以能在风暴之后幸存下来。大多数棕榈植物有羽毛一般的羽状叶，中央的中肋强壮易弯，小叶则可以在风中折叠，这些都避免了严重的损害。

硕大的椰子叶
的小叶可以像
折扇一样折叠，
减少迎风面积
树干中柔韧的
维管组织能弯
而不折

Bismarckia nobilis

霸王棕

霸王棕用霸气十足的树冠提供了阴凉之所，它可能是扇叶棕榈中最优雅而壮观的树种。霸王棕原产于马达加斯加西北部的干旱草原，是马达加斯加的特有种中少数在当前没有衰退的种之一。

霸王棕属的学名来自德意志帝国的首任宰相奥托·冯·俾斯麦（Otto von Bismarck, 1815—1898年），霸王棕是这个属的唯一树种。霸王棕不是最高的棕榈科乔木，但假以时日，一些较大的植株可以达到约18米（60英尺）的高度，要达到这样的高度可能需要一个世纪。

在其原产地，霸王棕必须耐受极端天气，所以它不得不具备顽强的耐力。旱季带来持久的炎热、炙热的阳光、稀少的降雨，还有野火；雨季又带来大量雨水和极大的湿度。当天气极为干燥、烈日普照时，霸王棕用深根系在地下很深的地方汲取水分，而蜡质的表面又让它的叶为银色，像是抹上了防晒霜，从而保护了叶中敏感的进行光合作用的结构不受过量的太阳辐射损伤。霸王棕有粗大的树干，其叶和顶端生长点又远远高于大多数火焰可及的高度，这都让它能在大多数野火中幸存下来，最猛烈的野火除外。而当降雨到来之时，霸王棕弯曲的叶柄又能把雨水导向树干基部，从而尽可能地利用雨水。

霸王棕为雌雄异株，也就是说单个植株要么只生雄花，要么只生雌花，从不会同时生有二者。传粉由昆虫进行，如果雄株和雌株彼此离得很近，也能由风传粉。只有雌树能结果，每一朵小花都可以发育为单独一个肉质的核果，但不能吃。

巨大的叶

扇叶棕榈因叶形如扇（掌状）而得名。霸王棕的叶轮廓为圆形，银蓝色至银绿色，长可达约3米（10英尺）。每枚叶都由许多坚硬而边缘锐利的小叶构成。

淡乳黄色的小花长在雌花序的长梗上，最终结出的果实会因其重量而让果序下垂

霸王棕的花序

霸王棕长出的花序很长，状如绳索，要么全由雄花构成，要么全由雌花构成。在雌花序上会形成大簇果实。

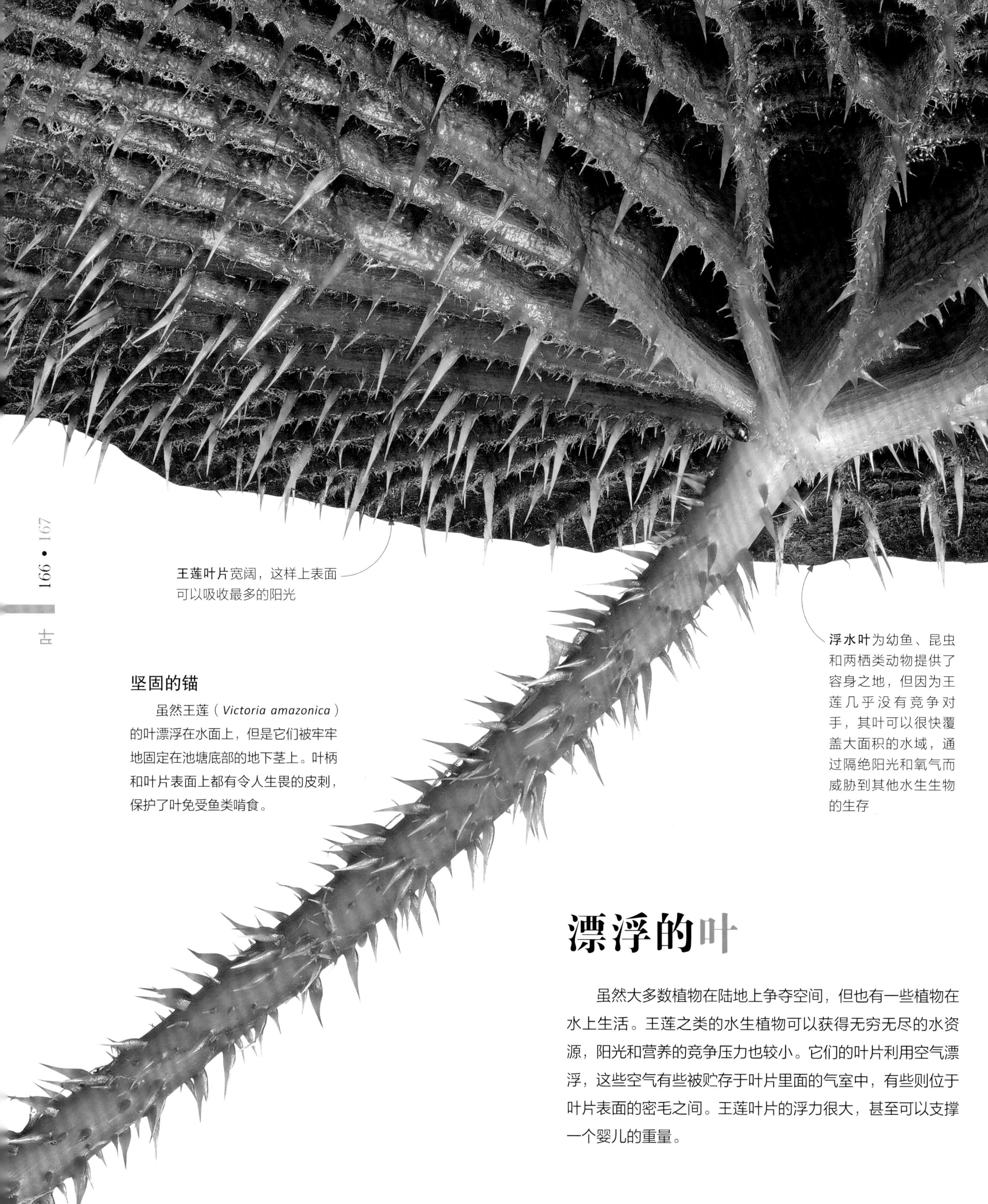

王莲叶片宽阔，这样上表面可以吸收最多的阳光

浮水叶为幼鱼、昆虫和两栖类动物提供了容身之地，但因为王莲几乎没有竞争对手，其叶可以很快覆盖大面积的水域，通过隔绝阳光和氧气而威胁到其他水生生物的生存

坚固的锚

虽然王莲（*Victoria amazonica*）的叶漂浮在水面上，但是它们被牢牢地固定在池塘底部的地下茎上。叶柄和叶片表面上都有令人生畏的皮刺，保护了叶免受鱼类啃食。

漂浮的叶

虽然大多数植物在陆地上争夺空间，但也有一些植物在水上生活。王莲之类的水生植物可以获得无穷无尽的水资源，阳光和营养的竞争压力也较小。它们的叶片利用空气漂浮，这些空气有些被贮存于叶片里面的气室中，有些则位于叶片表面的密毛之间。王莲叶片的浮力很大，甚至可以支撑一个婴儿的重量。

叶片下表面的**紫红色组织**可以吸收穿过上面的光合细胞层的阳光，保持叶片温暖

睡莲叶如何漂浮

睡莲类植物的叶中有巨大的气室，为它们提供了所需的浮力。叶的海绵薄壁组织中名为石细胞的坚硬星状结构有助于叶片保持形状。合适的形状又可以让叶利用水面张力保持漂浮。

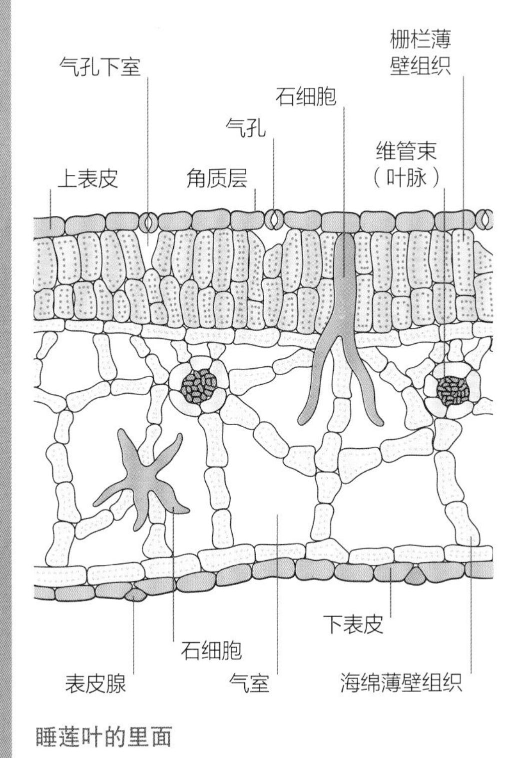

睡莲叶的里面

突起的叶脉

长叶柄连接到埋在泥中的茎

叶片的下表面

睡莲类植物会通过蒸发而失去大量水分。吸收更多的水也意味着要吸收溶解在水中的有毒物质，如重金属。叶把这些有毒物质安全地贮存在表皮腺体中。突起的叶脉周围是细胞壁很厚的支持细胞，可以让这些阔大叶片的结构变得更刚硬。

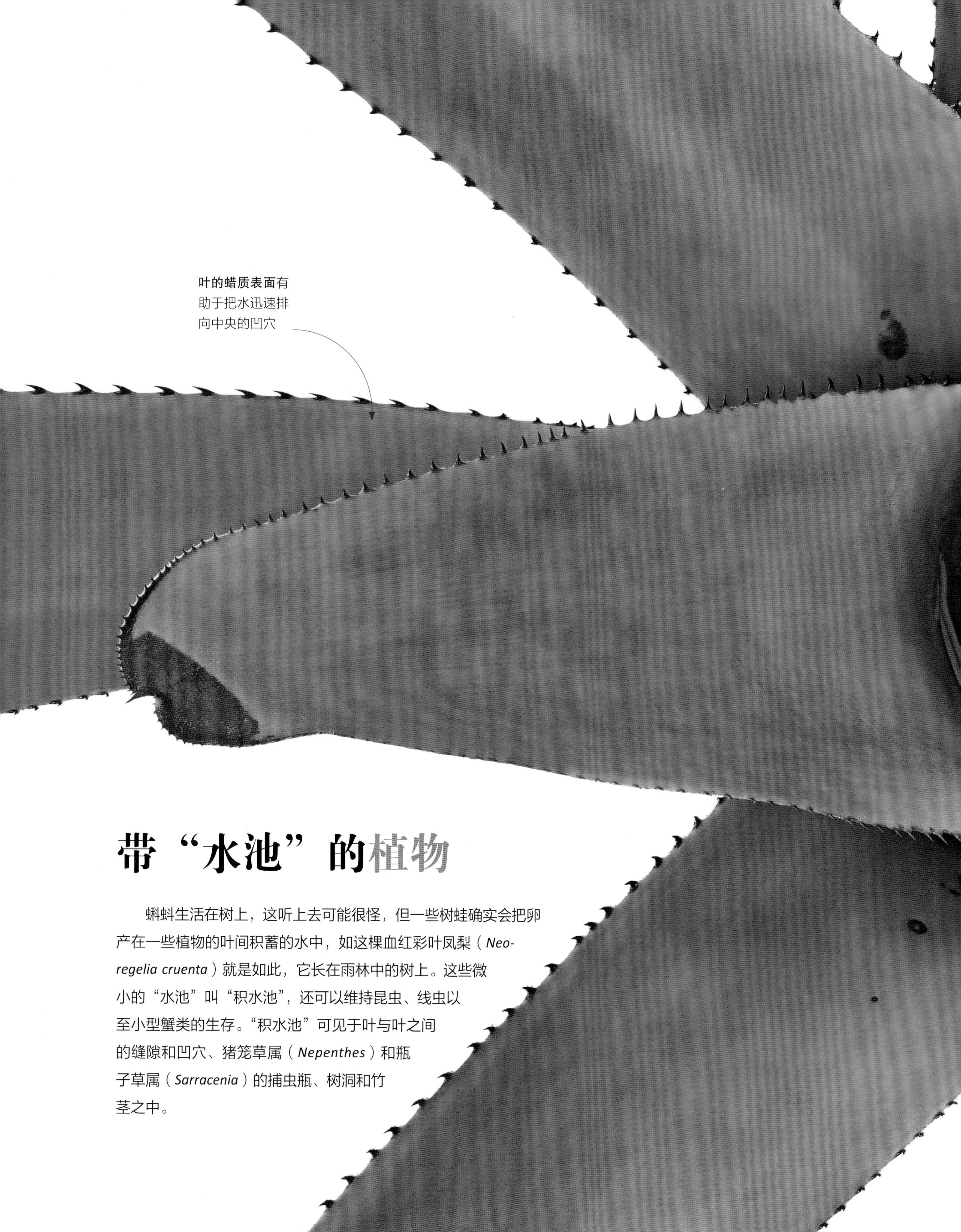

带“水池”的植物

蝌蚪生活在树上，这听上去可能很怪，但一些树蛙确实会把卵产在一些植物的叶间积蓄的水中，如这棵血红彩叶凤梨（*Neoregelia cruenta*）就是如此，它长在雨林中的树上。这些微小的“水池”叫“积水池”，还可以维持昆虫、线虫以至小型蟹类的生存。“积水池”可见于叶与叶之间的缝隙和凹穴、猪笼草属（*Nepenthes*）和瓶子草属（*Sarracenia*）的捕虫瓶、树洞和竹茎之中。

宽阔下凹的叶将
雨水导向中央的
杯状凹穴，保证
植株能有稳定的
水分供应

捕食动物的叶

食肉植物捕食动物，以获取土壤中缺乏的矿质营养，它们各自演化出了诱骗猎物的方法。捕蝇草的叶可以突然闭合而囚禁住昆虫；狸藻可以制造局部真空，把水中的小动物吸入叶中；茅膏菜的黏毛可以包在猎物周围，在消化猎物的时候把它牢牢抓住。昆虫会淹死在捕虫瓶植物的瓶底汁液中，而旋刺草可以把毫无防备的猎物引向消化室。

捕虫瓶植物

捕虫瓶植物主要分属两个科，即瓶子草科（Sarraceniaceae）和右图中的猪笼草科（Nepenthaceae）。落到捕虫瓶中的昆虫会被慢慢溶解。磷和氮是捕虫瓶植物从这些被消化的猎物中获取的主要营养。与此相反，一些昆虫的幼虫已经适应于在捕虫瓶里的水中存活，而不会被消化。

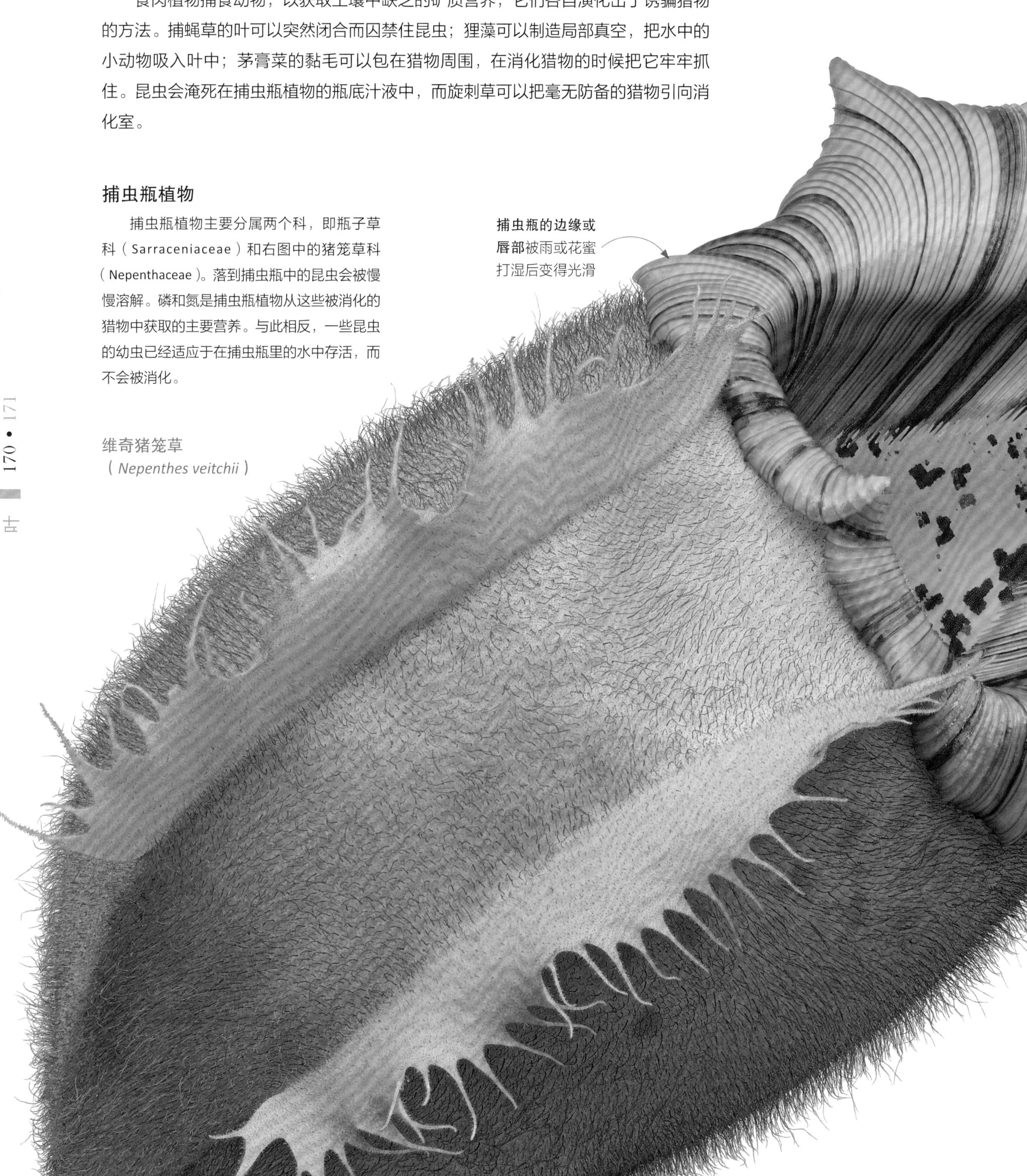

维奇猪笼草
（*Nepenthes veitchii*）

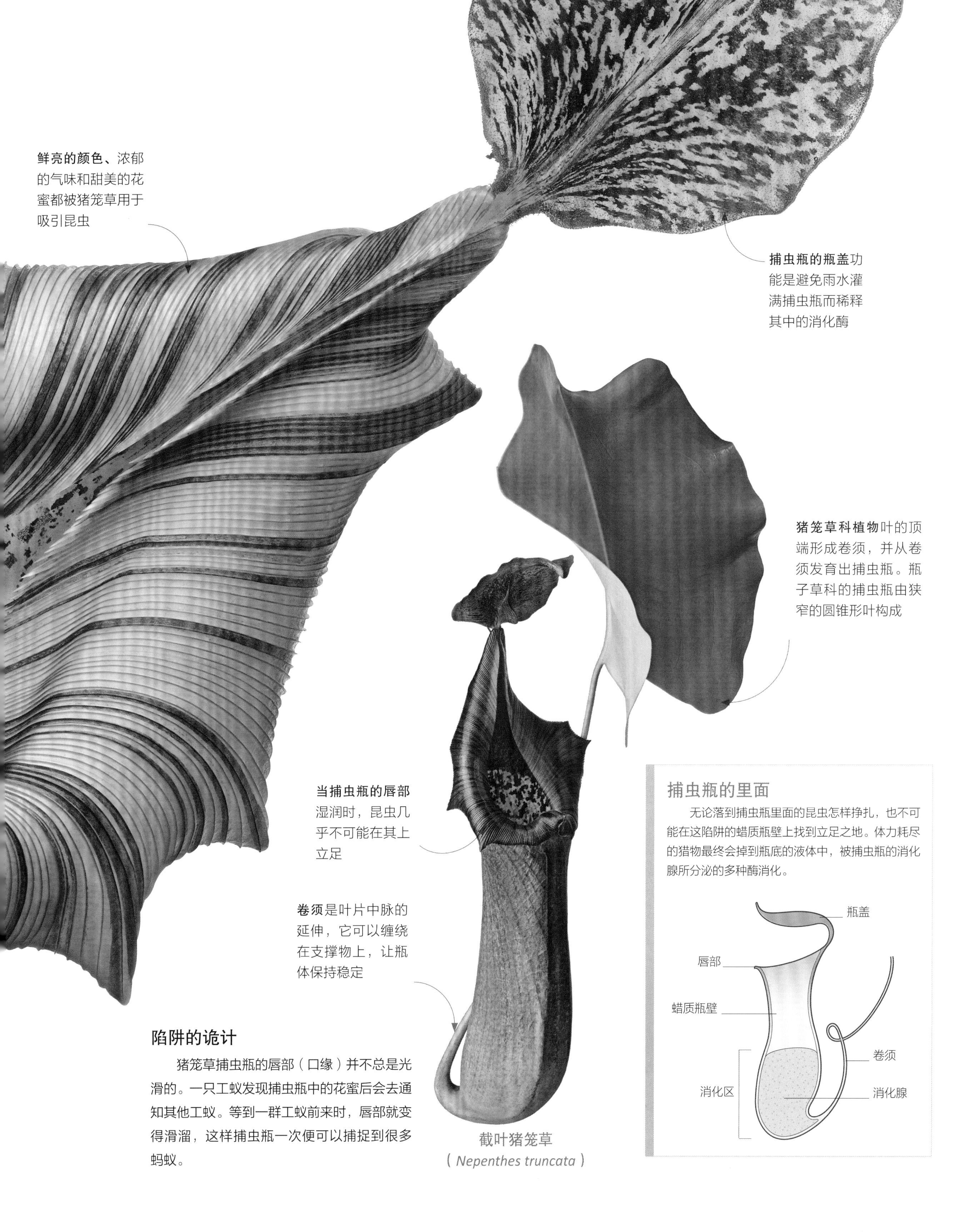

截叶猪笼草
（*Nepenthes truncata*）

陷阱的诡计

猪笼草捕虫瓶的唇部（口缘）并不总是光滑的。一只工蚁发现捕虫瓶中的花蜜后会去通知其他工蚁。等到一群工蚁前来时，唇部就变得滑溜，这样捕虫瓶一次便可以捕捉到很多蚂蚁。

捕虫瓶的里面

无论落到捕虫瓶里面的昆虫怎样挣扎，也不可能在这陷阱的蜡质瓶壁上找到立足之地。体力耗尽的猎物最终会掉到瓶底的液体中，被捕虫瓶的消化腺所分泌的多种酶消化。

Drosera sp.

茅膏菜属

茅膏菜属植物的每片叶上都有数以百计的黏液腺，堪称昆虫的梦魇。被甜美花蜜或新鲜露水诱惑而来的昆虫很快就会被黏液捕获，这时叶会在昆虫不停乱动的身躯周围卷曲，开始消化昆虫。

植物也能食肉的观念曾让很多早期的博物学家深感震惊。对卡尔·林奈来说，这是对神圣造物计划所规定的自然秩序的冒犯。不过，并不是所有学者都抱有这样消极的观点。查尔斯·达尔文（Charles Darwin）就通过研究茅膏菜享受了很大乐趣。在一封写给同行的信中，他甚至这样写道："此时此刻，比起世界上所有物种的起源来，我更关心茅膏菜属。"

茅膏菜属植物的生境是各种各样的沼泽，它们的食肉习性是对这类典型生境中矿质营养贫瘠状况的回应。在缺氮情况下，茅膏菜放弃了与土壤真菌结成的共生关系，而是自行捕捉富含氮元素的昆虫。它们的黏腺可以感知为搜寻花蜜而前来的昆虫，从而迅速包裹在昆虫身上。猎物越是挣扎，就会被包缠得越紧。在茅膏菜属的多数种中，这个过程是由叶本身完成的，叶会包裹在昆虫周围。之后，叶分泌出消化液，分解猎物，其他的腺体则吸收猎物分解后的汁液。

茅膏菜属的所有种都在远高于叶的地方开花，这样可以避免误食传粉昆虫。虽然茅膏菜属植物看上去可能很怪异，但它们生长在除南极洲之外的所有大洲。澳大利亚是这个属的多样性中心，拥有所有已知种的50%。很多种已经成为奇怪而可爱的室内植物。

死亡莲座

茅膏菜属植物有190种以上，习性和外观不一，有低矮的莲座状种，也有具块茎的攀缘藤本。茅膏菜的"触手"末端有在阳光下闪亮的黏性液滴，状如露水，于是便有了"太阳露水"（sun-dews）的俗名。

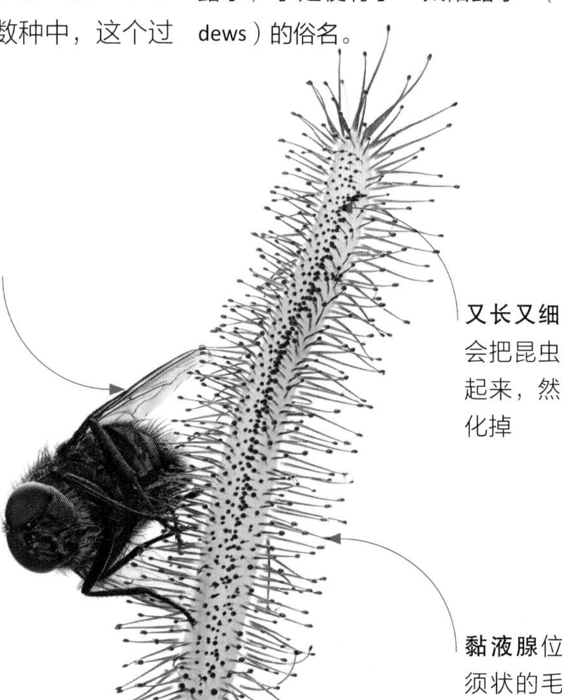

一只被捕获的昆虫越是竭力要逃脱，就越是被更多的黏液牢牢困住

又长又细的叶会把昆虫包缠起来，然后消化掉

黏液腺位于触须状的毛的顶端，这些毛灵活且敏感

捕到猎物的好望角茅膏菜

好望角茅膏菜（*Drosera capensis*）原产于南非，是最常见的栽培茅膏菜属植物之一。从晚春到初夏，它可开出许多粉红色的花。

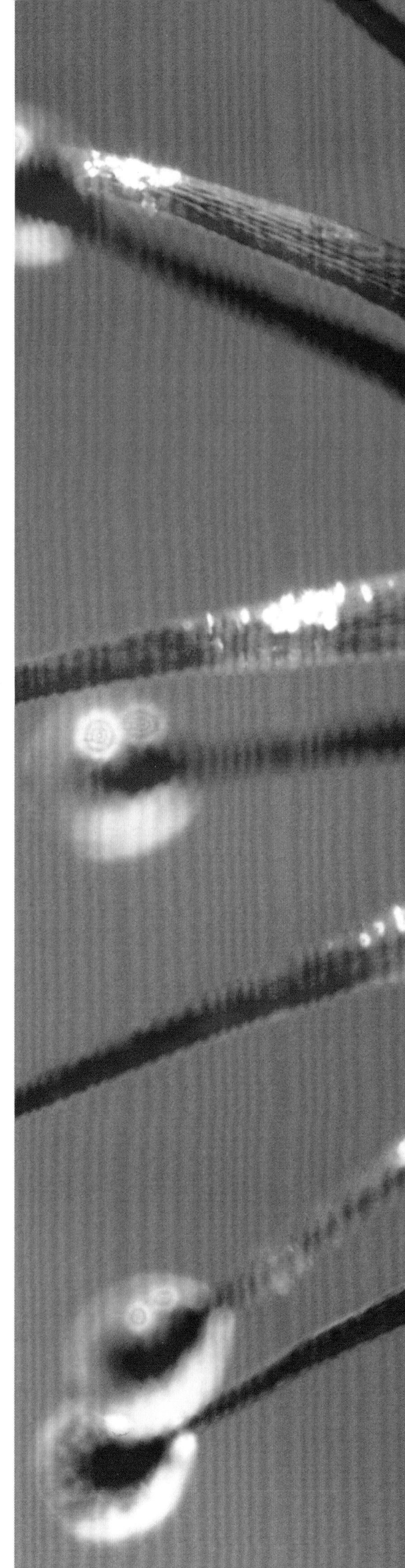

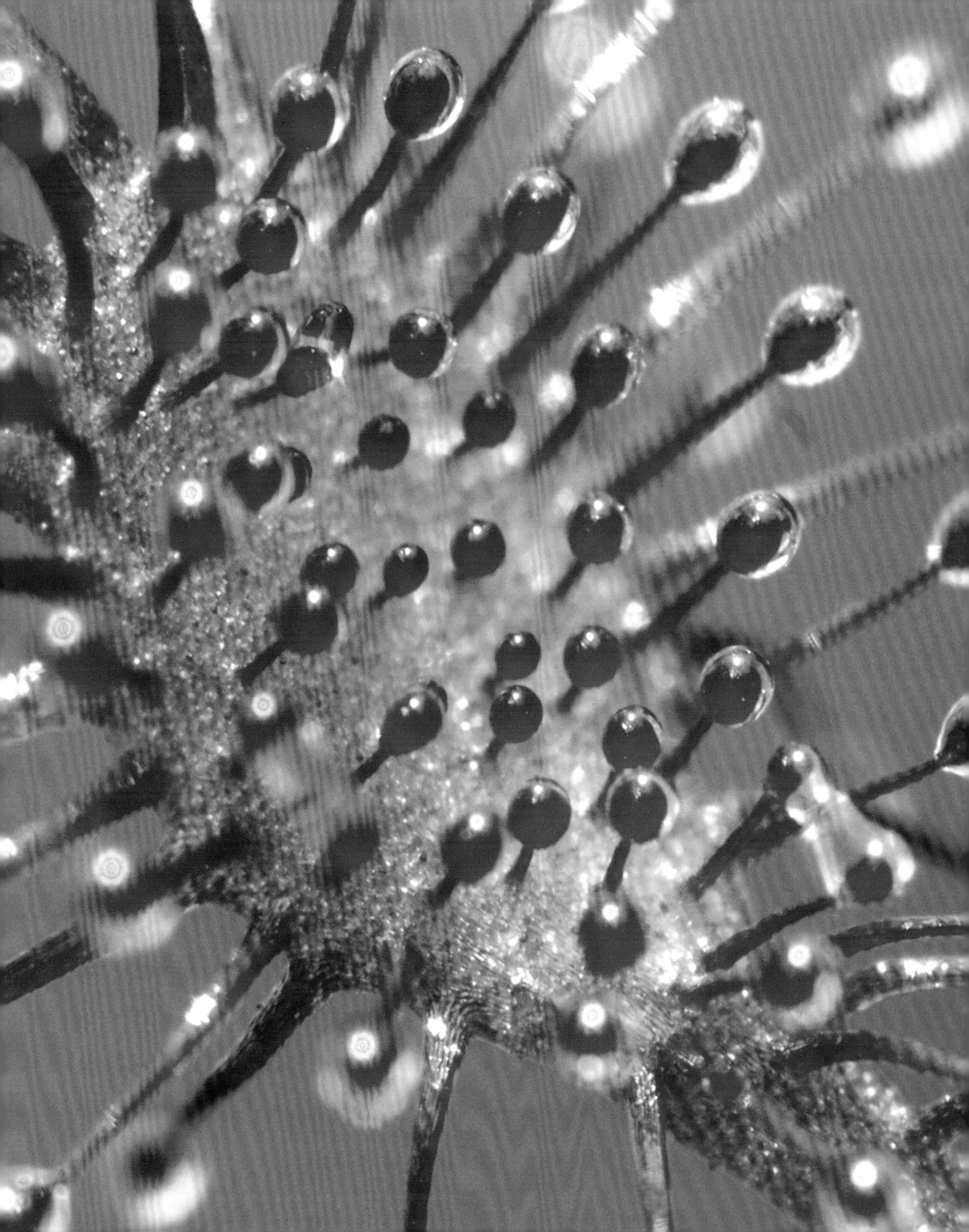

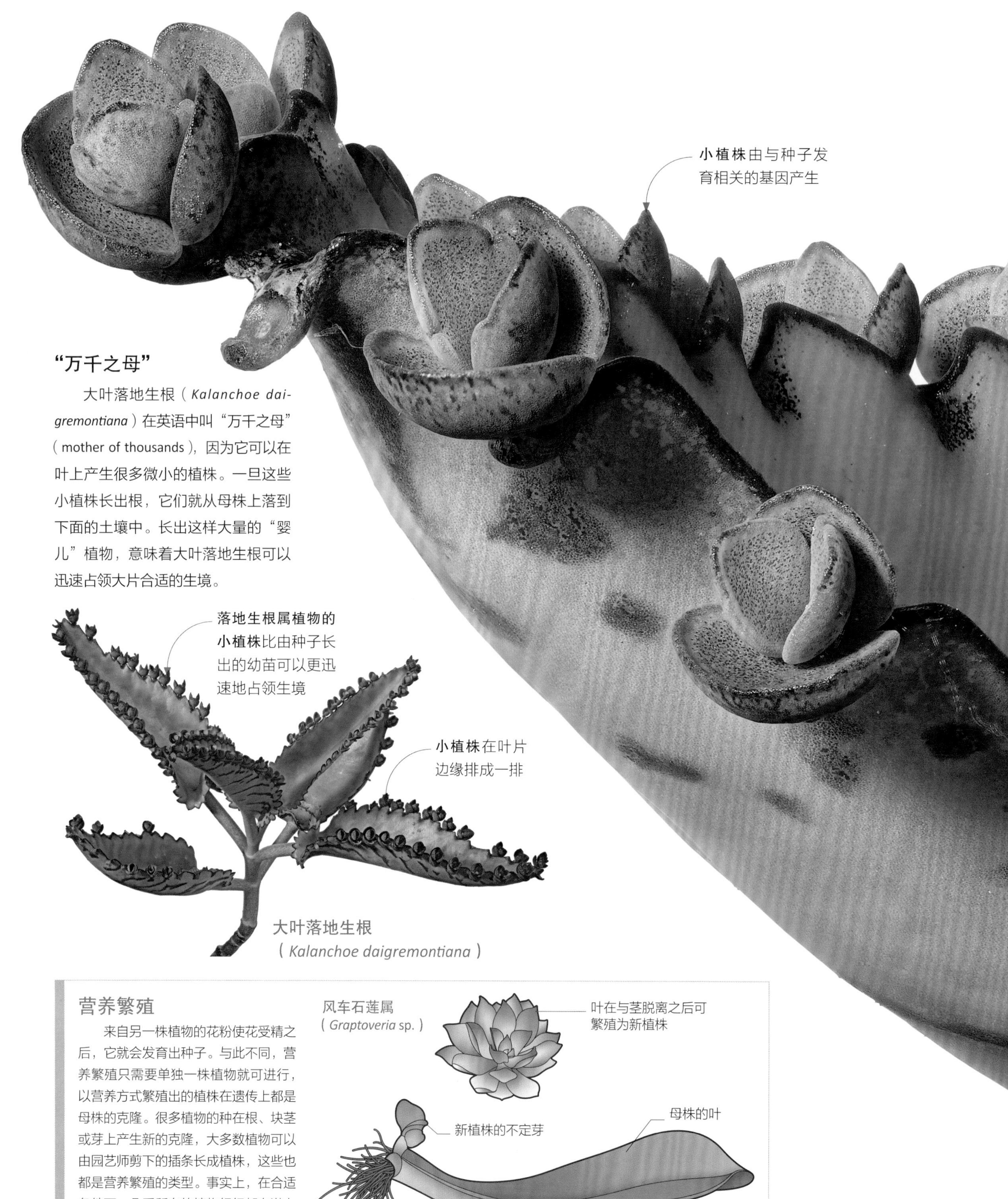

大叶落地生根
（*Kalanchoe daigremontiana*）

“万千之母”

大叶落地生根（*Kalanchoe daigremontiana*）在英语中叫“万千之母”（mother of thousands），因为它可以在叶上产生很多微小的植株。一旦这些小植株长出根，它们就从母株上落到下面的土壤中。长出这样大量的“婴儿”植物，意味着大叶落地生根可以迅速占领大片合适的生境。

营养繁殖

来自另一株植物的花粉使花受精之后，它就会发育出种子。与此不同，营养繁殖只需要单独一株植物就可进行，以营养方式繁殖出的植株在遗传上都是母株的克隆。很多植物的种在根、块茎或芽上产生新的克隆，大多数植物可以由园艺师剪下的插条长成植株，这些也都是营养繁殖的类型。事实上，在合适条件下，几乎所有的植物组织都有潜力再发育成完整的新植株。

能繁殖的叶

对植物而言，寻找完美的居所是件纯粹碰运气的事。它们的种子离开母株后可能落在任何地方。当一些植物找到合适的环境之后，便会复制（克隆）自身，在新家园繁殖。进行这种营养繁殖的植物中最为迷人的例子，包括那些在叶上长出微小植株的植物。这些小植株先由母株滋养，等它们长到足够大时就可以自己存活。

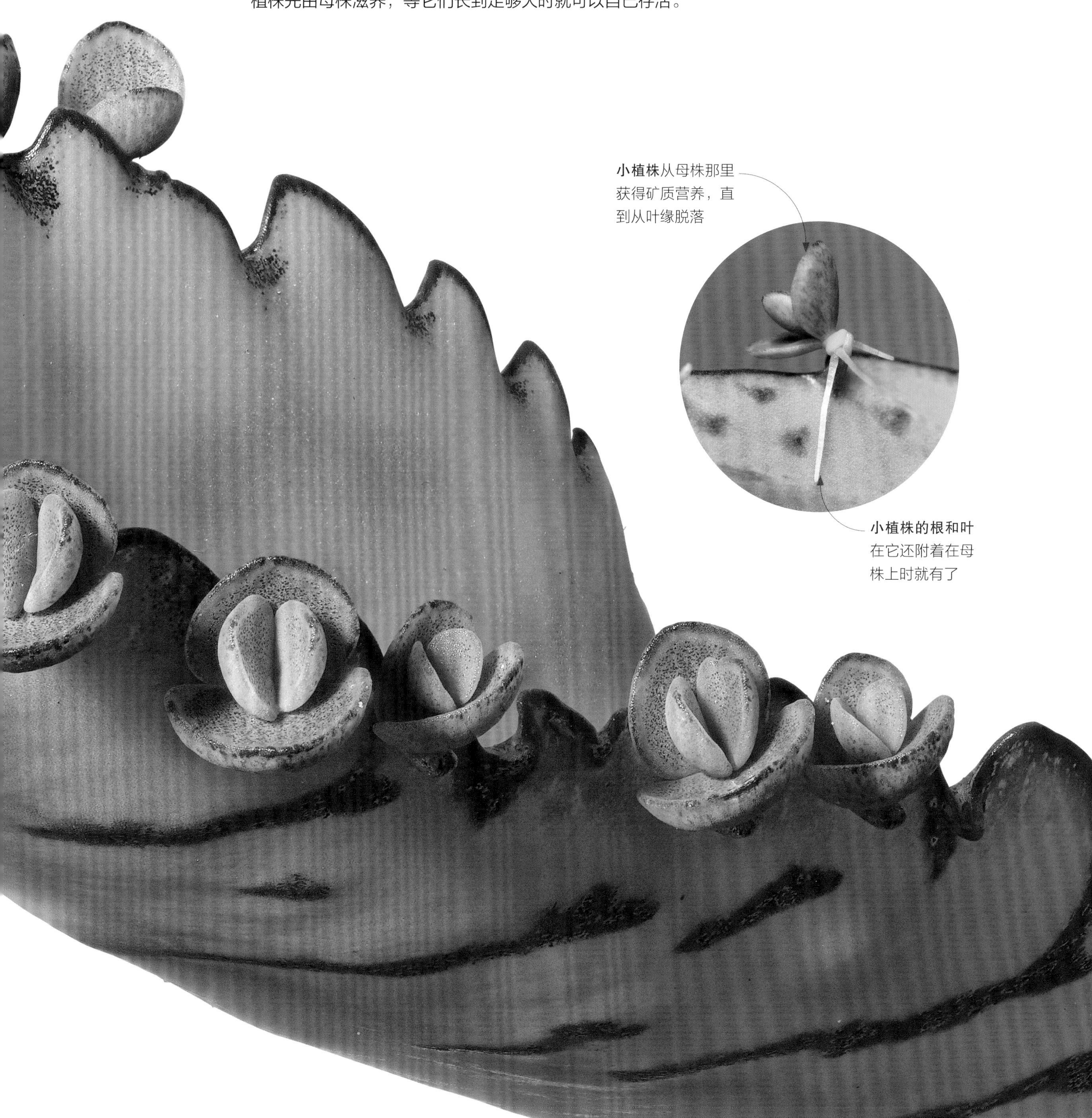

提供营养的苞片

龙珠果（*Passiflora foetida*）的羽状苞片会分泌一种黏稠物质，捕捉可能会吃掉花或果实的昆虫。它是一种原始食肉植物，可以把捕获的昆虫部分消化掉，从中获取矿质营养。

龙珠果

野生刺苞菜蓟的**锐利的刺**保护了正在发育的花，但栽培后的菜蓟就失去了这种保护功能

苞片是变态的叶，但它们看上去并不像菜蓟那种典型的大而分裂的叶

带刺的苞片

刺苞菜蓟（*Cynara cardunculus*）是栽培菜蓟（朝鲜蓟）的近亲。它引人注目的花序由一系列带刺的厚苞片保护。这些苞片有更专门的名称——总苞片，可以保护里面正在发育的柔软的花序组织不受食草昆虫等侵害。花序中的每朵花将结出单独一粒种子，包在瘦果里面，顶上是毛状的冠毛（变态的花萼），可帮助种子借助风力散播。

保护性的苞片

在很多花和花序的下方有变态的叶，名为苞片。苞片有双重功能：一些颜色绚丽的苞片模仿了具有鲜艳颜色的花瓣，以吸引传粉者；另一些苞片为发育中的花或果实提供了保护性的屏障，让它们免遭食草动物或不利环境因素的伤害。多毛的苞片还能遮挡风和热量，苞片上的刺则能让动物不敢下口。

数百朵这样的紫红色小花簇构成了一个个花序
苞片含有抵抗微生物的化学物质，作为对付真菌和细菌的防御手段
每枚苞片的**肉质基部**均可食，同样可食的还有隐藏在这些保护性苞片里面的菜蓟心
银白色的苞片、花序梗和叶让刺苞菜蓟的植株可以反射热量和过多的光照

叶状苞片
巨凤梨百合（*Eucomis pole-evansii*）

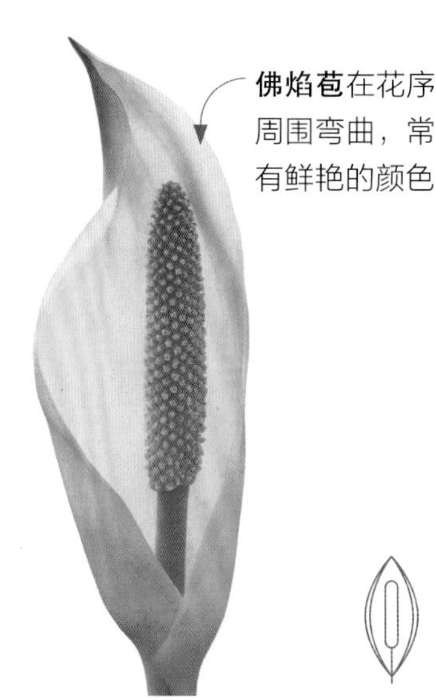

佛焰苞
黄花沼芋（*Lysichiton americanus*）

总苞
奥林匹克火炬星花凤梨（*Guzmania* 'Olympic Torch'）

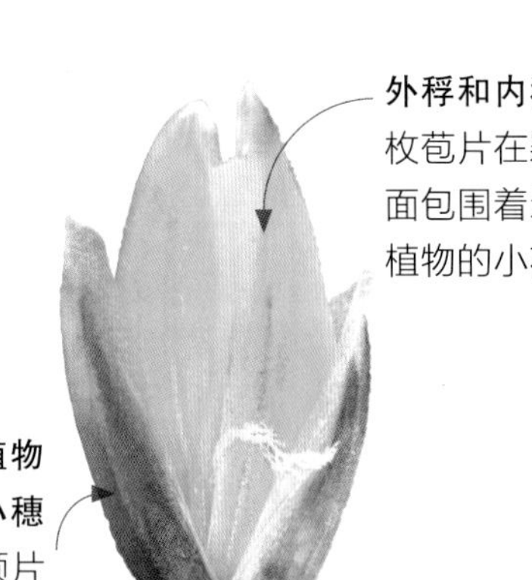

颖片、外稃和内稃
俯垂臭草（*Melica nutans*）

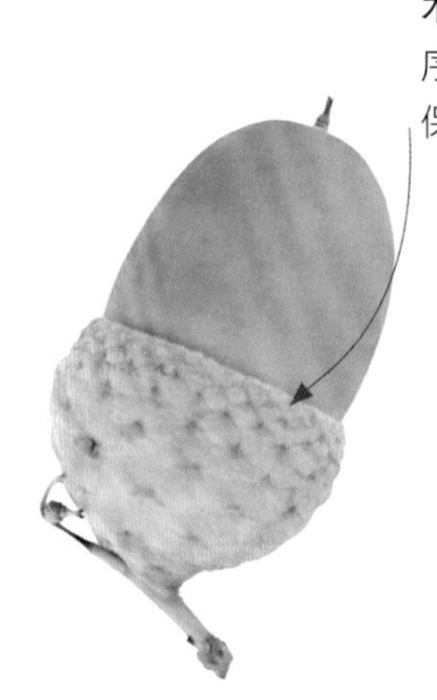

壳斗
栎属（*Quercus* sp.）

副萼
朱槿（*Hibiscus rosa-sinensis*）

苞片的**类型**

植物能形成许多不同类型的苞片，长于花和花序的下方或周边。一些苞片形状如叶，另一些苞片看上去则更像花瓣。一些苞片在生殖过程完成之前即脱落，另一些苞片则会在花（果）序的整个生长过程中宿存，保护正在发育的果实。

花瓣状苞片
一品红（*Euphorbia pulcherrima*）

鳞片状苞片
啤酒花（*Humulus lupulus*）

纸质苞片

巴特叶子花（*Bougainvillea × buttiana*）的花瓣状苞片轻薄，呈纸质状。这些绚丽的结构环绕着微小的花，在保护花朵的同时吸引了传粉者。苞片中产生的名为甜菜色素的物质使它们呈现出亮粉红色。

叶和叶刺

很多植物在叶上有叶刺，这些部位包括叶柄和形状如叶的托叶。叶刺的主要功能是防御动物。仙人掌科之类的植物把它们所有的叶都变成了叶刺，因为叶表面积有很大缩减，这样可以减少蒸发造成的水分损失。

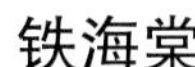

铁海棠

铁海棠（*Euphorbia milii*）的茎上布满刺，看上去很像枝刺，但与由枝条变态而成的枝刺不同，这些刺实际上是叶刺，是由叶片基部托叶的变态而来，有助于植物避免其肉质茎被动物啃食。随着植株生长，老叶凋落后就留下一根满是刺的茎，仅在它的顶上有一些新叶。

托叶的变态

很多植物有托叶——叶柄基部长出的结构。托叶在真双子叶植物中最常见，每片叶的基部有一对托叶，在一些单子叶植物中也有单独的托叶。托叶可以有多种适应形态，以执行特定的功能。有些植物用托叶进行光合作用，有些植物把托叶作为攀缘用的卷须，还有一些植物用鳞状或刺状的托叶为自己提供额外的保护。

豌豆（*Pisum sativum*）

叶状托叶可进行光合作用

叶状托叶

大叶菝葜（*Smilax macrophylla*）

卷须缠住支撑物，让植株攀缘

卷须状托叶

波罗蜜属（*Artocarpus* sp.）

坚硬的鳞状覆盖物可以保护叶芽

芽鳞

滇刺枣（*Ziziphus mauritiana*）

托叶刺可以防御动物

托叶刺

叶刺可帮助铁海棠攀缘在其他植物上

叶刺长可达约3厘米（1.25英寸）

叶痕显示了曾沿茎着生的老叶的位置

茎较老的部分无叶

花

花：植物的一个器官，可发育成果实和种子，其中含有生殖器官（雄蕊和雌蕊），外面常有鲜艳的花瓣和绿色的萼片。

花的构成

大约90%的植物会开花，既有几乎只能用显微镜才能看清楚的禾草的小花，也有直径在约0.9米（3英尺）以上、看上去像外星生物的巨型花。人们最熟悉的花是单独一朵的完全花，之所以说“完全”，是因为在同一朵花中既有雄性器官又有雌性器官。

花结构的比较

虽然都含有同样的生殖器官，但是百合类的单子叶植物在生殖器官的数目和排列上与其他被子植物有区别。大多数单子叶植物的花瓣、雄蕊和子房的数目为3的倍数，其他被子植物的花瓣和萼片的数目常是4或5的倍数，或为不定的数目。

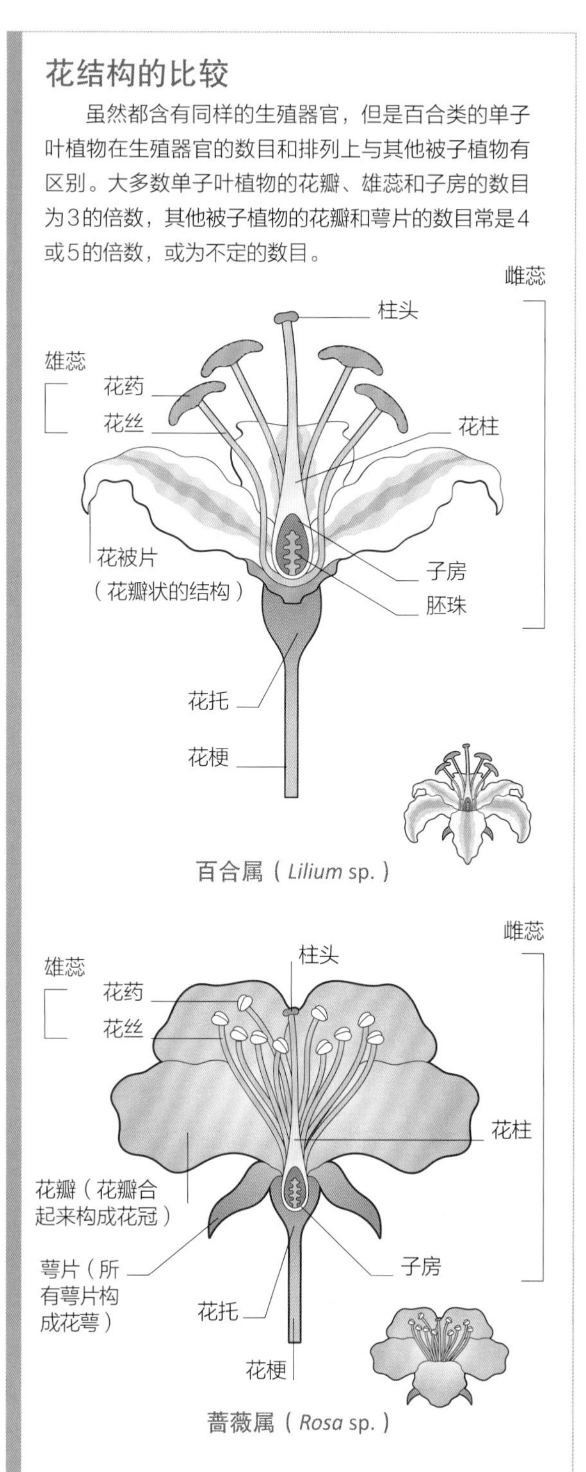

单朵花

像这朵倒挂金钟花这样的单朵花含有雄蕊、雌蕊和环绕它们的萼片和花瓣。请与由边花和盘花构成的复合“花”比较（见第218页）。

倒挂金钟属（*Fuchsia* sp.）

花的内部

解剖一朵花，可以揭示其结构，并有助于鉴定植物。在这朵倒挂金钟花中，花瓣、萼片和雄蕊均是由数枚构成一组，各组都是4的倍数。沿着子房和花托（花器官所着生的花梗顶端增粗的部位）切开，可以见到花柱的全部和子房里面的胚珠。

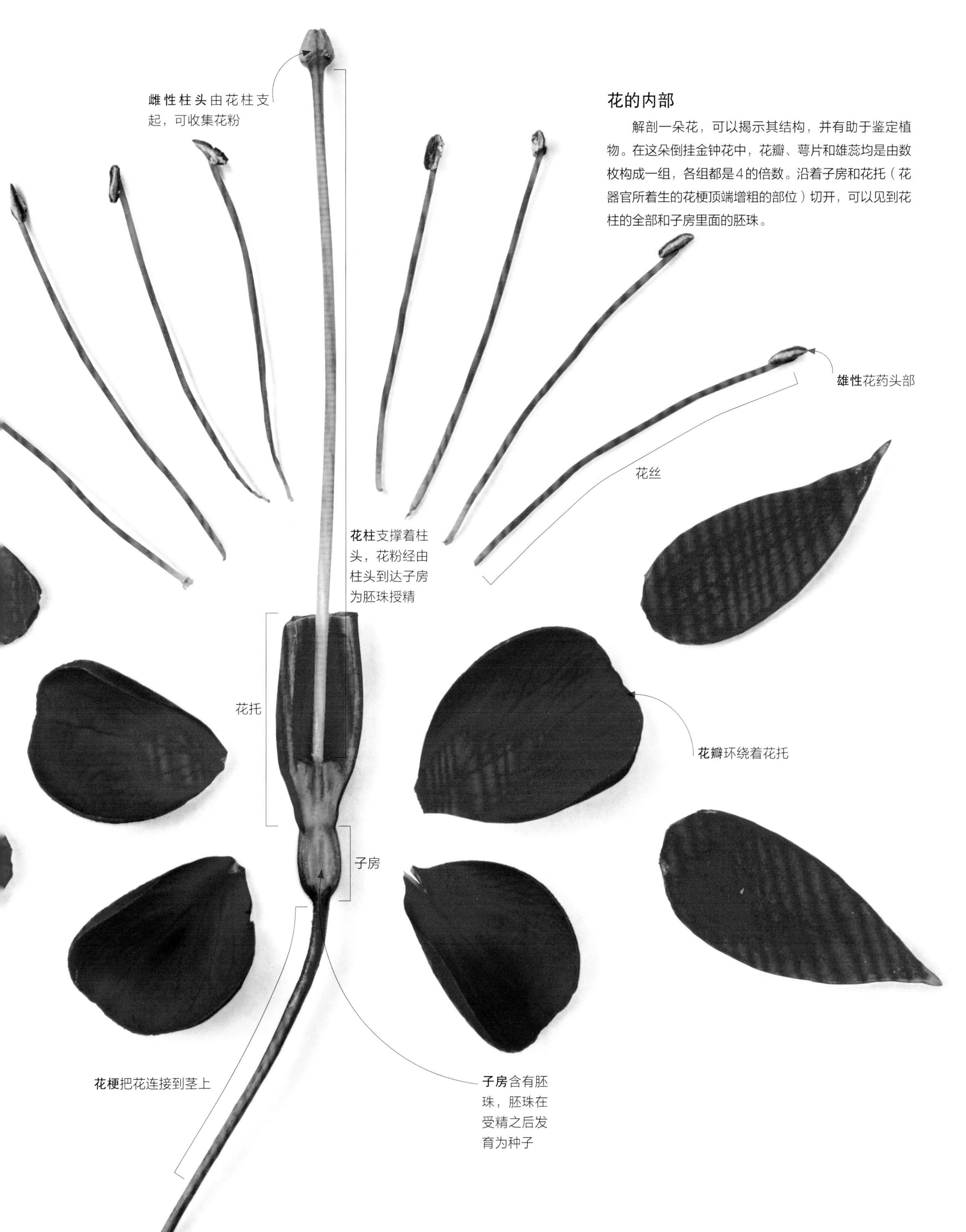

古老的花

大多数被子植物不是单子叶植物就是真双子叶植物，但还有一些被子植物不属于这两大类群，它们是一些所谓的“原始”种（基部被子植物），只占被子植物总数的5%以下。人们相信，木兰科、樟科、胡椒科及其近缘科都是与最古老的被子植物最相似的现存后代。

花的外侧是呈轮状排列的花被片——彼此未分化的萼片和花瓣

古老的花芽

与很多被子植物不同，木兰科的花芽在绽放前被苞片包裹，而不是被保护性的萼片包裹。

长圆锥状的花芽覆有蜡质的厚花被片

叶在茎上互生，每3片大致排成一轮

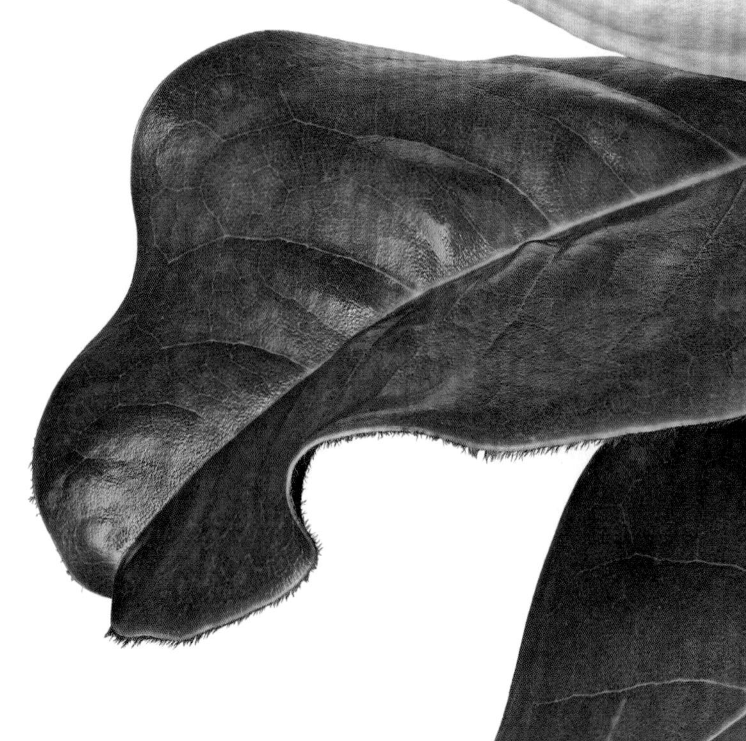

始祖花

被子植物最早出现于大约2.47亿年前，那时出现了一些形如睡莲的植物，有简单的花，其中既有花粉又有胚珠。后来，这些祖先种分化出了乔木和木本植物、草本陆生植物和水生植物。古老的木本植物比其他的类型更易存活，已经演化出了很多乔木和灌木科，香料植物日本莽草（*Illicium anisatum*）就是其中的例子。如今人们认为日本莽草属于最早一批演化出来的木本植物类群之一，其胚珠数目减少，彼此愈合为星状的果实。

八角属（*Illicium*）

科的相似性

植物学家相信，最早的花看上去很像一朵荷花木兰（*Magnolia grandiflora*）。荷花木兰的花有螺旋状排列的雄性和雌性器官，受精之后会长出球果状的种托。

花的形状

植物学家用多种方式给花分类，比如有时是关注它们的生殖器官的排列方式，有时是关注某些结构是否存在。最有用的分类方法之一是根据花的形状分类。这时首先要看花形是否对称，然后检查花瓣（合起来叫花冠）的排列方式，它们是最佳的分类起点。

花冠形态

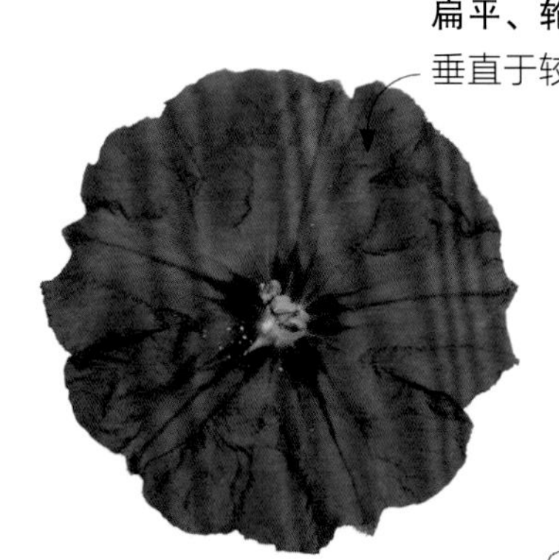

轮形
蓝花茄（*Lycianthes rantonnetii*）

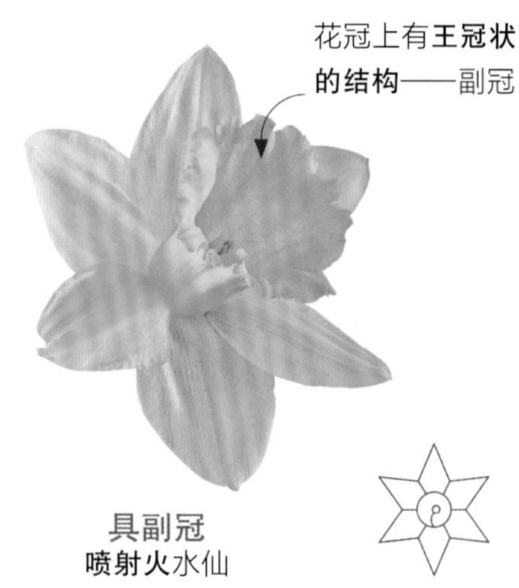

具副冠
喷射火水仙
（*Narcissus* 'Jetfire'）

对称性

辐射对称
欧洲报春（*Primula vulgaris*）

两侧对称
蝴蝶兰属（*Phalaenopsis sp.*）

蔷薇形
香叶蔷薇（*Rosa rubiginosa*）

十字形
草甸碎米荠
（*Cardamine pratensis*）

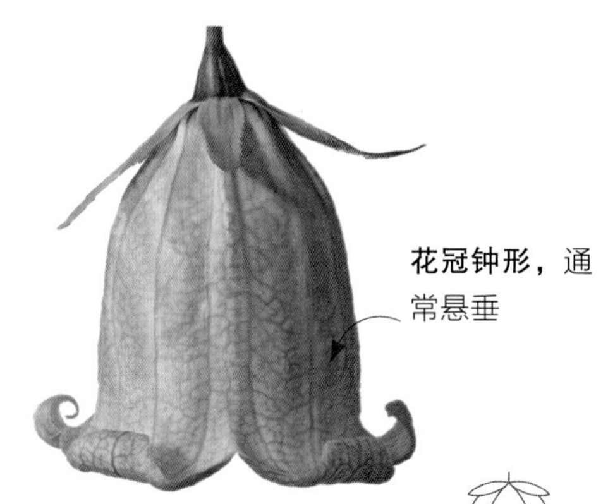

钟形
岛风铃（*Nesocodon mauritianus*）

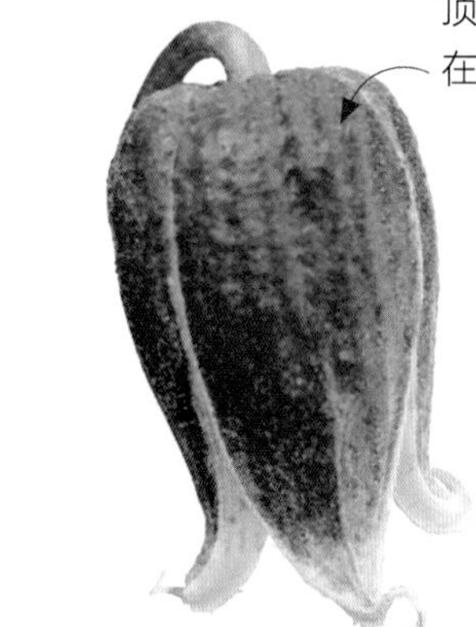

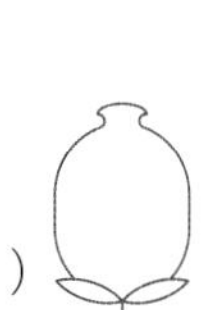

坛形
革花铁线莲（*Clematis viorna*）

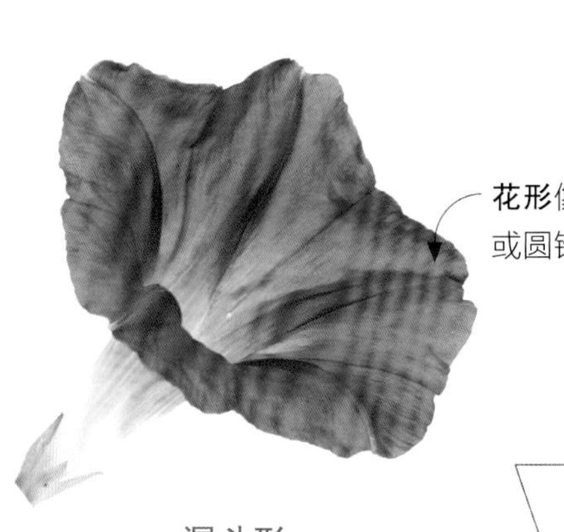

漏斗形
圆叶牵牛（*Ipomoea purpurea*）

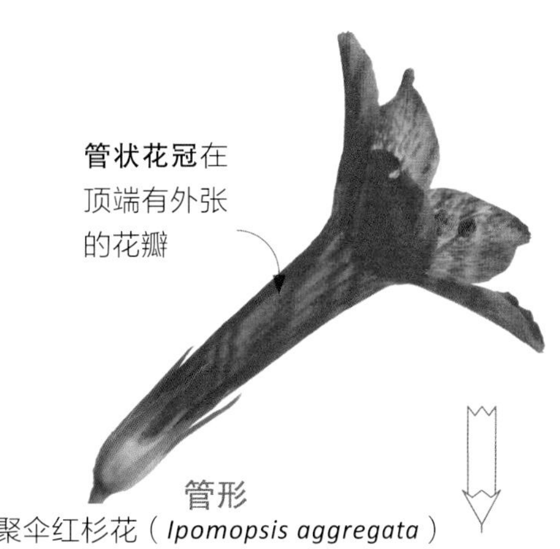

管形
聚伞红杉花（*Ipomopsis aggregata*）

高脚碟形
沙漠玫瑰（*Adenium obesum*）

蝶形
山黧豆属（*Lathyrus* sp.）

盔形
欧乌头（*Aconitum napellus*）

兜形
美洲兜兰属（*Phragmipedium* sp.）

具距
耧斗菜属（*Aquilegia* sp.）

二唇形
全叶逐马蓝（*Brillantaisia lamium*）

假面形
金鱼草（*Antirrhinum majus*）

草本多年生植物

在植物学上，任何能年复一年开花结果的植物都叫多年生植物，既包括巨大的栎树，也包括低矮的天竺葵。但在园艺上，多年生植物主要指的是其中的非木本植物。草本多年生植物指的是任何地上茎柔软，并会在秋季或冬季完全枯死的植物，如芍药类植物。与之对应的是常绿多年生植物，如铁筷子属植物。

欧洲芍药（*Paeonia peregrina*）

花的发育

只要被子植物做好了生殖的准备，花就会发育出来。根据种的不同，植物的寿命可从几星期到成百上千年。一年生植物在一年或更短的时间内萌发、开花、生殖和死亡。二年生植物在一个生长季从种子长出，越冬之后在来年春季开花，一生经历大约2年时间。多年生植物的花每年都会绽放，它们能活3年或更久。有些树木——木本多年生植物可以存活多个世纪。

黑种草的生命历程

非洲新娘疣果黑种草（*Nigella papillosa* ‘African Bride’）之类的一年生植物在单独一个生长季内就会萌发、结果和死亡，不会留下活着的根、茎或叶。这样的植物只能靠种子存续。

戴维·霍华德大丽花
（*Dahlia* 'David Howard'）

塔普洛蓝花葱蓝刺头
（*Echinops bannaticus*
'Taplow Blue'）

白昼时长

植物在阳光中暴露的时长可以触发植株内的遗传变化，让叶制造一种叫成花素的激素，它可以“告诉”植株在什么时候开花。作为对白昼时长的响应，植物合成的成花素可多可少。有些比其他植物需要更多的白昼光照。

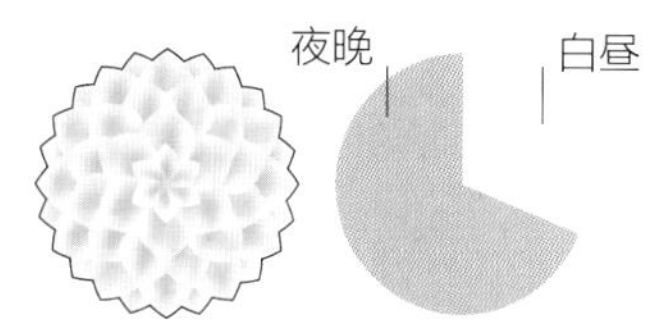

8小时白昼时长

短日照植物需要8~10小时的白昼时长，继之以14~16小时的黑暗。只要黑暗被打断，它们就不开花。这类植物如一品红、大丽花和一些品系的大豆等。

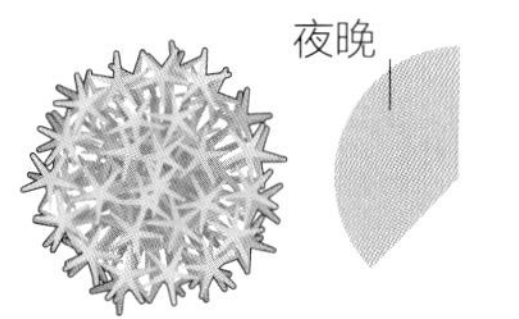

14小时白昼时长

长日照植物需要14~16小时的连续白昼，继之以8~10小时的黑暗。白昼时长比黑暗时长更重要。这类植物如花葱蓝刺头、莴苣和萝卜等。

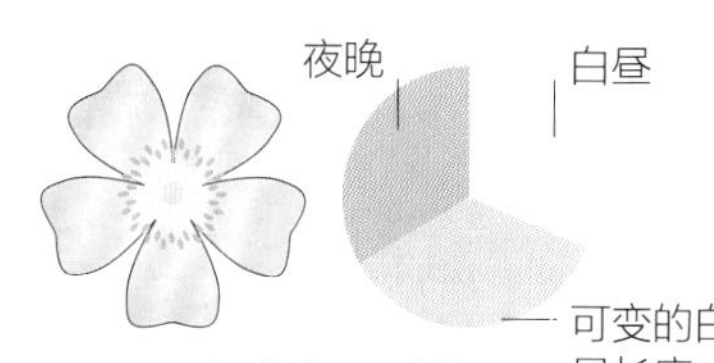

任意白昼时长

日中性植物是最灵活的开花植物，只要暴露在5~24小时之间的任意连续白昼光照之下就可开花。这类植物如向日葵、番茄和某些品系的豌豆。

花与季节

全世界的植物都会对变化的季节做出反应。大多数植物不管生活在哪个半球，都是在春季和夏季萌发、生长和繁殖，这两个季节的温暖天气意味着传粉者数目众多。而到了晚夏和秋季，当植物的生长减慢、准备越冬之时，它们就散出种子。虽然这些反应部分源于对气温的季节性变化的响应，但是最关键的触发因素却是白昼光照时间的变化，这就是光周期现象。只有赤道上的植物一年到头才经历着长度几乎相等的白昼和黑夜。

香叶蔷薇
（*Rosa rubiginosa*）

开花的时节

不同植物开花所需的白昼光照时间也不同，它们的花会在一年中不同的时节开放。花葱蓝刺头的花在仲夏开放，大丽花却要到一年中非常晚的时候才开放。有些蔷薇属植物的花只在初夏开放，而同属的另一些植物，如大多数栽培的月季品种，却一年到头都可开花。

“一年好景君须记。”

——苏轼《赠刘景文》

画眉

花鸟画是清代画家金元（活跃于1857年前后）的诸多令人钦佩的技艺之一。这幅彩墨画描绘了一只在荚蒾花丛中的画眉。

植物与艺术

中国画

在中国画中，墨与颜料在绢和纸上的运用与中国书法有很大的相似之处。早年就受过书法训练的文人们在绘画中也会使用书法笔法。人们把花卉画看作“无声诗”，而把诗看作“有声画”。随着时间推移，画与诗便在艺术作品中相结合，展现了自然之韵。

花与诗

这束用淡雅笔法绘制的紫玉兰是清代画家陈鸿寿（1768—1822年）的作品，出自一部花果图册，是12幅彩墨画页之一，其上均有题记，看上去像一首诗。早春开花的玉兰属植物在中国被赞誉为“望春花”。曾经民间传说一度只有皇帝才有资格种植这种花。

花中的思想

明代画家陈淳（1483—1544年）对古典诗歌、散文和书法都有深入研究，并把这些知识融入艺术作品中。他把花卉画称为写意画，如这幅在春天自然生长在一起的桃花和枣（*Ziziphus jujuba*）花就是如此。

在公元1世纪佛教传入中国之后，装饰有花卉的佛教经幡成为中国花卉画的起源。花卉画在唐代（618—907年）达到巅峰，之后又延续了千百年。

在中国传统书画中有“文房四宝”的说法，分别是笔、墨、纸、砚。画家会把4种基本技术结合：勾线——以墨画线；皴擦——以“没骨”的方法画出纹理；渲染——在轮廓中上色；还有就是写意。根据中国画的笔刷所用的部位和笔刷在纸或绢上的压力不同，其笔尖可以产生无穷无尽的各式笔触。

在中国画家眼中，植物是独特的角色，也是整个中国文化中的一套象征体系。在花鸟画中，有一种与道家“天人合一”的哲学相结合的独特体裁，运用象征的手法将特定的鸟与特定的花绘在一起，如鹤和松画在一起，二者都象征长寿。

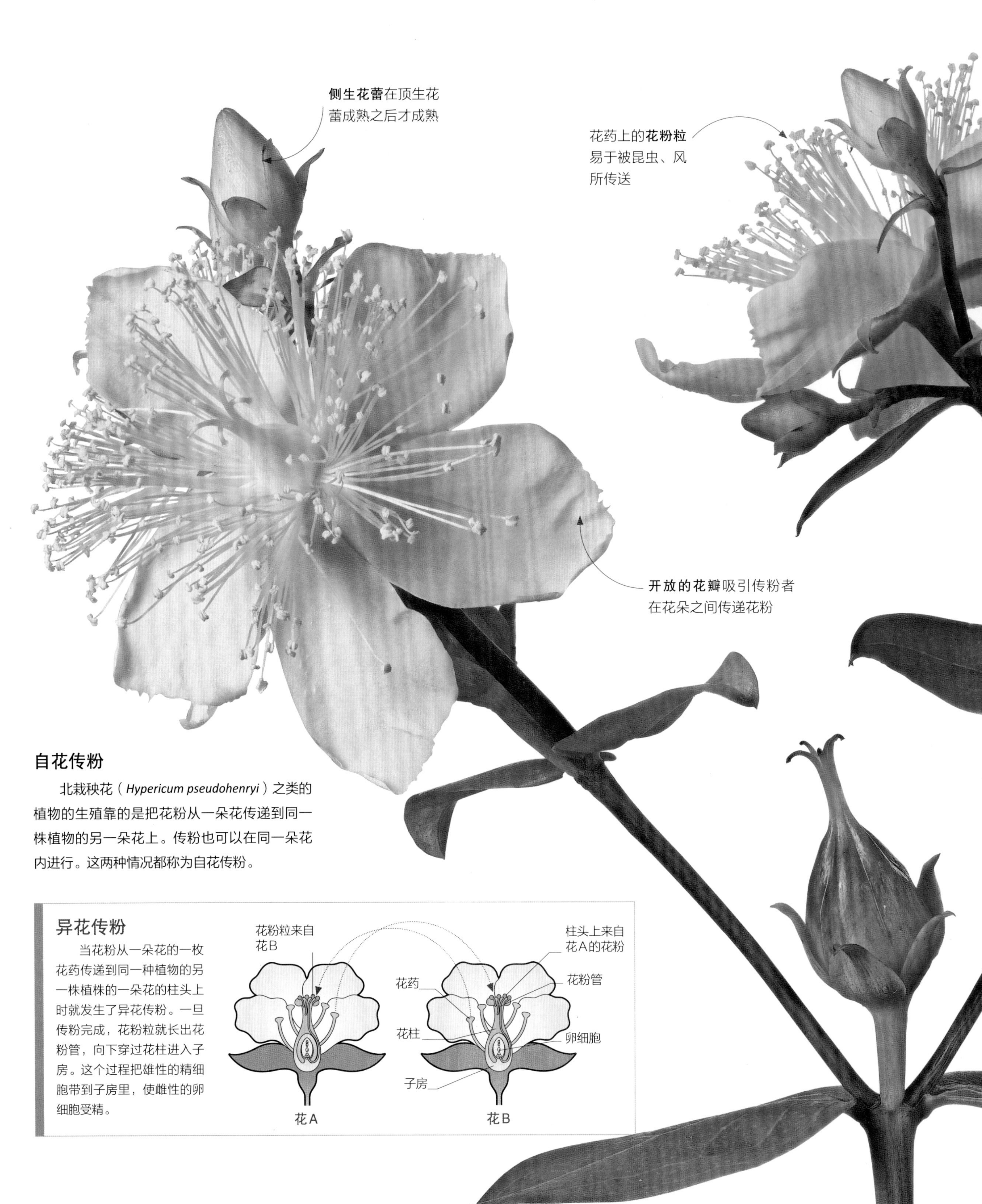

自花传粉

北栽秧花（*Hypericum pseudohenryi*）之类的植物的生殖靠的是把花粉从一朵花传递到同一株植物的另一朵花上。传粉也可以在同一朵花内进行。这两种情况都称为自花传粉。

异花传粉

当花粉从一朵花的一枚花药传递到同一种植物的另一株植株的一朵花的柱头上时就发生了异花传粉。一旦传粉完成，花粉粒就长出花粉管，向下穿过花柱进入子房。这个过程把雄性的精细胞带到子房里，使雌性的卵细胞受精。

花的受精

花的形成表明植物做好了结出种子、传递基因的准备。当带有精子的花粉传送到花的雌性生殖器官——雌蕊之上时，就会发生受精过程。花粉与雌性生殖细胞群（胚珠）融合后便产生种子。

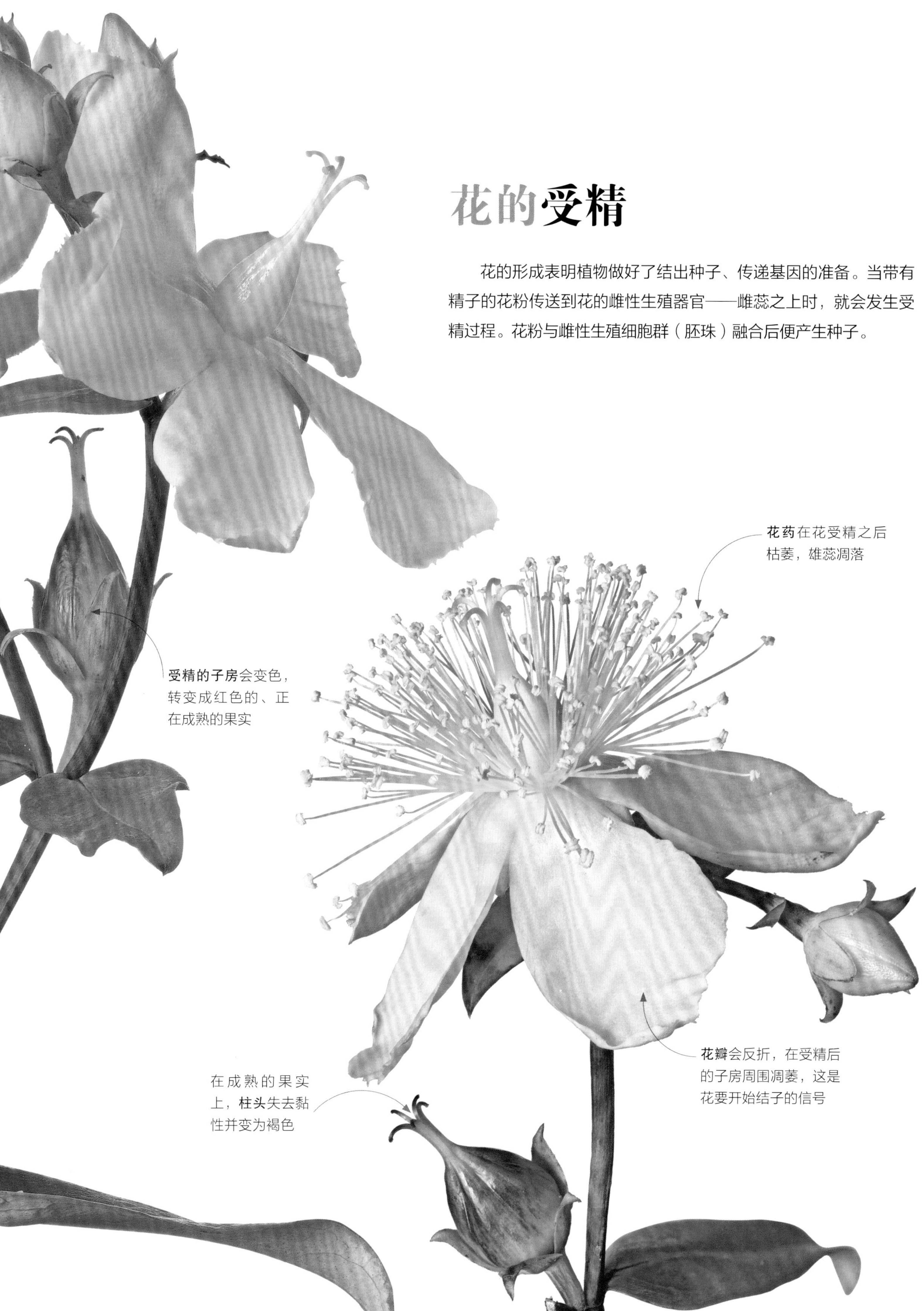

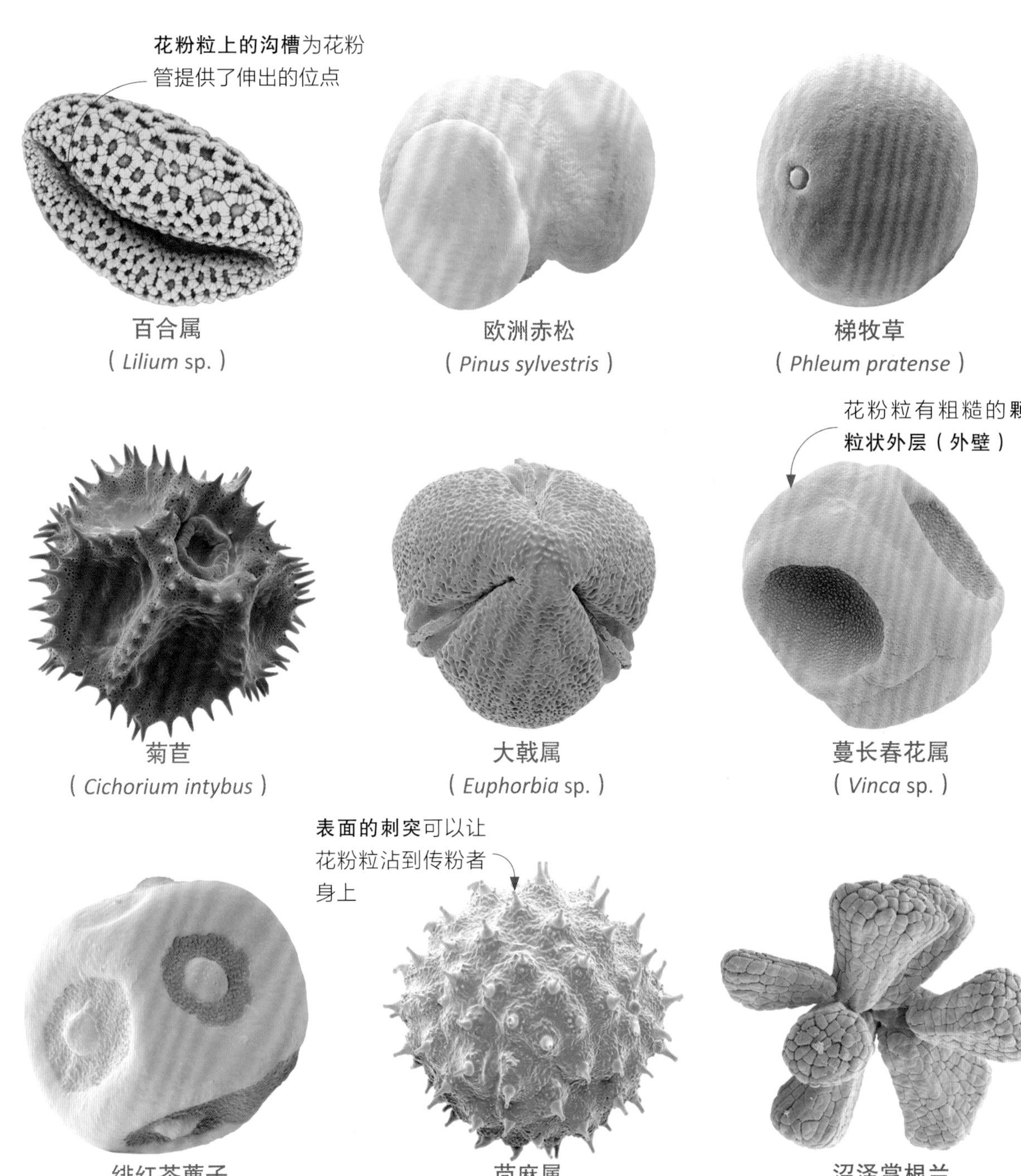

百合属（*Lilium* sp.）

欧洲赤松（*Pinus sylvestris*）

梯牧草（*Phleum pratense*）

菊苣（*Cichorium intybus*）

大戟属（*Euphorbia* sp.）

蔓长春花属（*Vinca* sp.）

绯红茶藨子（*Ribes sanguineum*）

苘麻属（*Abutilon* sp.）

沼泽掌根兰（*Dactylorhiza praetermissa*）

花粉粒

虽然花粉粒在肉眼看来细小如尘埃，但它们在形状、大小和纹饰上却千姿百态。扫描电子显微镜可以让人看到花粉的各种形态，其中有球形、三角形、卵形、线形和盘形等。花粉粒表面光滑或发黏，可具刺、条纹、网纹或凹纹，其上还有孔或沟。

充沛的花粉

右图这只蜜蜂在靠近一朵仙人掌科植物的花。一次这样的觅食之旅，便可让蜜蜂往腿上的“花粉篮”中装入大约14毫克（0.0005盎司）的花粉。

空间的考量

吊灯扶桑（*Hibiscus schizopetalus*）的花彼此相距甚远。它们在枝端悬吊，很容易由鸟类和昆虫来传粉。

纤细的花梗长达约15厘米（6英寸），支撑着每一朵花

5片长而分裂的花瓣向后反曲，形成球形

花柱异长性

报春花属植物会开出两种不相容的花朵类型，以减少自花传粉的概率。在长花柱的花里，柱头位于花冠管的口部；在短花柱的花里，柱头却位于花冠管的下部。发生在这两种类型的花之间的传粉要比长花柱—长花柱传粉和短花柱—短花柱传粉更容易引发受精。

避免自花传粉

木槿属（*Hibiscus*）的大多数种在花柱接受花粉之前就把花粉散出去。这些花让花粉覆盖在传粉者的足部和腹部，以便带往另一朵花。等到花柱可以接受花粉时，它们会向上弯曲，接受来自另一朵花的花粉。

促进多样性

很多植物演化出一种偏好，即更喜欢由同种植物的其他植株传粉，而不是用自己的花传粉。这是因为异花传粉通常可以让植株结出更强壮的种子、长出更健壮的植株，对疾病更有抵抗力。植物减少自花传粉的概率、增加异花传粉的概率的方式之一是在花柱接受花粉之前把花粉散出去，吊灯扶桑就是如此。

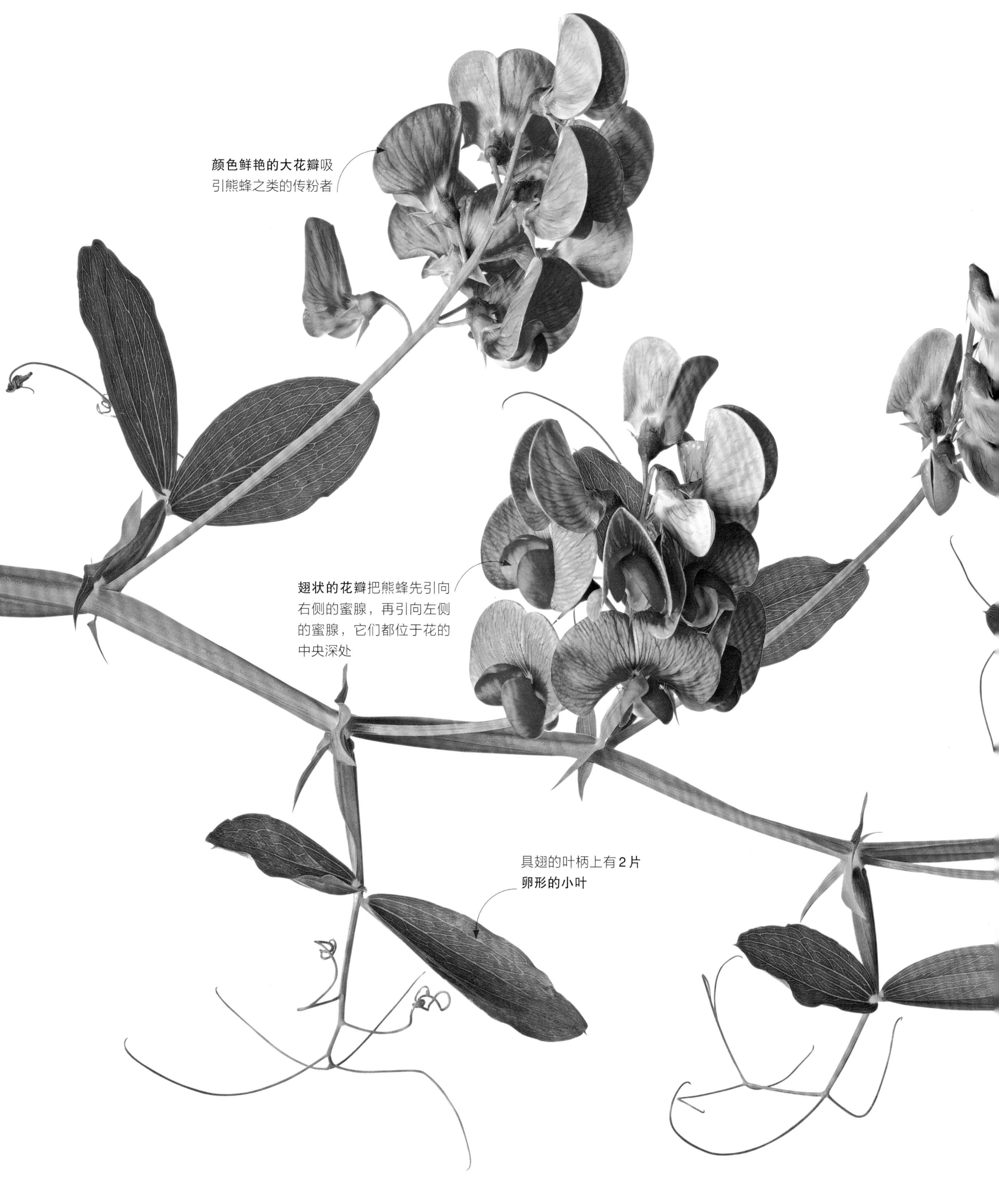
颜色鲜艳的大花瓣吸
引熊蜂之类的传粉者
翅状的花瓣把熊蜂先引向
右侧的蜜腺，再引向左侧
的蜜腺，它们都位于花的
中央深处
具翅的叶柄上有**2片**
卵形的小叶

管理花粉

花的形状会影响植物释放和接受花粉的方式。有些植物的花形可以完全避免自花传粉，或让自花传粉非常困难。像山黧豆花这样的不对称花只允许最强壮的昆虫进入花中，一旦到了花里面，其内部的结构便会保证花粉的接受和散播分成两个互不相干的阶段进行，于是避免了自花传粉。

卷须让植株可以在多种环境中攀爬

传粉的两个阶段

宽叶山黧豆（*Lathyrus latifolius*）的花有两个蜜腺。当一只熊蜂钻入花中时，花瓣会先引导它向右，再引导它向左，把花柱放出来。花柱的柱头下方有一块长毛的、如同刷子一样的区域，这是接收花粉的地方。柱头会触碰到从其他花朵那里采集花粉的熊蜂。当熊蜂爬到另一侧时，这个“刷子”会再次触碰它，这次是把这朵花自己的花粉装到熊蜂身上，带往其他植株。

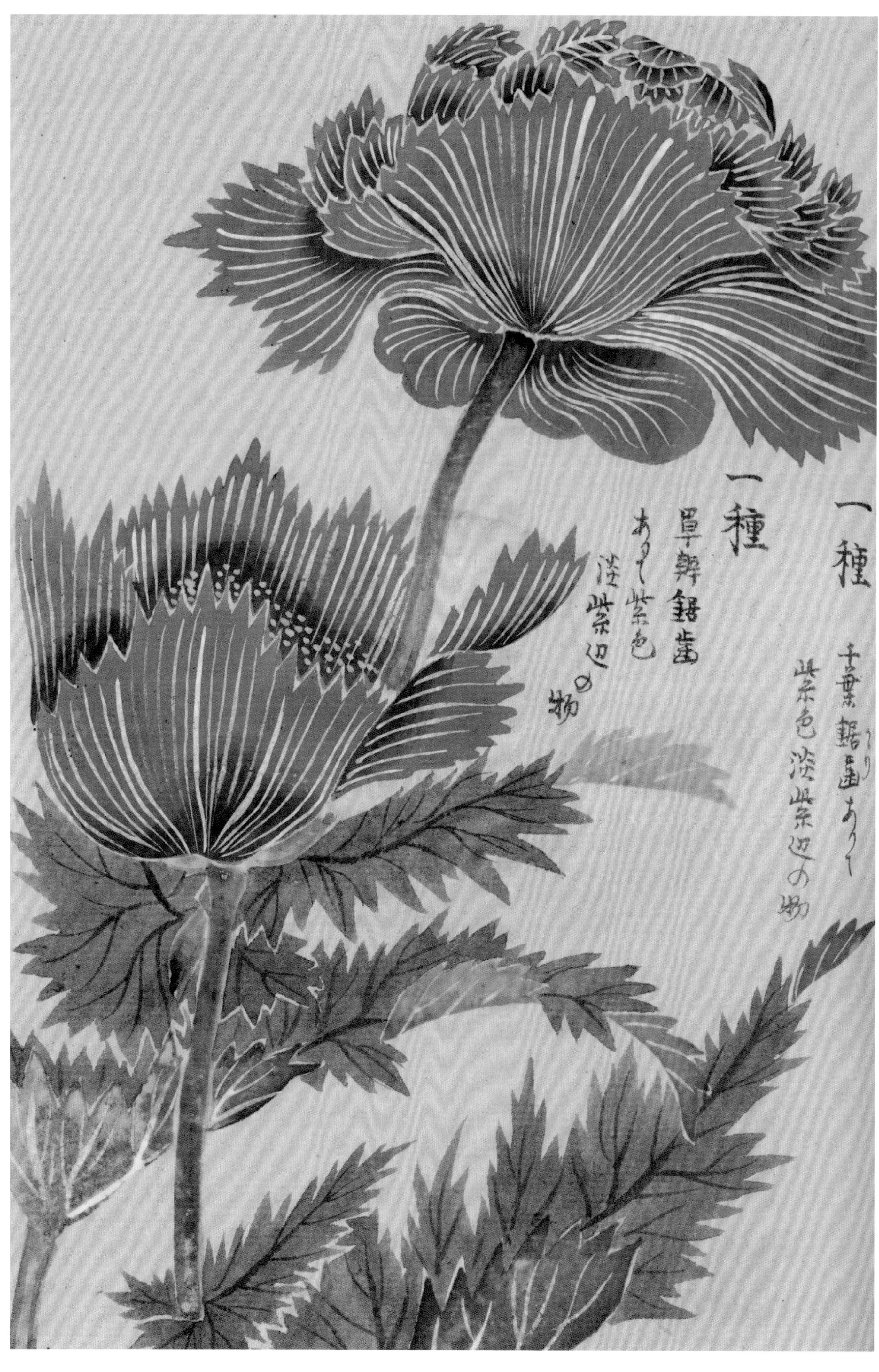
一種
千葉鋸歯あり
紫色淡紫辺の物
一種
單瓣鋸歯
ありて紫色
淡紫辺の物

《樱花富士图》(*Mount Fuji with cherry Trees in Bloom*)

葛饰北斋(Katsushika Hokusai)的这幅多色木刻版画绘于约1805年，以樱花和在薄雾之中见到富士山顶的景象赞颂了春天。这种名为“折物”的富丽堂皇的版画印刷于厚纸之上，用到了铜粉和银粉之类的金属颜料。

植物与艺术

日本木刻版画

许多个世纪以来，木刻版画一直是日本艺术的主要类型之一，在19世纪最流行。印刷木刻版画时用的是水溶性颜料，可以增强画作的色彩、光泽和透明度，这样印出来的画有粗犷简洁的形式和微妙的色泽，确实是捕捉日本景观及其本土植物之美的最佳方式。

菊花

当葛饰北斋的风景画创作达到巅峰时，他把兴趣转向花卉，创作了一组10幅传统风格的木刻版画——《大花》(*Large Flowers*)。这是其中一幅作品的局部，描绘了菊花花瓣的细节。

随着末代幕府权力的衰退和锁国禁令的撤销，日本植物学家逐渐被西方科学方法所吸引。岩崎常正(1786—1842年)，号灌园，是在幕府服役的年轻武士，对自然界怀有热情，曾与荷兰东印度公司的德国科学家菲利普·弗兰茨·冯·西博尔德(Philipp Franz von Siebold)交往很长时间。岩崎常在乡间漫步，把植物的标本带回住处，在其著作《本草图谱》中为这些植物绘制墨线图和彩图，并且标明植物名称。这部大型植物图谱共描绘了2000种植物。

江户时代最有名的画家可能是葛饰北斋(1760—1849年)。他在还是年轻学徒的时候学习了名为“浮世绘”的木刻版画，之后又擅长各种画派的绘法和印刷。他在晚年写道：“及七十三(岁时)，方悟通鸟兽鱼虫之骨骼，草木生长之态。年八十六愈有进步。至九十则须穷究其奥妙。”

《本草图谱》(*Honzo Zufu*)

植物学家岩崎常正曾从乡村采集植物和种子，种到他的花园中，这样就可以在自己的艺术作品中记录它们的精微细节。左图中这张形象生动的罂粟木刻画取自他的《本草图谱》，该书前4卷于1828年印行，全部92卷于1921年出版完成。

> “故图不可以不精巧。苟不精巧，何以能辨似而非者？”
>
> ——岩崎常正《本草图谱》序

雄株和雌株

微小的单性花通常比两性花更小，但往往成熟得更快。欧洲枸骨（*Ilex aquifolium*）通过一簇雄花（左图）来增加吸引昆虫的概率，好让昆虫把花粉传到雌花。只有雌花能结出浆果。

欧洲枸骨的雌花

欧洲枸骨雌株上的浆果

单性的植物

在动物界，就生殖而言，雄性和雌性个体彼此分开是常态。但是在植物界，一株个体如果只有单独一种性别的花则会面临很大的挑战。这类植物叫雌雄异株植物，包括多种树木，虽然它们避免了自花授精，其生殖却完全依赖于花粉能从雄株传递到雌株，而这常常要跨越相当远的距离。

不完全花的结构

只含有雄性或雌性生殖器官的花在植物学上叫单性花或不完全花，它们是自交不亲和的。所谓自交不亲和是指它们在生殖时无法通过自花传粉的方式进行。如果两种性别的不完全花长于同一植株上，这种植物是雌雄同株，如南瓜和黄瓜。不管是雌雄同株还是雌雄异株，雄性不完全花都可以有许多离生（分离）的雄蕊，或在中央有合生的雄蕊性结构，合生部位可为花药、花丝或二者兼有。

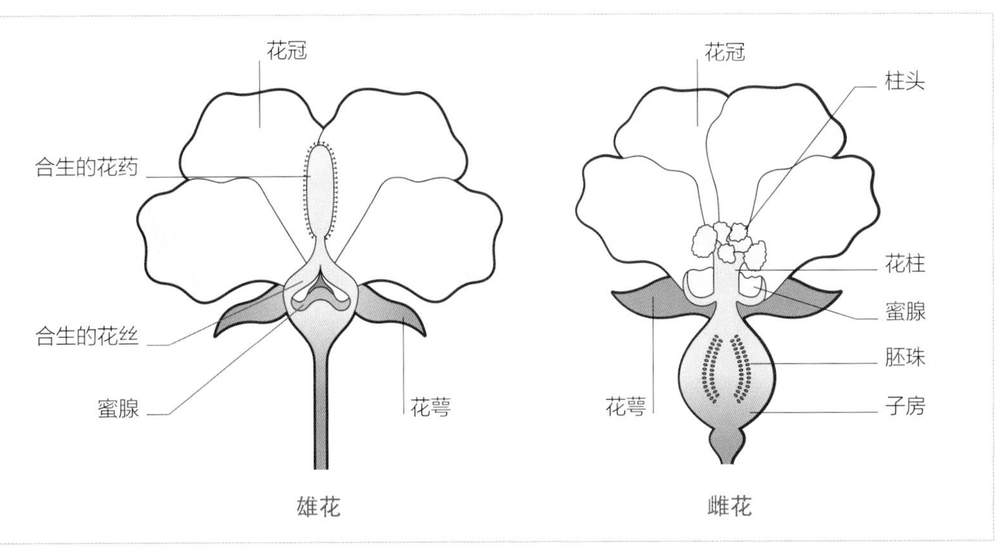

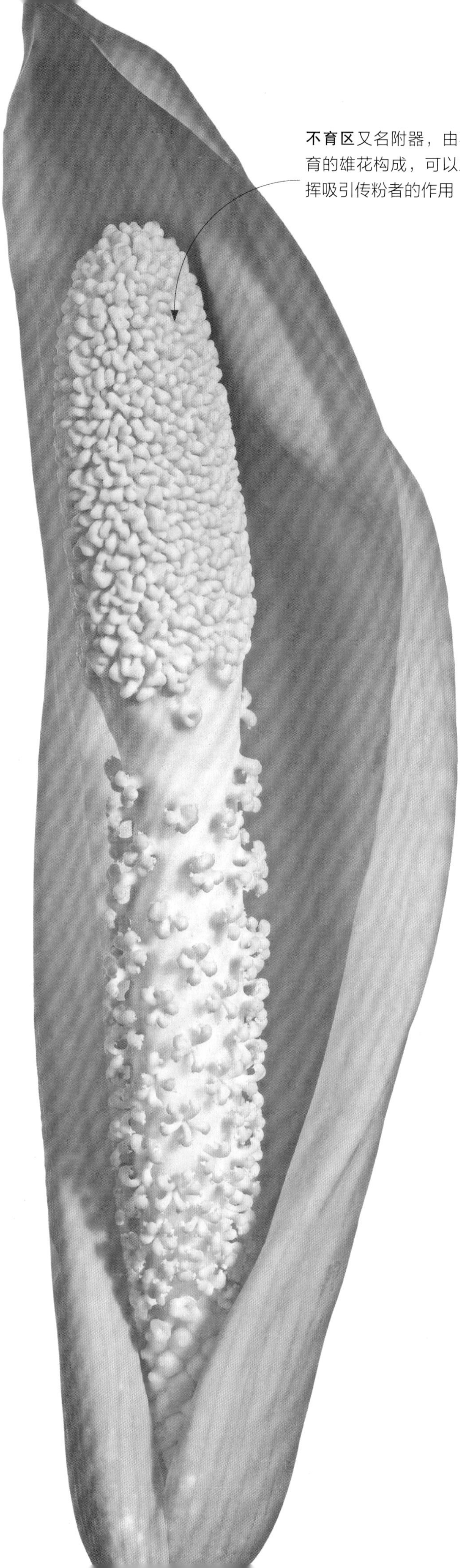

不育区又名附器，由不育的雄花构成，可以发挥吸引传粉者的作用

不相容的花

很多种类的植物可以通过各种方法来避免自花传粉；两性花可以对花的形态结构精心排列，有的植物让单性的雄花和雌花长于不同植株上。还有一些植物虽然在同一个花序中兼有两种性别的花，但也能避免自花传粉。雌雄蕊成熟期错开、叶状的屏蔽结构以及缓冲区都可以保证这些植物主要为异花传粉，从而具备较为健康的遗传基因。

分隔的策略

包括黛粉芋属（*Dieffenbachia* sp.）在内的很多天南星科（Araceae）植物在肉穗花序的中部有不育区，把雄花和雌花分隔开来。这个区域的花永远无法完全发育，但发挥了重要的作用，可以避免可育的雄花的花粉接触到可育的雌花。

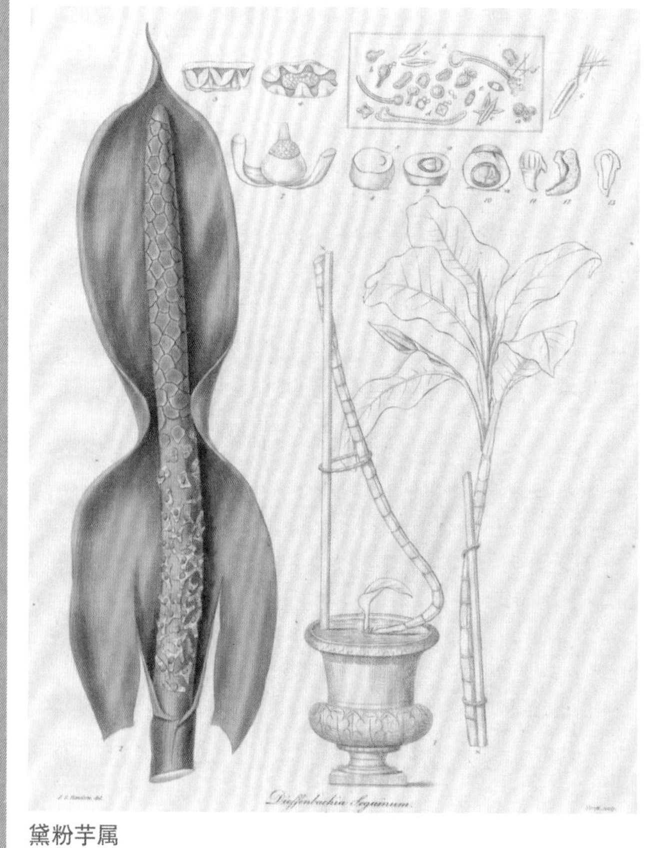

黛粉芋属

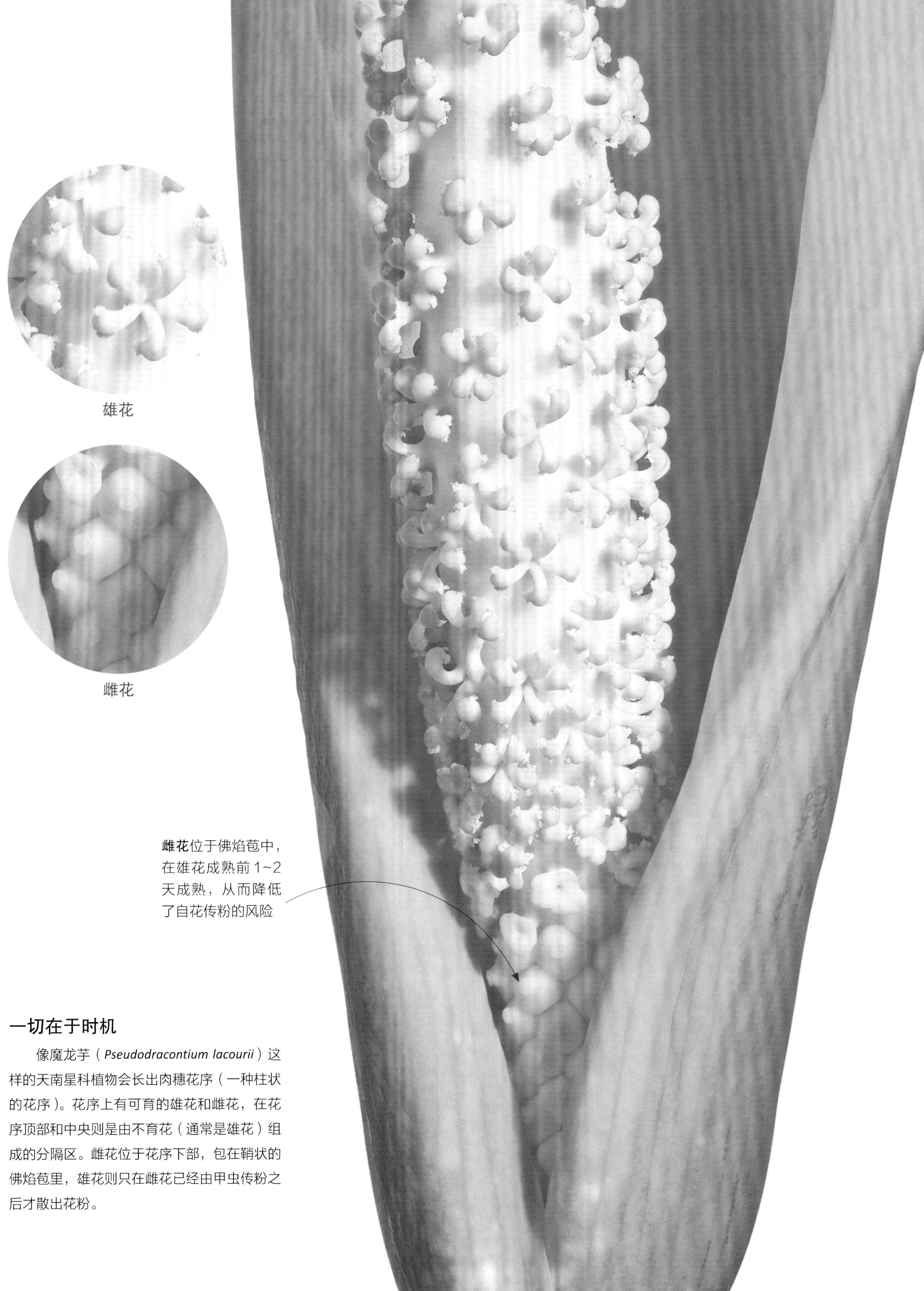

雌花位于佛焰苞中，在雄花成熟前1~2天成熟，从而降低了自花传粉的风险

一切在于时机

像魔龙芋（*Pseudodracontium lacourii*）这样的天南星科植物会长出肉穗花序（一种柱状的花序）。花序上有可育的雄花和雌花，在花序顶部和中央则是由不育花（通常是雄花）组成的分隔区。雌花位于花序下部，包在鞘状的佛焰苞里，雄花则只在雌花已经由甲虫传粉之后才散出花粉。

Amorphophallus titanum

巨魔芋

巨魔芋是苏门答腊岛热带雨林中的庞然大物，保持着世界上最大的不分枝花序的纪录。它的花序有强烈的气味，与它的巨大尺寸非常般配，闻上去像是腐肉。因此，巨魔芋的俗名叫尸香魔芋或腐尸花。

巨魔芋具有欺骗性的外观，看上去像是一朵高约3米（10英尺）的花的一部分，实际上是一个花序，叫肉穗花序，外面包着一个带褶边的结构，叫佛焰苞。花本身深藏在佛焰苞中，位于肉穗花序的基部。

巨魔芋的特色不仅在于花序，它还能自发产热。在花序成熟时，贮藏在名为球茎的巨大地下器官中的能量会释放出来，把花朵加热到大约32℃（90℉）。巨魔芋的球茎重达约50千克（110磅），是植物界中已知最大的球茎。人们相信它产生的全部能量有助于把腐臭的气味传遍稠密的雨林，以吸引传粉者。

实际上，巨魔芋的传粉依赖于“骗术”。腐肉般的气味可以把肉蝇和食腐甲虫之类的昆虫引来。它们搜寻腐肉，也把这里作为交配和产卵的地点。然而，在巨魔芋这里，它们根本找不到腐肉，反而却沾满了花粉。运气好的话，它们会在第二天晚上再次“受骗”，帮另一株巨魔芋的花传粉。

巨魔芋的花序本身只开放24~36小时就凋谢了。产生花序要消耗极大的能量，以致每棵植株每3~10年才能开一次花。不在花期时，巨魔芋有单独一片巨大的叶，高约4.6米（15英尺）。巨魔芋的外形如此壮观，它面临的危险也同样不小。如果它所栖息的森林仍以当前的速度被毁的话，它便有濒临灭绝的风险。

巨人般的花序

巨魔芋的花排列成紧密的花簇，雄花（白色）在上，雌花（红色）在下。巨魔芋的整个结构像一根烟囱，把腐臭的气味向上导入气柱之中，使气味飘散得很远。

肉质、中空的肉穗花序保持着地下部分产生的能量

带褶边的佛焰苞包围和保护着肉穗花序基部的花

肉感的诱惑

数以百计的微小花朵隐藏在巨魔芋花瓣状的巨大佛焰苞下面。佛焰苞的紫红色据说是模仿了腐肉的外观。

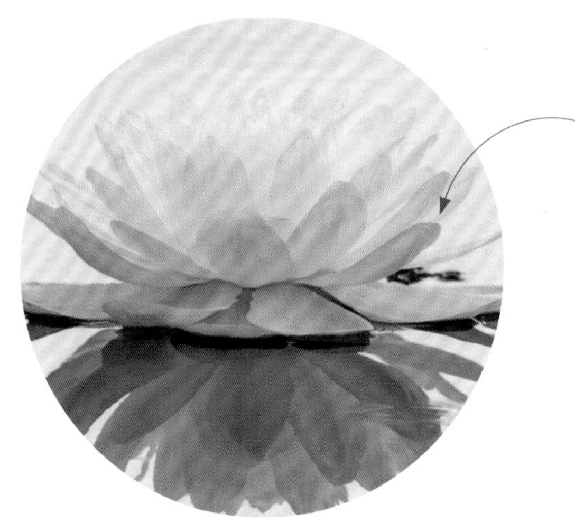

女士优先

王莲（*Victoria amazonica*）开花时间不长。它在傍晚开放、升温，散发出菠萝般的香气，对圆头金龟属（*Cyclocephala*）的金龟子类甲虫来说极有诱惑力。之后，花瓣会在甲虫周围闭合，把甲虫一直囚禁到第二天晚上。

变性的花

大多数被子植物有两性花，既含有雄性器官又含有雌性器官。这些彼此分离的性器官的成熟时间在一朵花的花期中通常相差不远。然而，在一些两性花中，生殖器官却在独立的、间隔很久的不同阶段成熟，这些花实际上相当于改变了性别，或者由雌花变为雄花（雌蕊先熟性），或者由雄花变为雌花（雄蕊先熟性）。王莲的花由被它捕捉的甲虫传粉，其雌性器官比雄性器官先成熟。

俘获传粉者

为王莲传粉的甲虫获得的回报是附着在花的心皮上的高能量淀粉垫是甲虫被囚禁期间的食物。当甲虫从一个心皮垫跌跌撞撞地来到另一个时，它就把从其他在雄性阶段的花那里收集来的花粉传给这朵花的柱头。而在雌花变成雄花时，甲虫又会沾上这朵花的花粉。

经历变化

从白色到粉紫色的变化标志着王莲花进入雄性阶段。困在花里面的所有甲虫在白天会被王莲的成熟花药撒满花粉。当花在第二天晚上开放时，甲虫飞走，又去寻找别的雌花。之后，这朵花就沉入水面之下，完成了它的任务。

钟形的花在成熟时呈粉红色

球头葱

球头葱（*Allium sphaerocephalon*）具有球形或卵形的伞形花序。在伞形花序中，花序的总梗——花序梗有较宽而圆的末端。这里长了许多花，它们的梗——花梗都一样长。

花药在花开之后1~2天内散出大部分花粉，之后柱头才完全发育。柱头一旦成熟，在几天之内都可接受花粉，并可能接受来自下部、较晚开的花的花粉

在蜂类从晚开的花移到早开的花时，**花粉就传递**到了顶上的花

花瓣改变颜色，把传粉者导向能提供最好回报的花

底部的花比顶上的花可能晚开两个星期

花序

在植物中，最引人注目的花朵中有很多都组成花序，在单独一根花梗上有许多花。对于葱类来说尤其如此。远远望去，葱属植物只开一朵大花，但凑近一看，就能发现每朵大花包含了许多小花。如果同一个花序中的小花在连续几天或几周中的不同时间开放，每一朵小花又都能产生可以让同一植株上邻近的花受精的花粉，那么自花传粉的概率就非常大。

繁盛的个体

有很多花的花序在很小的空间中聚集了许多花蜜和花粉资源，以便传粉者在从一朵花移动到另一朵花而享受大餐时消耗较少的能量。花常在不同时期成熟，吸引传粉者回来，这个策略既能促进同一花序中的自花传粉，又能促进不同植株之间的异花传粉。

顶上的花通常最先开放，随着时间推移，这些花可分泌更多的花蜜，以吸引昆虫回来

花序的类型

花序根据其中的花在主梗和侧梗上排列的方式来定义，主梗和侧梗的术语叫花序梗和花梗。花序分为有限花序和无限花序两大类。有限花序的花序梗的顶端是花，而无限花序的花序梗的顶端是营养芽（叶芽）。一旦顶端的花芽形成，有限花序在这个方向上的生长就停止了。与此相反，无限花序会继续生长，在同一个花序中有成熟程度不同的花朵。下面是许多花序类型中的一些实例。

有限花序

单花
郁金香属（*Tulipa* sp.）

无限花序

总状花序
翠雀属（*Delphinium* sp.）

圆锥花序
腊肠树（*Cassia fistula*）

聚伞圆锥花序
丁香属（*Syringa* sp.）

复伞房花序
绣球属（*Hydrangea* sp.）

伞形花序
熊葱（*Allium ursinum*）

复伞形花序
胡萝卜（*Daucus carota*）

聚伞花序
石竹（*Dianthus chinensis*）

复聚伞花序
高毛茛（*Ranunculus acris*）

蝎尾状聚伞花序
鸢尾属（*Iris* sp.）

穗状花序
红千层属（*Callistemon* sp.）

柔荑花序
欧洲桤木（*Alnus glutinosa*）

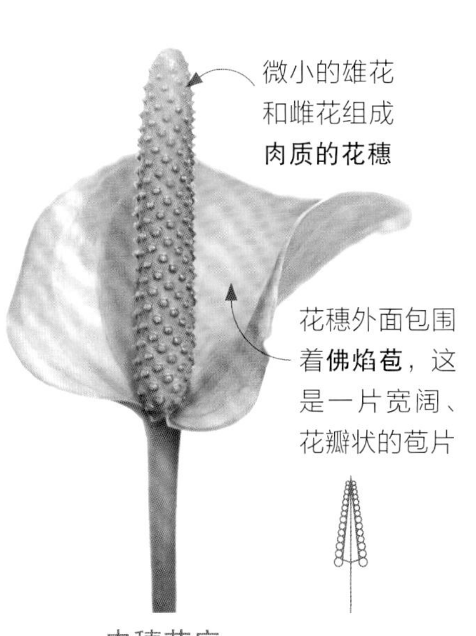

肉穗花序
花烛属（*Anthurium* sp.）

头状花序
蒲公英属（*Taraxacum* sp.）

头状花序
松果菊（*Echinacea purpurea*）

轮伞花序
沼生水苏（*Stachys palustris*）

大花松果菊
（*Echinacea purpurea* 'Maxima'）

菊科的花序如何绽放

菊科（Asteraceae）的头状花序从外向内绽放。盘花在成熟时扩大、变色，但在环绕它们的边花完全展开之后才绽放。

边花和盘花

菊科是被子植物中最大的科之一。它们的花有独特的结构，即每一个花序看上去像单独一朵花，实际上由小花构成。这些小花分为边花和盘花。蒲公英等一些菊科植物的花序全由花瓣状的边花构成。蓟类等另一些菊科植物则只含有管状的盘花。松果菊等植物则兼有边花和盘花。

花的结构

虽然边花和盘花的花瓣（舌片）差异巨大，但它们的花药都合生在一起，呈圆锥状。二者又都有冠毛，可以帮助种子传播。冠毛是细长的刚毛，对应于一般的花中的萼片（合称花萼）。

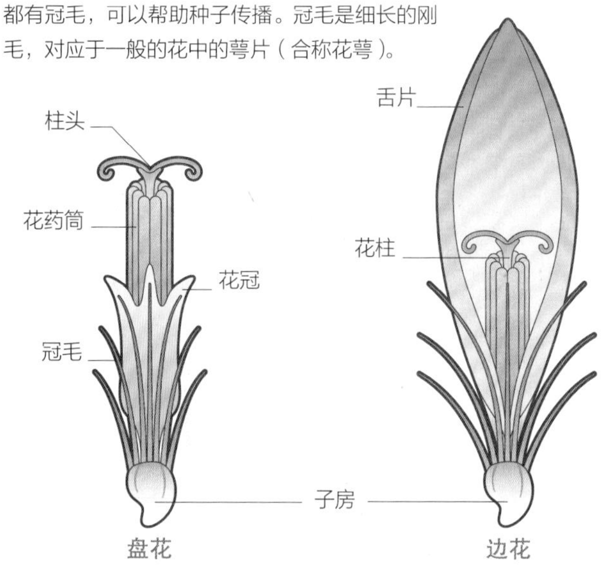

柱头
花药筒
花冠
冠毛
舌片
花柱
子房
盘花
边花

许多花构成的“花”

在松果菊的花序中，正在成熟的盘花扩大，形成圆形的中心。卵形、粉红色的边花展平，又向远离盘花的方向回折。它们常不结果，但可以吸引传粉者。盘花的管状花冠起初呈橙红色，等它们绽放后露出叉状的花柱并沾上花粉时颜色则变深，包围在花柱外面的是花冠边缘的5个小尖头。

外侧的盘花从基部的绿色向顶部渐变为红橙色

Helianthus sp.

向日葵属

至少从公元前2600年起，人们就开始栽培向日葵了，不仅是为了获取仿佛太阳一般的亮黄色花，也是为了获取营养价值很高的种子。向日葵属植物最初原产于美洲，如今已栽遍全球。

向日葵具有追踪东升西落的太阳的习性，并以此著称。但与流行的观念相反，这种向日性仅发生在植株还在发育的时期，其叶和花蕾都追踪着太阳的轨迹，以便最大限度地得到能维持生命的阳光的照射。一旦花开，这种每日的运动就停止了，花一般会始终朝向东方。这样可以在太阳升起之后马上利用阳光的能量，既能增加传粉者的传粉次数，又能加快种子发育的速度。

向日葵花看上去有单独一朵花，实际上是由许多小花组成的花序。花序中的花自外向内逐渐成熟，在整个花期为传粉者提供了大量的机会。

向日葵属有大约70个彼此不同的种，大多数是一年生或二年生植物。最常见的种是向日葵（*Helianthus annuus*），经过千百年的选育栽培，它的植株只有单独一个硕大的花序，长在多硬毛的长梗顶端。野生的种类看上去则非常不同，会长出许多分枝的花序梗，每根花序梗的末端都有一个小得多的花序。

有些向日葵属植物具有化感作用。它们可制造一种化学混合物，以抑制其他植物的生长。通过抑制周边的植物生长，向日葵属植物就降低了它们面对的竞争强度，增加了它们结出种子的数量。

黄色的大花序

花序中央的花叫盘花，每一朵盘花都结一粒种子。左图中的大多数盘花还未绽放。植株结的种子越多，它在第二年留下后代的机会就越大。

每片“花瓣”都由单独一朵边花的合生的几片花瓣构成

假花瓣

向日葵亮黄色的“花瓣”实际上是不育花，是花序中的边花，其功能仅是把传粉者吸引到花序中央可育的盘花那里。

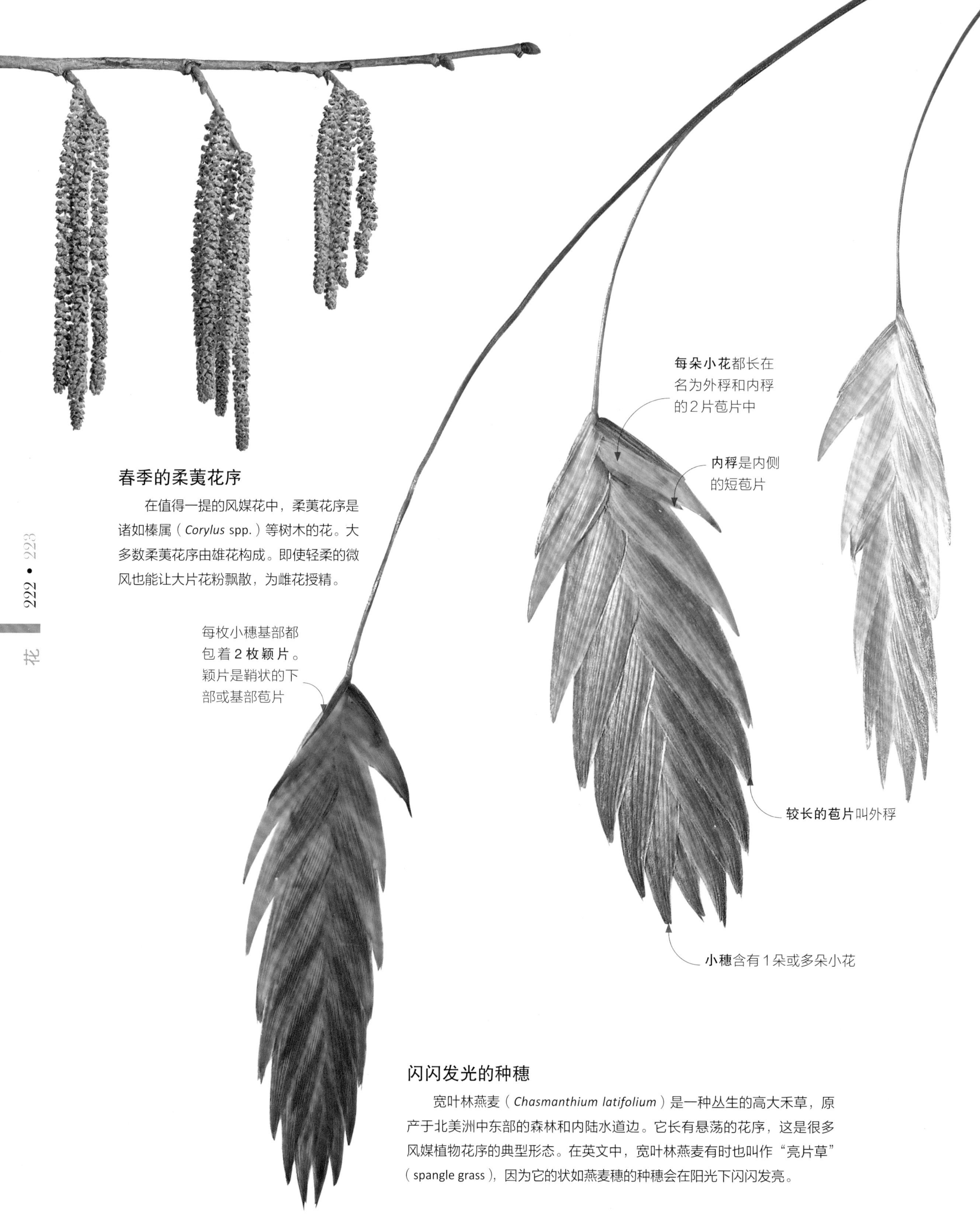

春季的柔荑花序

在值得一提的风媒花中，柔荑花序是诸如榛属（*Corylus* spp.）等树木的花。大多数柔荑花序由雄花构成。即使轻柔的微风也能让大片花粉飘散，为雌花授精。

闪闪发光的种穗

宽叶林燕麦（*Chasmanthium latifolium*）是一种丛生的高大禾草，原产于北美洲中东部的森林和内陆水道边。它长有悬荡的花序，这是很多风媒植物花序的典型形态。在英文中，宽叶林燕麦有时也叫作“亮片草”（spangle grass），因为它的状如燕麦穗的种穗会在阳光下闪闪发亮。

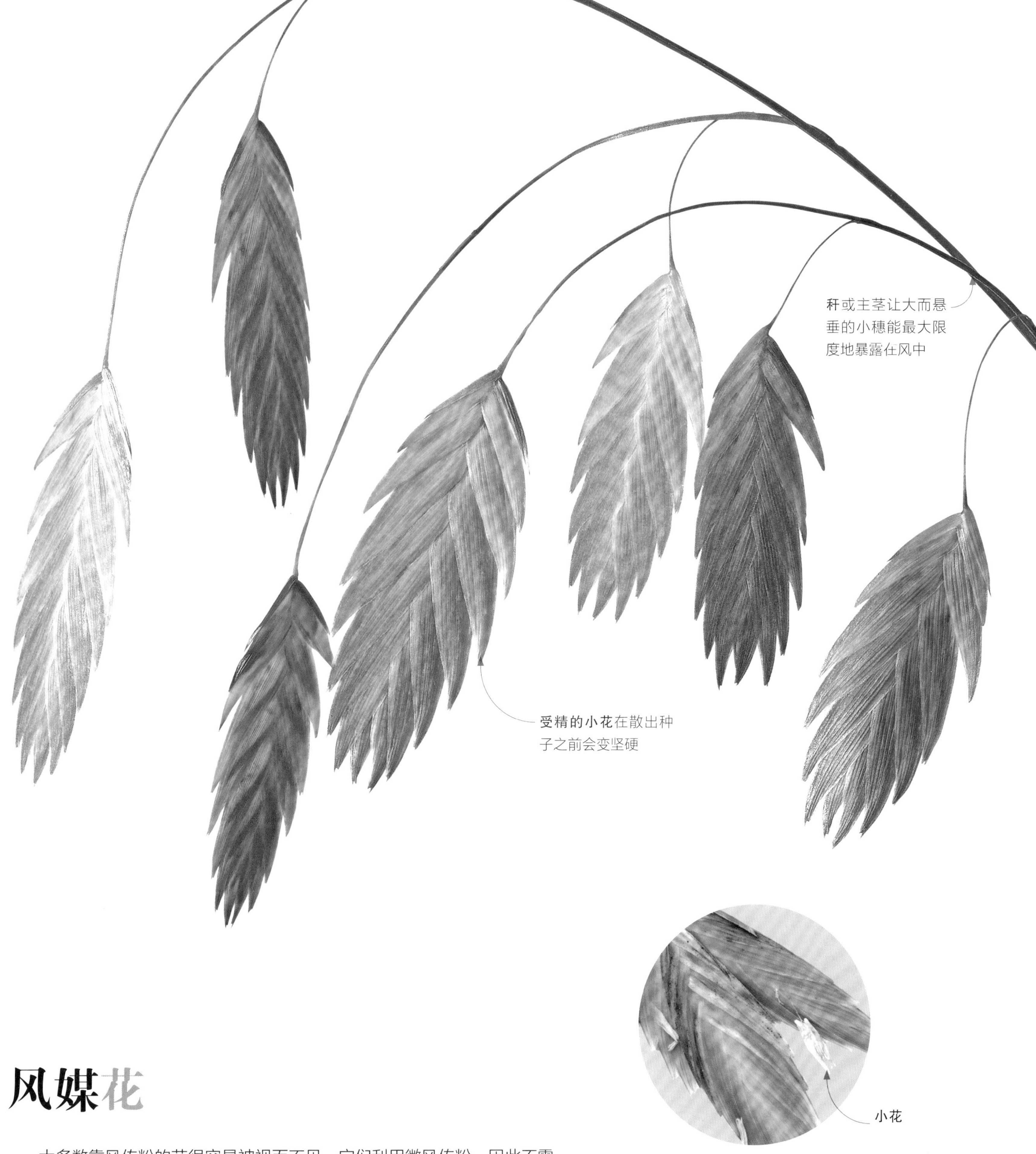

小花

风媒花

大多数靠风传粉的花很容易被视而不见，它们利用微风传粉，因此不需要用绚丽的花瓣来吸引传粉者的注意力。靠风传粉的植物有很多，如禾草和长着柔荑花序的榛属植物，它们的花隐藏在特别的苞片里面，这些苞片一直保护着生殖器官，直到这些器官露出刚好可受精的长度。

抓住时光

从春至秋，生于海滨的海莜草（*Uniola paniculata*）的绿色小穗都会开出雄花和雌花。这些小花只在清晨绽放一次，之后就很快闭合了。

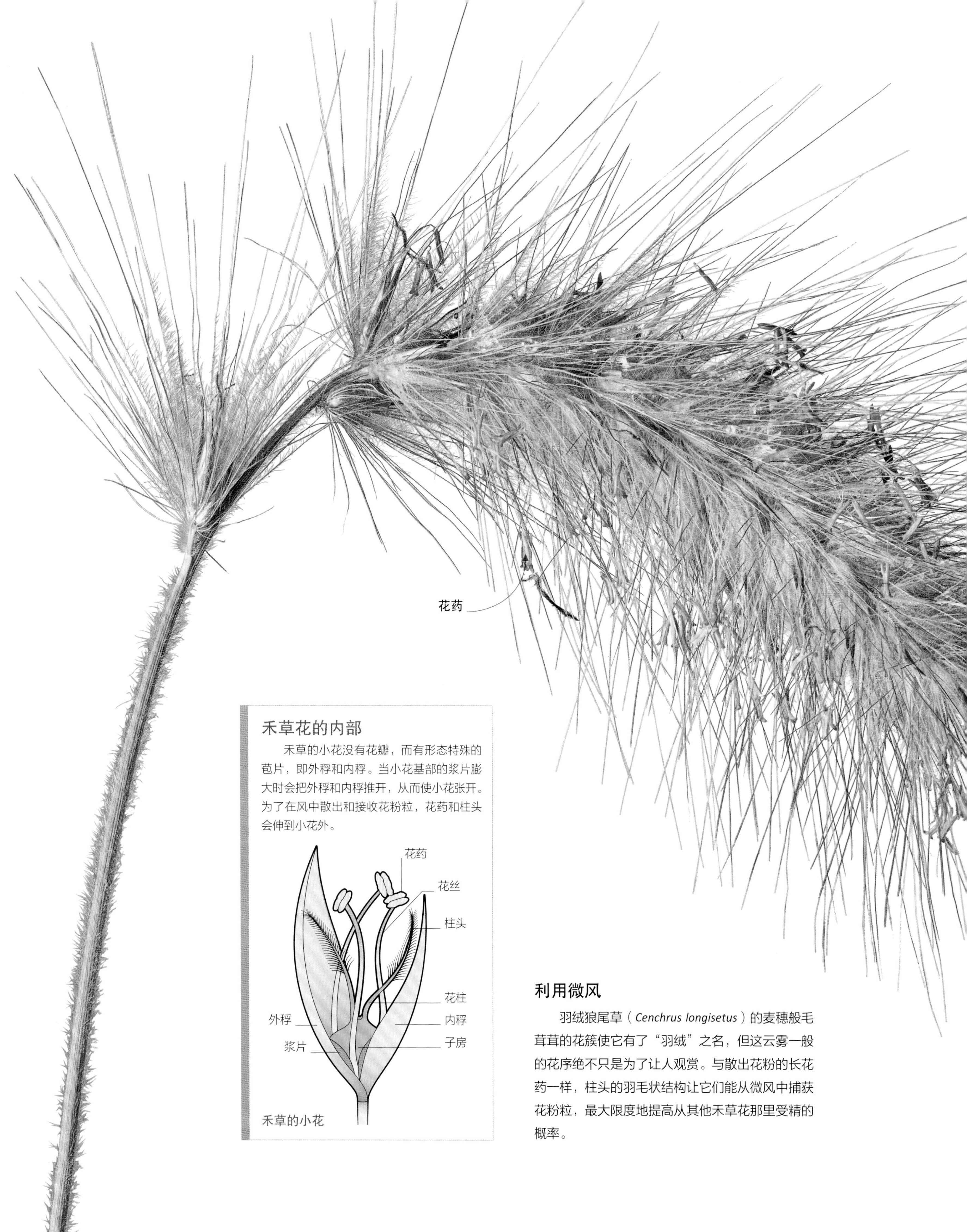

禾草花的内部

禾草的小花没有花瓣，而有形态特殊的苞片，即外稃和内稃。当小花基部的浆片膨大时会把外稃和内稃推开，从而使小花张开。为了在风中散出和接收花粉粒，花药和柱头会伸到小花外。

禾草的小花

利用微风

羽绒狼尾草（*Cenchrus longisetus*）的麦穗般毛茸茸的花簇使它有了“羽绒”之名，但这云雾一般的花序绝不只是为了让人观赏。与散出花粉的长花药一样，柱头的羽毛状结构让它们能从微风中捕获花粉粒，最大限度地提高从其他禾草花那里受精的概率。

禾草的花

禾本科植物是地球上的第三大植物类群，其中的草本种类叫禾草。虽然它们都会开花，但很少有人能认出它们的花。其中一部分原因与花的大小有关：低矮的禾草的单朵花太小，以致无法用肉眼觉察。还有一部分原因与花的结构有关。禾草的花是风媒花，所以它们没有鲜艳的颜色，而是有簇生的毛茸茸的花序，通常长在长梗之上，依赖气流来传粉和散播种子。

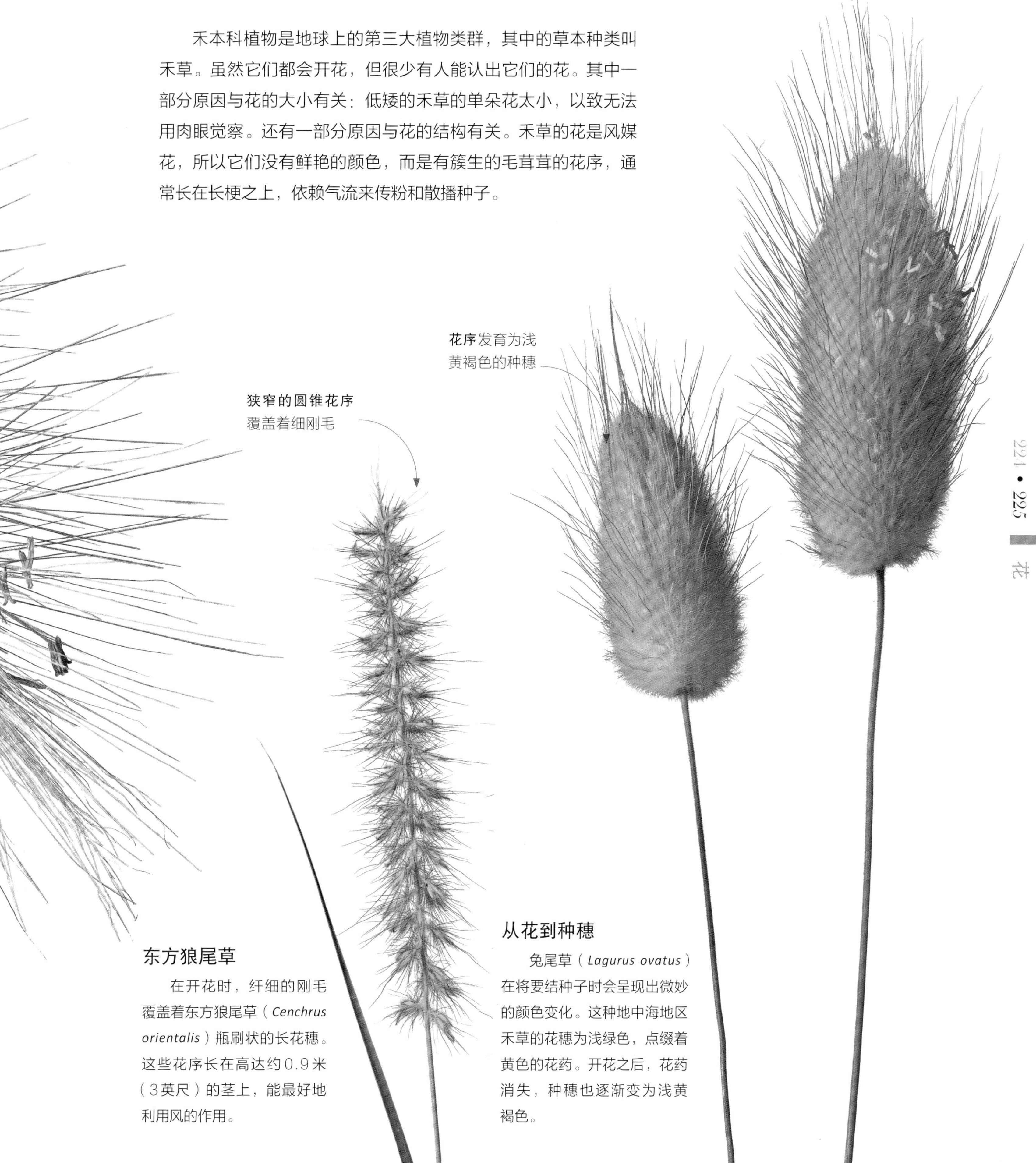

东方狼尾草

在开花时，纤细的刚毛覆盖着东方狼尾草（*Cenchrus orientalis*）瓶刷状的长花穗。这些花序长在高达约0.9米（3英尺）的茎上，能最好地利用风的作用。

从花到种穗

兔尾草（*Lagurus ovatus*）在将要结种子时会呈现出微妙的颜色变化。这种地中海地区禾草的花穗为浅绿色，点缀着黄色的花药。开花之后，花药消失，种穗也逐渐变为浅黄褐色。

搜寻花蜜的饰纹残趾虎（ornate day gecko）爬到花上，在身体上沾了具黏性的花粉

岛风铃
（*Nesocodon mauritianus*）

重要关系

在一些生境中，爬行动物成为植物的重要传粉者。在毛里求斯，饰纹残趾虎（又名花斑日行守宫）会从牛木南洋参（*Polyscias maraisiana*）的花中舔食花蜜，从而为这种濒危植物传粉。

钟形的花向下悬垂，所以只有熟练的攀爬者才能有花蜜的回报

花与花蜜

花蜜是植物的终极诱惑。由名为蜜腺的腺体分泌的甜而黏稠的液汁可以吸引多种传粉者。虽然蜜腺也可以生在茎、叶和芽上，但是它们与花的联系最紧密，因为花蜜可以作为提供给传粉者的回报。蔗糖、葡萄糖和果糖之类的糖分是花蜜的主要成分，此外还有少量氨基酸和其他物质。不同种的花朵分泌的花蜜在类型、容量以至颜色上都各有不同，迎合了传粉者的口味。

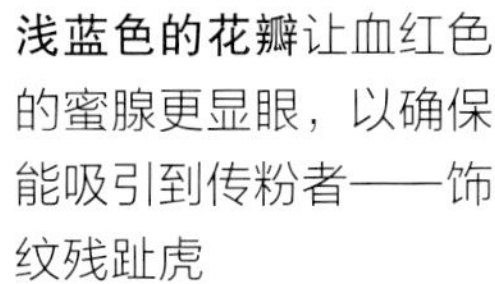

浅蓝色的花瓣让血红色的蜜腺更显眼，以确保能吸引到传粉者——饰纹残趾虎

不同寻常的颜色

大多数花蜜是无色的，凭借气味来吸引传粉者，但是开蓝色花的岛风铃却是例外。为了增加生殖的概率，它从血红色的蜜腺中分泌出猩红色的液汁。为这些生长在多石生境中的稀有花朵传粉的是饰纹残趾虎，红色对其非常有吸引力。

花的蜜腺

在一朵花中，最常见的蜜腺三大着生部位分别是子房基部、雄蕊（特别是花丝）基部和花瓣基部。所有这些位置都要求传粉者经过花中的生殖器官才能获得花蜜，这样可以促进传粉。不过，分泌花蜜的腺体也可能长在子房的其他部分、花药、柱头以及花瓣上。

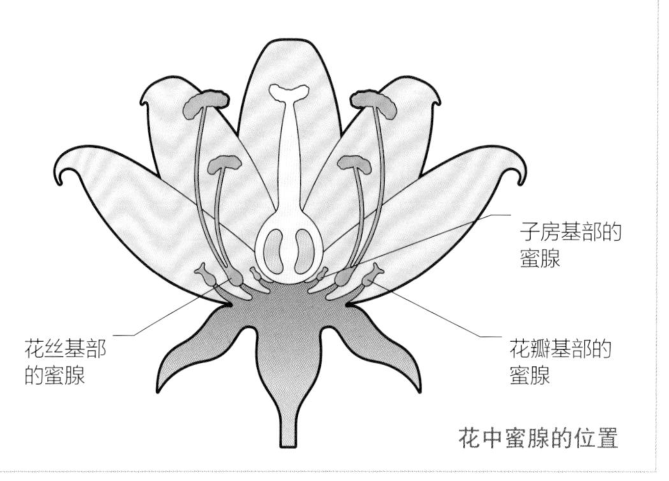

花中蜜腺的位置

铁筷子属（*Hellebonus*）的花

特化的蜜腺

黄花耧斗菜（*Aquilegia chrysantha*）的蜜腺高度特化。花瓣的距在顶端略有膨大，蜜腺就藏在这里，只有某些长舌的天蛾类昆虫能够接近。铁筷子属的蜜腺则位于圆锥状的结构中，只有长吻的熊蜂能触到蜜腺。

蜜腺

根据传粉者的不同，蜜腺的位置也各有不同。秋季开花的常春藤属（*Hedera*）的蜜腺暴露在外，分泌的花蜜积聚成“池”，颇受短舌的胡蜂类和蝇类昆虫喜爱。在早春，花蜜积聚在铁筷子属圆锥状花瓣蜜腺的基部，而在夏季开的乌头属（*Aconitum*）花中，有两个大型蜜腺隐藏在花的盔状萼片中。这两类花都吸引熊蜂。

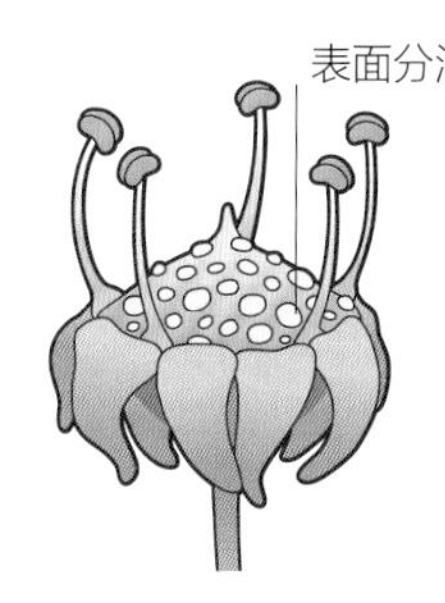

表面分泌
圆锥状花瓣蜜腺
隐藏的花瓣蜜腺
熊蜂在这里进入盔状萼片
常春藤属
铁筷子属
乌头属

贮藏花蜜

随着被子植物的演化，蜜腺（分泌花蜜的腺体）逐渐集中到生殖性的花序里面，花色和气味也发育出来，宣示花蜜的存在。虽然很多蜜腺形成于花的表面，吸引多种传粉者，但也有一些蜜腺演化得只能让特定的动物接近。

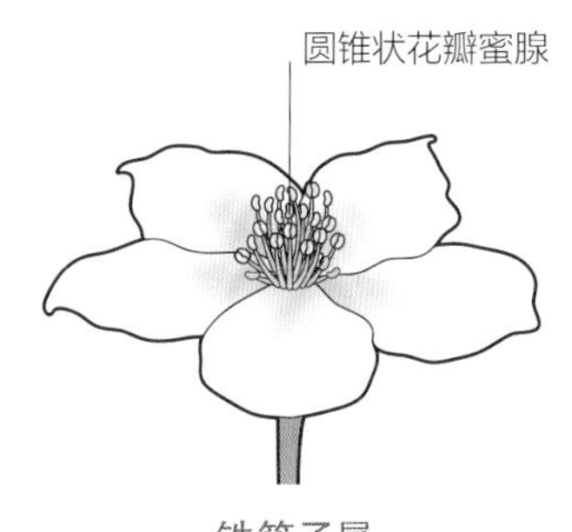

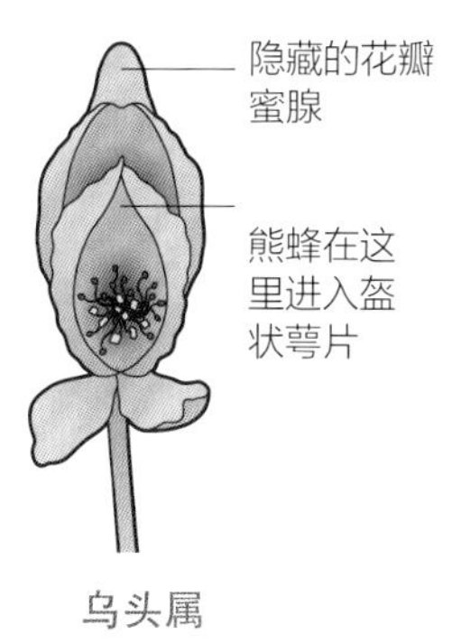

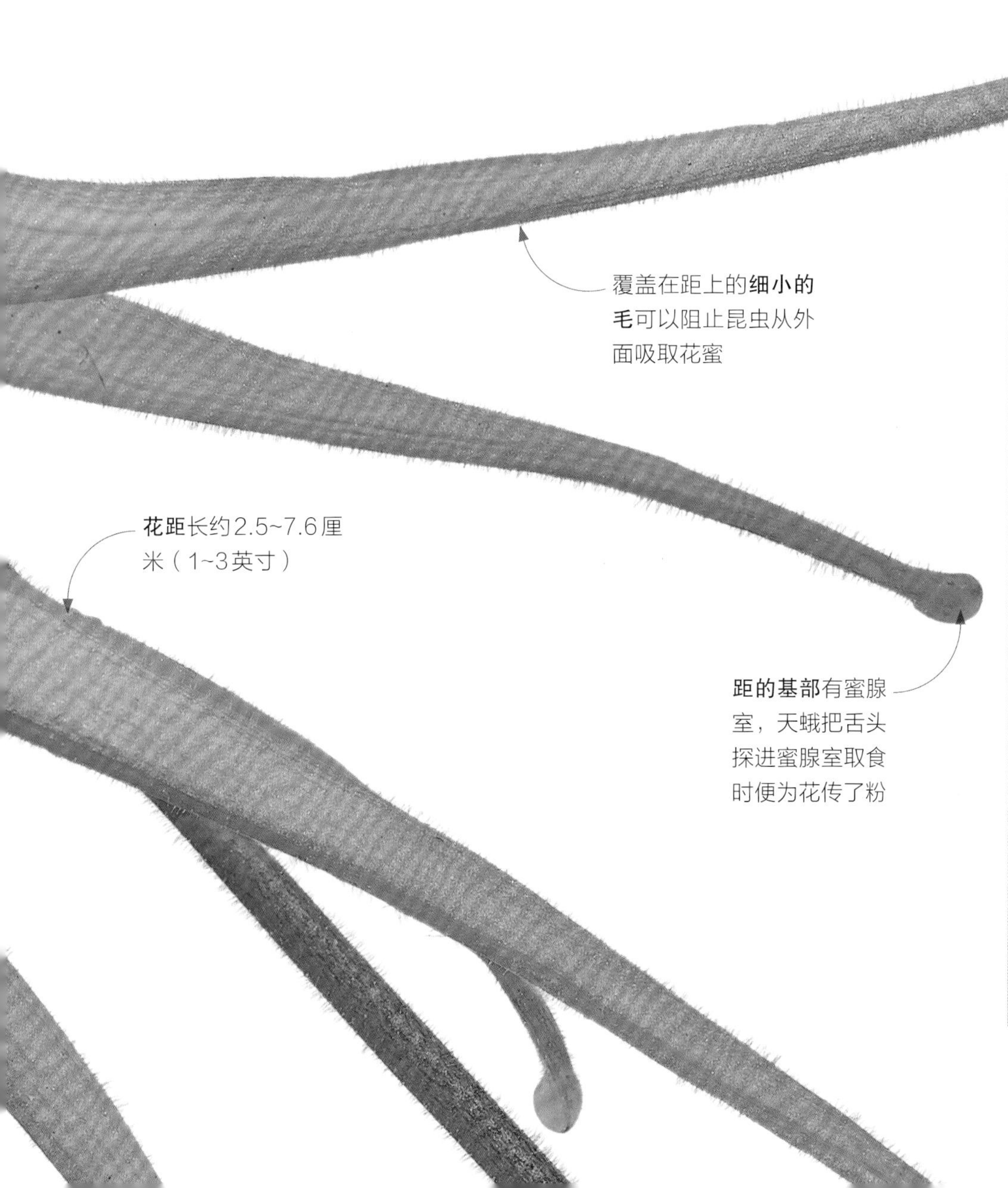

覆盖在距上的**细小的毛**可以阻止昆虫从外面吸取花蜜
花距长约2.5~7.6厘米（1~3英寸）
距的基部有蜜腺室，天蛾把舌头探进蜜腺室取食时便为花传了粉

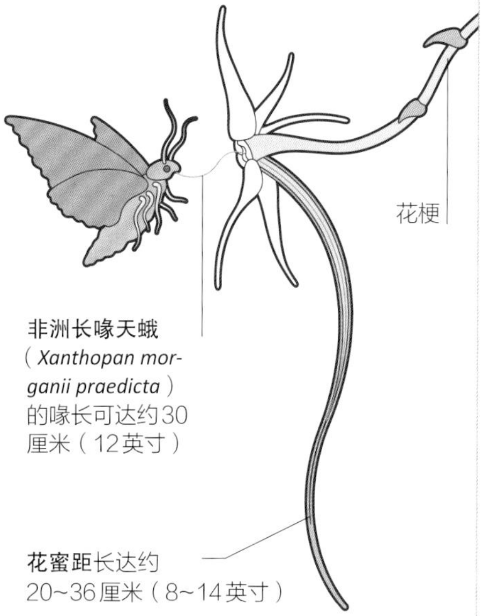

花梗
非洲长喙天蛾（*Xanthopan morganii praedicta*）的喙长可达约30厘米（12英寸）
花蜜距长达约20~36厘米（8~14英寸）

达尔文的蛾子预言

长距彗星兰（*Angraecum sesquipedale*）是马达加斯加的一种兰花，有十分长的距，查尔斯·达尔文认为一定有一种舌头与距等长的天蛾专门为它传粉。大约在1992年，达尔文的假说最终得到证实。

碗形的花

罂粟属（*Papaver*）之类的植物有宽大的花，对昆虫来说是理想的取食地点，特别是蜂类。这是因为它们在单个的碗形花朵上更容易落脚，而能够在暴露在外的花的器官上轻松地降落就意味着消耗较少的能量。这对花也有好处，这意味着传粉者用较短的时间可以落在更多数量的花上，也就因此让更多的花完成受精。

野罂粟（*Papaver nudicaule*）

为访花者设计

在吸引传粉者注意方面，花色和气味无疑起着关键作用，但是花形也能决定传粉者的种类。除蜂鸟之外，鸟类需要落脚点，而蜂类昆虫需要着陆平台。能提供落脚点和着陆平台的植物不仅可以让传粉者踊跃前来，还能让一些花朵在正确的时间把传粉者导向它们的生殖器官。

着陆平台

花中的着陆平台有多种形式。河岸蓟（*Cirsium rivulare*）花序的疏松拱顶让蝶类和蜂类可以牢牢地抓住。

满足昆虫需求

巨独活（*Heracleum mantegazzianum*）的汁液对人类有刺激性，但其巨大的伞形花序却为蝶类、蝇类和甲虫提供了极为充足的花蜜和花粉。这些昆虫可以舒适地在花上“落座”，以便觅食。

当熊蜂沿着隧道前进，经过花冠筒顶上时，**花药**会散出花粉
钟形的花冠迫使熊蜂在沿着隧道向花蜜前进时必须收起翅膀
花蜜位于钟形花冠狭窄一端的里面
保卫毛可避免较小的昆虫进入花中

为熊蜂量身定制

毛地黄把专供蜂类感知的花色、蜜导和"着陆区"结合起来，以吸引熊蜂。花从底部向顶部顺次绽放，花药先于柱头成熟。

毛地黄
（*Digitalis purpurea*）

精确传粉

一些植物通过演化，只允许特定的传粉者进入花中。毛地黄花的所有特征似乎都只是为了招待唯一的昆虫——熊蜂。封闭的长形花冠产生的花蜜只有长舌的昆虫可以取食，而保卫毛又可阻止体形较小的蜜蜂类进入花中。熊蜂则有合适的大小、体形和体重，既能钻入这些管状的花中，又能为它们传粉。

互惠互利

毛地黄的生殖器官的位置，让熊蜂在搜寻子房基部的蜜腺时不得不挤过它们下方。窄小的管状花冠保证了熊蜂身上会沾上从花药散出的花粉以及掉落到花冠筒底部的花粉粒。这便让熊蜂在不同的毛地黄花之间移动时，能最大限度地实现花粉的交换。

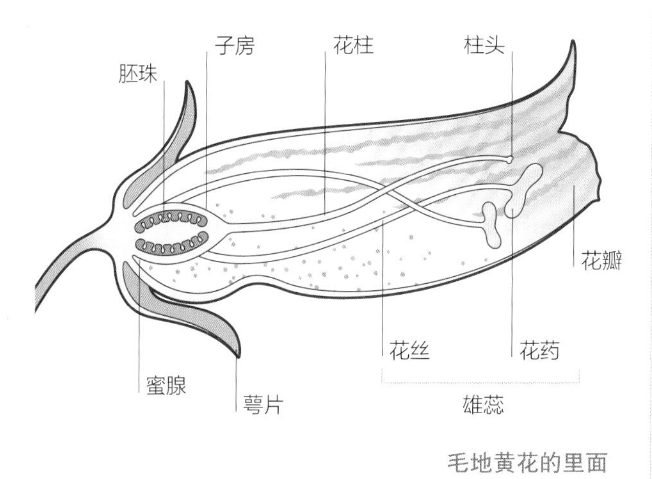

毛地黄花的里面

蜂鸣传粉

大约2万种植物用蛋白质含量很高的花粉作为诱饵来吸引传粉者。为了增加基因的传递概率，包括马铃薯和番茄在内的大多数植物种类具有独特的结构，只让某些昆虫能获得花粉。这些昆虫反过来也演化出了非常巧妙的采集方法。以蜂鸣传粉为例，某些蜂类会把振动传递给花穗，把花粉粒晃出来。

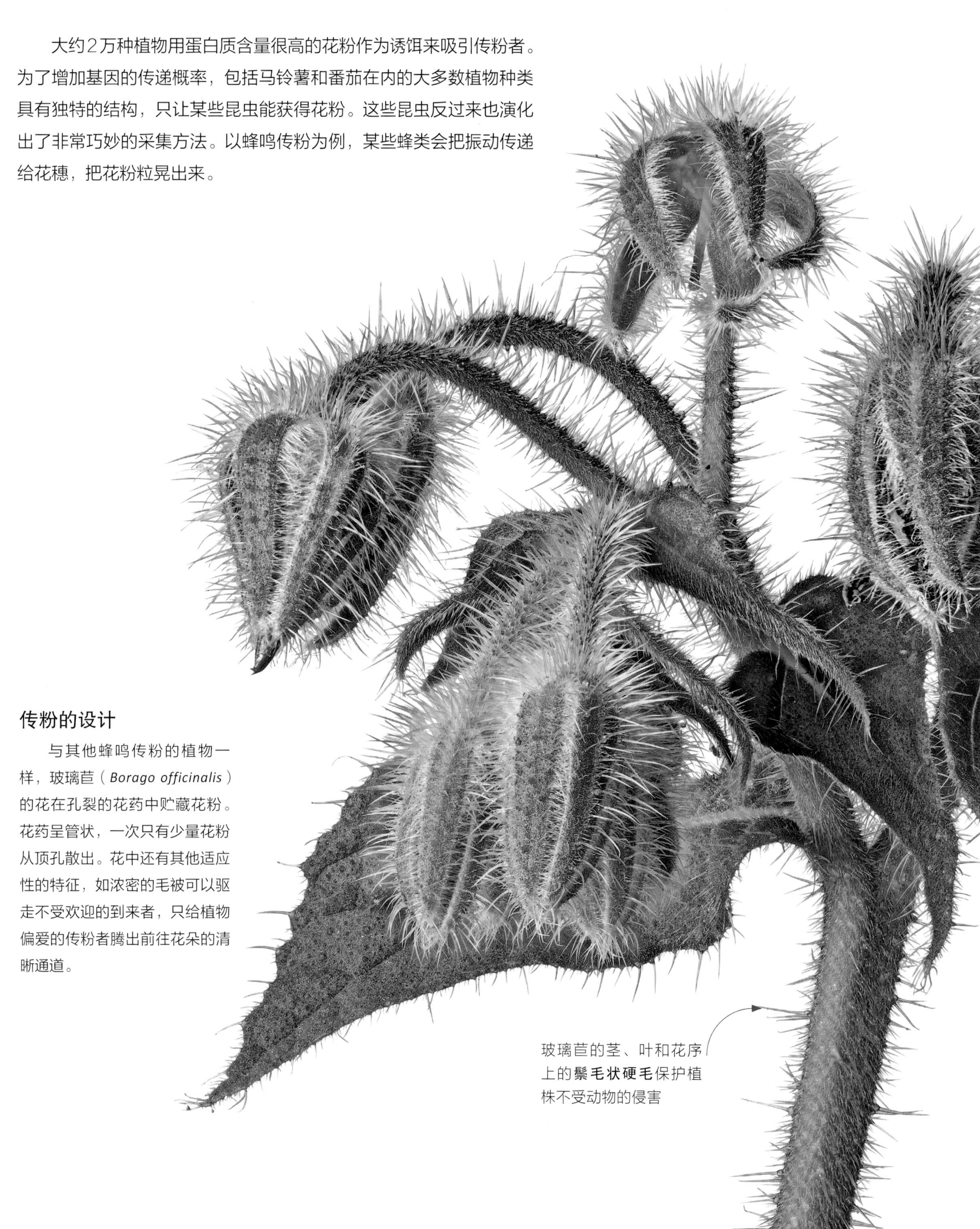

传粉的设计

与其他蜂鸣传粉的植物一样，玻璃苣（*Borago officinalis*）的花在孔裂的花药中贮藏花粉。花药呈管状，一次只有少量花粉从顶孔散出。花中还有其他适应性的特征，如浓密的毛被可以驱走不受欢迎的到来者，只给植物偏爱的传粉者腾出前往花朵的清晰通道。

玻璃苣的茎、叶和花序上的**鬃毛状硬毛**保护植株不受动物的侵害

熊蜂用双颚咬住花药

熊蜂把花粉收集到花粉篮里，但也有一些粘在它们身体上，可以传给同种植物的另一朵花

正在进行的蜂鸣传粉

当蜂类振动它的飞行肌时，也振动了花药，从而散出一小团花粉。这种声波作用会让蜂类承受一个相当于30倍重力的力。

花粉的获取限制

虽然蜂鸣传粉的植物彼此亲缘关系很远，但它们的花却有一些共同的特征。花中雄蕊的花丝很短，花药组成外突的中央花药管，主要排列为紧密的圆锥形，花粉就从花药管顶端的裂槽或裂孔中散出。

茄属（*Solanum* sp.）

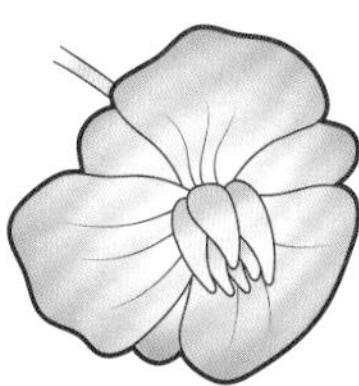

鸳鸯草属（*Dichorisandra* sp.）

欧洲苣苔属（*Ramonda* sp.）

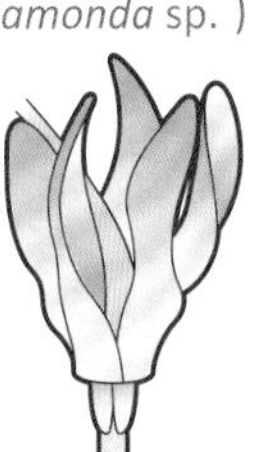

流星报春属（*Dodecatheon* sp.）

花药聚为锥状，从花心外突，可以吸引专门的传粉者，而让其他昆虫望而却步

《圣曼陀罗》(*Jimson Weed*，1936年)

圣曼陀罗(*Datura wrightii*)是一种在美国路边和荒地上常见的、生长繁茂的荒漠植物，其花在乔治亚·奥基弗(Georgia O'Keeffe)极为巨大的花卉画布上得到了放大。尽管圣曼陀罗的种子有毒，但奥基弗深爱着这种植物，在这幅热情洋溢的画作中捕捉到了它纸风车般的花形特征，赋予了能量和动感。

> ……如果花点时间去看它的话，他们会感到惊讶。即使是忙碌的纽约人，我也会让他们花点时间看看我对花朵的看法。
>
> ——乔治亚·奥基弗

植物与艺术

激进的观念

20世纪前期，当现代主义艺术家寻觅新的技术来反映他们周边机械化的城市景观时，以现实主义手法忠实呈现自然界的创作手法便被丢在一旁。他们采用的激进技法拒斥了几个世纪以来的具象艺术，而是关注抽象和内省，于是重新回到原始主义的路上。随着时间推移，这些解放性的新探索给了艺术家新的灵感，他们带着对自然的热烈响应去创作现代艺术。

美国画家乔治亚·奥基弗在20世纪20年代和30年代创作植物绘画时，已经是现代主义运动的早期拥护者，她的这些画作后来成为最能代表其风格的作品。这些创作在巨幅画布上的大尺寸特写，利用透视把观者引向一朵月季的花心，或是让他们向上打量一棵尖塔般的美人蕉。

现代主义思想中贯穿了弗洛伊德心理学，奥基弗所绘的花瓣皱褶也被赋予了详细的解读，有人认为其中体现了女性色情。这并非她的本来意图。她的根本动机只是要捕捉植物的精微细节，把它们着重画出，这样人们就能一眼瞥见不可思议的植物日常之美。

作为嬉皮士的和平象征，花朵在20世纪60年代重现活力，具有简单形状、粗犷图案和鲜艳颜色的花朵成了那个时代的图案设计的常见元素。安迪·沃霍尔（Andy Warhol）也创作了一系列饶有趣味的后现代丝网印刷版画——《花朵》(*Flowers*)。尽管这个系列相较他的那些根据商业品牌和流行文化创作的作品来说呈现了迥然不同的风貌，但它却完美地贴合了那个时代。

后现代主义艺术

安迪·沃霍尔在其波普艺术系列《花朵》中，以4朵朱槿花的照片为本，用丝网印刷版画所用的不同色块做了绘画实验。在一片草坪的背景上，花朵的颜色从黄、红和蓝变为粉红、橙色或是全白。

金丝般的花瓣在较为温暖的白昼完全展开，之后在较为寒冷的夜晚再紧紧卷起

无芽鳞的叶芽会在春季萌发，沿茎每节生出1片叶片

冬季的传粉者

在较为寒冷的季节，金缕梅属（*Hamamelis*）的花蜜维持了很多昆虫的生存。槲犹冬夜蛾（*Eupsilia transversa*）活动于秋季至春季，是金缕梅属植物的重要传粉者。

茎通常都会长花或果，当年开花的茎会长出下一年的果实

槲犹冬夜蛾通过抖动身体来提高体温，这样就可以在接近0℃的环境中飞行

早开的花朵

大雪滴花（*Galanthus elwesii*）之类耐寒的多年生植物对于健康的生态系统来说至关重要，因为它们是蜂类在一年中最早的食物来源之一。大雪滴花充分适应冬季环境，对温暖干燥的天气反应迅速，到夏季即转入休眠。虽然它原产于土耳其，但是现在在整个北半球的花园中都很常见。

大雪滴花

冬天的**花**

在秋、冬季，植物之间争夺传粉者的竞赛转入低潮，因为大多数植物很早以前就开过花了，此时已进入休眠期。然而，也有一些植物只在一年中最寒冷的季节开花。最耐寒的植物之一是金缕梅，它们的花呈蜘蛛状，花瓣如金丝，即使气温低到约-20℃（-4℉），白天的最高温也在冰点以下，它们的花仍能存活，而且可以连续开放几周。

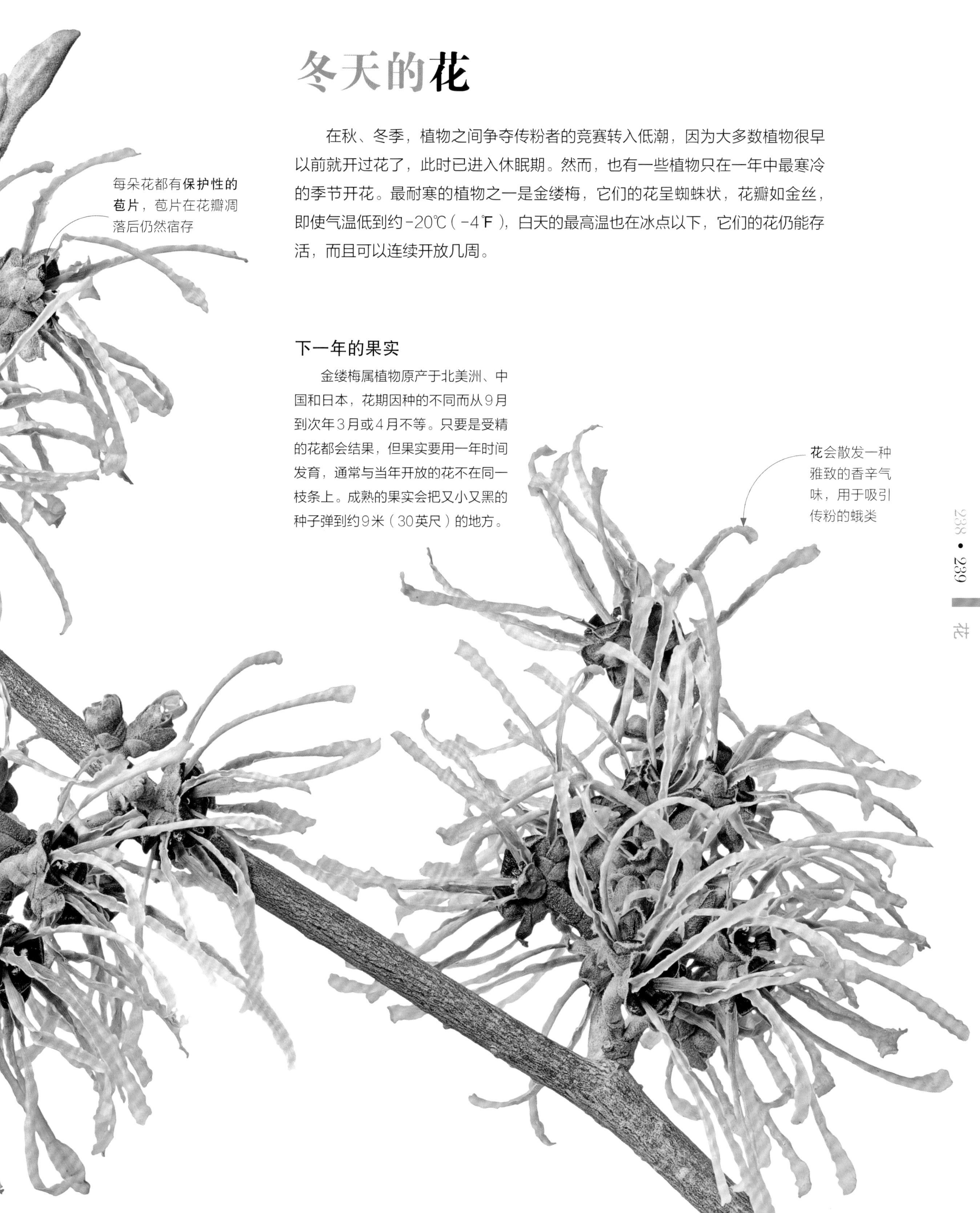

下一年的果实

金缕梅属植物原产于北美洲、中国和日本，花期因种的不同而从9月到次年3月或4月不等。只要是受精的花都会结果，但果实要用一年时间发育，通常与当年开放的花不在同一枝条上。成熟的果实会把又小又黑的种子弹到约9米（30英尺）的地方。

每朵花长达约6厘米（2.5英寸），从高约2米（6.5英尺）的花序上伸出
花药和柱头位于合生花冠的顶端
子房上的**蜜腺**位于花冠基部附近，可分泌富含蔗糖的花蜜

为鸟类开放的花

很多花朵演化出吸引鸟类传粉者的习性。它们有很多共同特征，如没有香气，有格外鲜艳的花色，花蜜的量和类型也彼此相似。像蜂鸟这样的鸟类有长喙和长舌，能在空中悬停，喜爱管状的花；吸蜜鸟和太阳鸟等另一些鸟类则会飞到能提供便捷的落脚处的花上，以便在上面栖息。

蜂鸟把喙插入花冠管与花瓣相连之处

非请勿入

蜂鸟的搜寻目标是红色的花，如左图所示的血红半边莲（*Lobelia tupa*）。在花序梗末端有很多花组成的大型花序，蜜腺隐藏在花冠管中，这些都保证了只有某些鸟类可以取食花蜜，同时也就完成了传粉。

许多**呈粉区**覆盖在银桦属（*Grevillea*）植物的花穗上方，让花穗看上去乱糟糟的

尽可能传播

银桦属植物的花穗尽可能地利用鸟类传粉者。当鸟探啄花蜜时，它的喙和头会被有花粉的呈粉区刷过。呈粉区在花柱的顶端，鸟在花未绽放时先从花朵自己的花药上沾上了花粉。

海滨落日银桦
（*Grevillea* 'Coastal Sunset'）

灵长类动物传粉者

旅人蕉（*Ravenala madagascariensis*）似乎已适应于由哺乳动物传粉。有几种狐猴会撬开它坚硬的保护性的叶，通过“浸爪”行为取蜜，或是直接从花中饮用花蜜，由此便在植株之间进行传粉。

红领狐猴和环尾狐猴

每一朵花都为传粉者提供花蜜，在哺乳动物进食时，花粉便沾到它们的皮毛上

花穗长约2.5~13厘米（1~5英寸），上面有成百上千朵花顺次开放

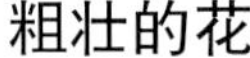

粗壮的花

银佛塔树（*Banksia marginata*）的花长在粗壮的穗状花序之上，花序成熟后就成为这种植物贮藏木质种子的地方。花序上含有花蜜的花顺次开放，使花穗在白天可引诱鸟类，晚上可吸引小型哺乳动物。花粉可以像沾到鸟羽上那样沾到兽皮之上，花穗也可以承受搜寻食物的小型夜行性哺乳动物的体重。

为兽类开放的花

鸟类和昆虫能为许多种类的植物传粉，但哺乳动物在传粉中也扮演了关键的角色。在这些长着皮毛的传粉者中，很多是小型的夜行性哺乳动物，如小鼠类、大鼠类以及状如鼩鼱（Shrew）的象鼩（Sengis）。它们被香甜而富含能量的花蜜所引诱，爬到花朵上而不伤害花朵。甚至连蓬灰獴（Cape grey mongoose）这样较大的食肉动物，也会取食植物的花朵，在这个过程中便传了粉。

当倭负鼠（pygmy possam）爬到花穗之上寻找花蜜时，它**下腹部的皮毛**就沾上了花粉

体形很小的倭负鼠体重不如一枚鸡蛋，长仅约9厘米（3.5英寸）

倭负鼠

澳大利亚的倭负鼠以花蜜和花粉为食，生育力很强，有助于维持多种生境。这些体形很小的有袋类动物可以给佛塔树属（*Banksia*）、桉属（*Eucalyptus*）和红千层属（*Callistemon*）树木传粉。

适应于声呐

虽然以花蜜为食的狐蝠（flying fox）通过气味和视觉来寻找花朵，但是美洲的叶鼻蝠（leaf-nosed bat）却靠回声定位，它们发出超声波，用于识别花朵。由它们传粉的植物已经演化出相应的特征，如垫状或钟状的花可以更高效地把蝙蝠的叫声反射回去，让蝙蝠知道花在哪里。古巴的雨林植物古巴蜜囊花（*Marcgravia evenii*）用状如碟形天线的叶把蝙蝠引向它的花，而厄瓜多尔的灌木老乐柱（*Espostoa frutescens*）可以用状如扩音器的花增加自己被听到的机会，同时在花穗上有毛茸茸的“消音垫”。

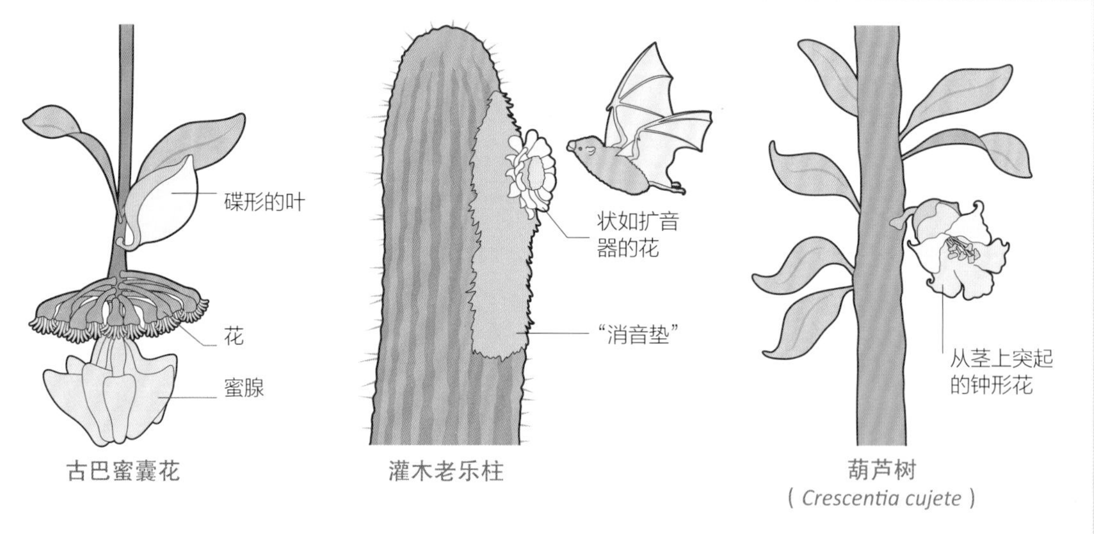

飞来的访花者

鸟类可为许多类型的植物传粉，但在被子植物中有500~1000个种却依赖蝙蝠传粉，特别是在热带生态系统和荒漠中。全世界至少有48种蝙蝠（其中一些是狐蝠类）与它们赖以获得食物的被子植物协同演化，结果就使蝙蝠与植物在形态上彼此相互适应。

红树花的**粗壮花梗**让狐蝠易于抓握

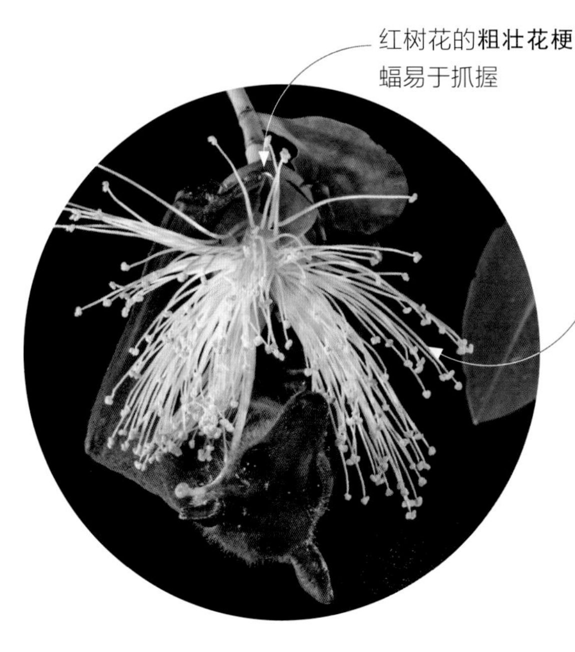

狐蝠在进食时，**全身都沾上了花粉**，特别是在头部和面部

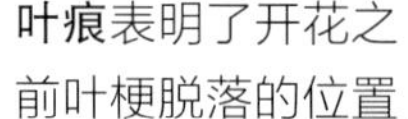

叶痕表明了开花之前叶梗脱落的位置

食果蝙蝠

在觅食花蜜的蝙蝠中，与鼻子裂成鼻叶的小型蝙蝠不同，狐蝠在进食时需要大而壮实的花作为落脚处。长舌果蝠（*Eonycteris spelaea*）是亚洲的一种狐蝠，从红树之类的植物以及香蕉和榴莲等重要农作物那里取食花蜜和花粉，它爬到花上时就在身上沾上了花粉，于是可以轻松地完成传粉工作。

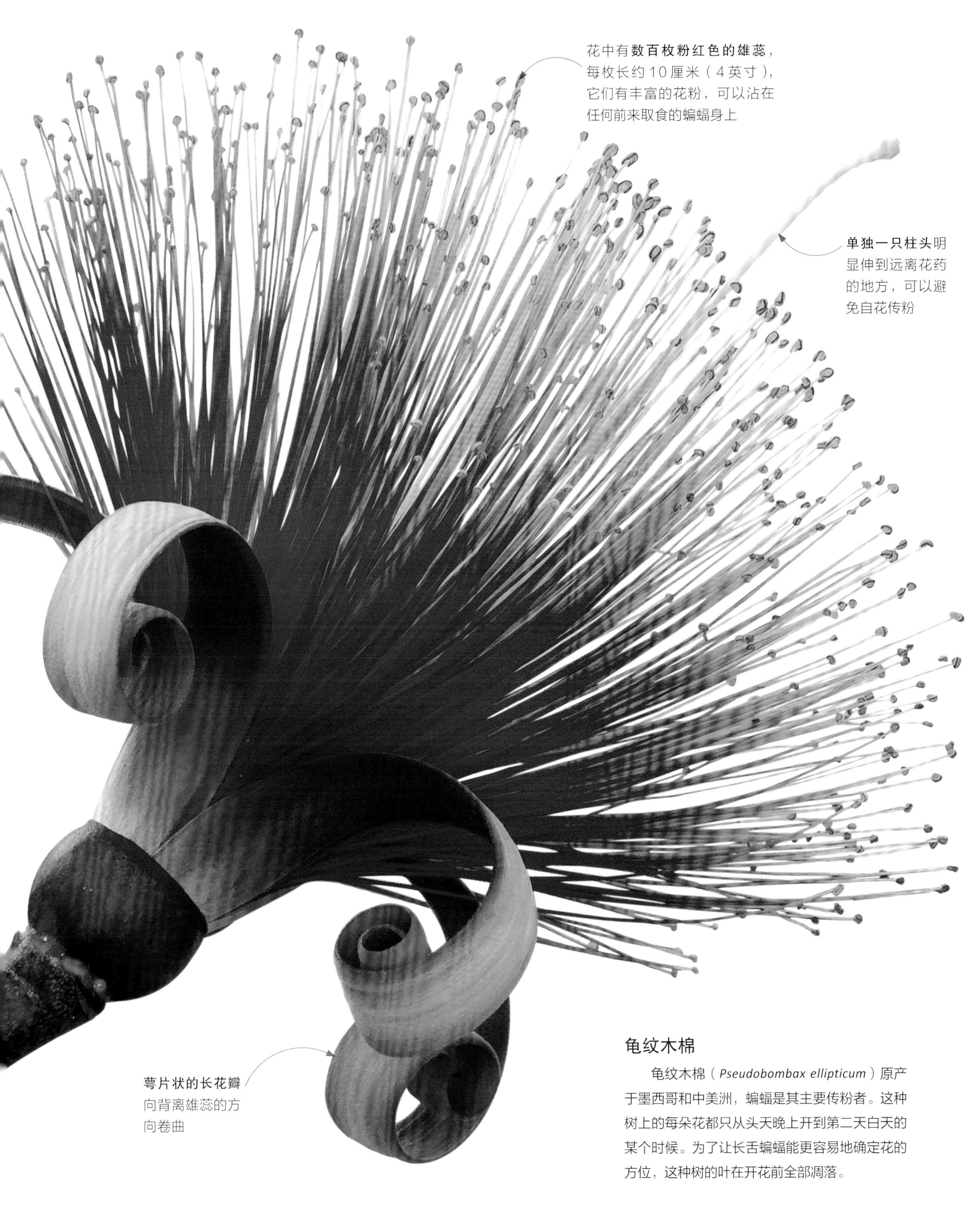

龟纹木棉

龟纹木棉（*Pseudobombax ellipticum*）原产于墨西哥和中美洲，蝙蝠是其主要传粉者。这种树上的每朵花都只从头天晚上开到第二天白天的某个时候。为了让长舌蝙蝠能更容易地确定花的方位，这种树的叶在开花前全部凋落。

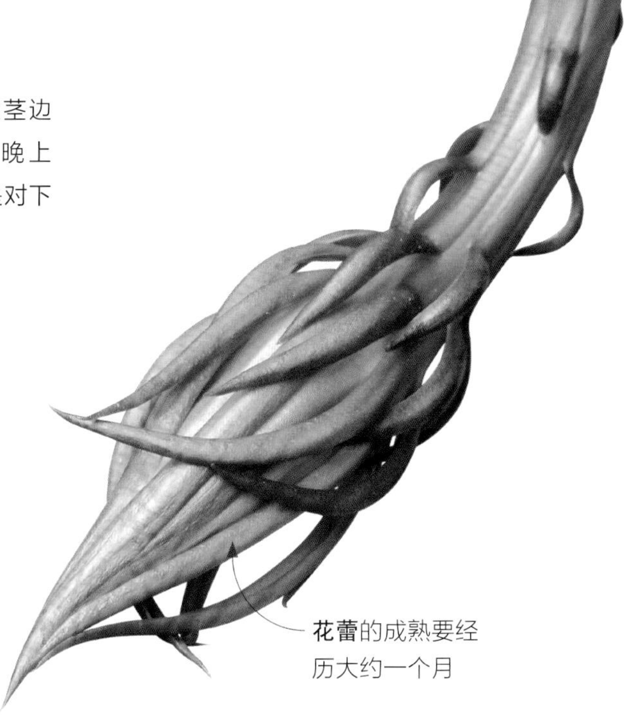

花蕾

昙花的花蕾长在叶状茎边缘的凹缺中。花通常在晚上10~12点之间绽放，这是对下降的夜间气温的响应。

花蕾的成熟要经历大约一个月

Epiphyllum oxypetalum

昙花

在树上寻找仙人掌科植物，似乎是反直觉的做法，更不用说还是在湿润的热带雨林里面。然而，恰恰在这里，我们可以找到昙花。昙花原产于墨西哥南部和危地马拉大部，这种仙人掌科植物的花香气逼人，绽放一个晚上即凋谢。

昙花是附生植物，长在森林中的树冠层。这种植物的种子萌发所需要的不过是树洞里或树杈间的一点腐殖质。虽然外观奇特，这种仙人掌科植物还是与它圆柱形的近亲有很多共同的结构特征。昙花上像攀爬的长叶子的部分实际上是它的主茎。因为昙花一生都要依附在树枝上，它的茎演化成了这种扁平形状，帮助它抓紧不稳定的表面。它的根不仅能提供水分和营养，而且还能把植株固定在一定位置，避免植株从树冠上滚落。昙花无刺。虽然刺可用于保护仙人掌科植物免受过多阳光照射和不被食草动物啃食，但是在昙花所生长的荫蔽的热带雨林里，这些都是无足轻重的问题。

昙花在英文中被叫作“夜之女王”（queen of the night），指的是其硕大的花只在天黑之后绽放。昙花极为芳香，为亮白色，由夜行性的天蛾传粉。天蛾只有一次给每朵花传粉的机会，到太阳升起的时候，宽达约25厘米（10英寸）的花就已经蔫了。如果完成了传粉，花后很快就会结出亮粉红色的果实。鸟类和其他树栖动物会享用这些圆润的小果实里柔软的果肉。种子通过它们的消化道被排泄在树枝上，于是新的生命又萌发了。

芳香的花

昙花漏斗状的花心中长有大量生着花粉的雄蕊和一根白色的长花柱。花分泌的化学物质水杨酸苄酯为花赋予了迷人的芳香，它也常常作为香味成分添加到香水中。

花色的招引

花的气味、大小和形状在吸引传粉者时都扮演着重要的角色，但花色无疑是引起传粉者注意的最重要的方式之一。昆虫和鸟类的颜色偏好有时候可能会让我们觉得很奇怪，但如果我们知道它们的眼睛在结构上与我们的不同，它们能够识别另一套光谱，这便不奇怪了。蜂类和其他很多昆虫能察觉紫外线，这能帮助它们更容易地认出取食花蜜的通道。

白色花吸引夜行性的蛾类和甲虫，也吸引蝶类和蝇类

红色和橙色花为鸟类所钟爱

粉红色花为蝶类和一些蛾类所偏爱

黄色对蝶类、蜜蜂类、食蚜蝇（hoverfly）和胡蜂类有吸引力

定制的花色

为了与传粉者的视觉偏好相匹配，植物演化出了五颜六色的花，能构成一道“彩虹”。虽然很多颜色是昆虫和鸟类都可以看到的，但传粉者感知这些颜色的方式并非完全相同。如蜂类会受紫红色引诱，而一些鸟类会受到更鲜艳的橙色和红色吸引。

绿色的花

科学家相信，花的演化要早于很多昆虫传粉者，那些最早的花是绿色的，就像它们周围的叶。随着植物和传粉者之间关系的发展，以及争夺传粉者，植物开始让花显出其他颜色，以吸引特定种类的传粉者。

绿花铁筷子（*Helleborus viridis*）

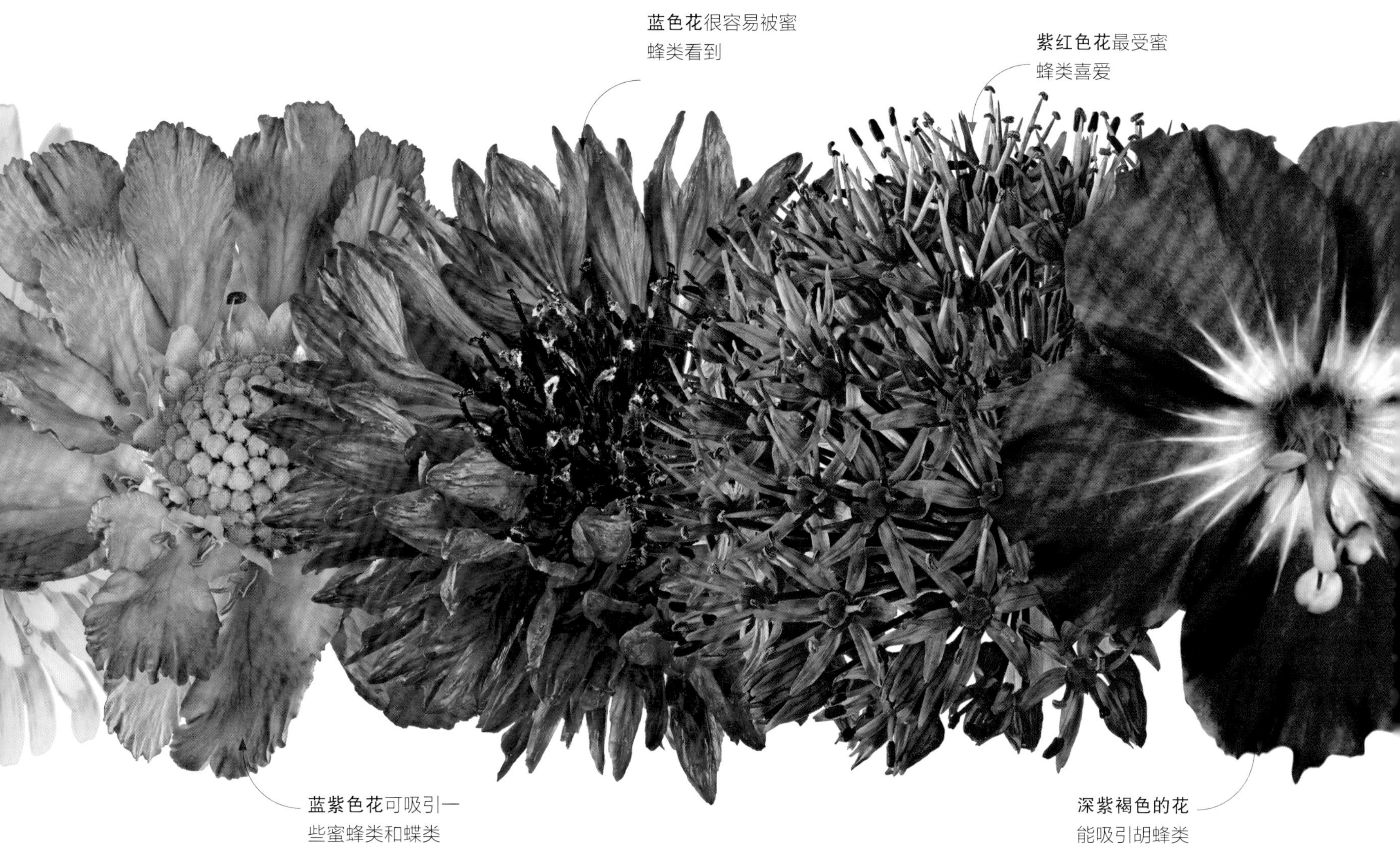

蜜导

人眼可把反射光感知为不同的颜色，但很多植物传粉者却是用不同的方式看这个世界。特别是蜂类能识别光的一段特殊的波长范围，其中包括紫外线。这使蜂类能够看到花的细节特征，如线条、斑点以及其他图案等，这些人眼不可见的特征可以引导它们直奔花蜜而去。因此，这些特征被叫作蜜导，它们不仅对蜂类非常重要，对植物也至关重要，因为蜂类可以帮助花朵散播花粉。

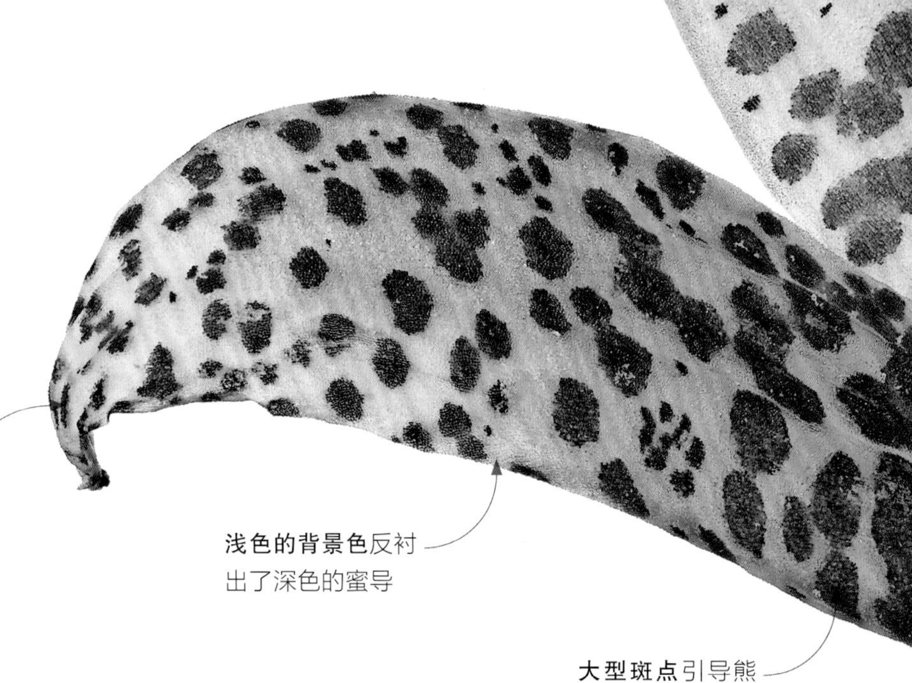

最小的斑点离蜜腺最远

紫红色的斑点加上蓝紫色和蓝色的斑点是最容易吸引蜂类的3种颜色

浅色的背景色反衬出了深色的蜜导

大型斑点引导熊蜂接近蜜腺

蜂眼所见

蜂类缺乏看到红色之类的颜色所需的视觉感受器，但它们能察觉紫外线，这可以让人眼看上去平平淡淡的表面出现复杂的图案。驴蹄草（*Caltha palustris*）的黄花人眼看上去很平常，但在蜂类看来却是一朵浅色的花上有对比鲜明的深色花心，这实际上是一个“靶心”，告诉蜂类在此着陆。

人眼所见

在可见光下

蜂眼所见

在紫外线下

跟随斑点

毛油点草（*Tricyrtis hirta*）的花上有独具一格的斑点纹样，向搜寻花蜜的昆虫昭示着自己的存在。虽然对这种植物来说，这些斑点人类也能看见，但越来越大的斑点对于毛油点草的主要传粉者熊蜂来说格外显眼，因为相较于线条蜜导，熊蜂更喜欢斑点蜜导。

未成熟的
绿色花蕾
蜜腺深藏于花中，
迫使熊蜂必须经
过花的生殖器官
才能到达
茎上的腺毛可
以阻止不受欢
迎的动物接近
蜜腺

Alcea sp.

蜀葵属

蜀葵属植物有大而绚丽的花，组成高大的总状花序，是观赏价值很高的园艺植物。但是与很多被子植物的花一样，蜀葵花也有人眼看不见的斑块，只有能看见紫外线的传粉者能看见斑块。

蜀葵属植物有60种左右，属于锦葵科（Malvaceae），因此它们是木槿等植物的远亲。在夏季，蜀葵（*Alcea rosea*）开出漏斗形的大花。这些高挺的花在园艺师眼中，与它们吸引能察觉紫外线的传粉者的那些特征非常不同。人眼只能看到一朵纯色的花，但作为蜀葵的主要传粉者，对紫外线敏感的蜂类却可以在花心周围看到靶心般的斑块。这种靶心图案是由特殊的色素造成的，它们要么反射紫外线，要么吸收紫外线。

发荧光的蜀葵

蜀葵的花在紫外线下会发荧光，使靶心图案展现出来。除了把传粉者导向花蜜之外，这些斑块还能让传粉者把人眼看起来非常相似的花区分开来。

与蜂类一样，包括蝶类在内的很多昆虫，甚至一些鸟类和蝙蝠也能察觉紫外线。

这些斑块就是蜜导，并不为蜀葵所独有。还有很多花也都有只能在紫外线下看到的图案。蜜导的形态非常多样，但它们都有同样的功能，就像机场的跑道灯一样，它们把传粉者导向花中贮藏花蜜和花粉的地方。植物和传粉者都能从中受益，因为这意味着昆虫花费在寻找花粉和花蜜上的时间较短，而花可以更快地得到传粉。事实上，昆虫会避开没有蜜导的突变花。有些在花上捕食的动物，如蟹蛛和兰花螳螂会模仿紫外线下所看到的蜜导。这种聪明的“骗术”可以把昆虫诱骗到花蜜那里，然后它们的末日就到了。

漏斗形的花直径约10厘米（4英寸），可为白、粉红、红、紫红和黄色等

蜀葵的花蕾不是一次性同时绽放，而是顺次绽放，以避免自花传粉

蜀葵

蜀葵是属中最常见的种，花茎高度可达约2.4米（8英尺），沿笔直的茎长有餐碟大小的花。蜀葵原产于中国，现已在世界广泛栽培，以观赏其大花。

花的酸度测试

肺草（*Pulmonaria officinalis*）的花初开时为粉红色，渐转为蓝紫色。这种颜色变化是由肺草花中的酸度水平所决定的，可使花中的色素（花青素）受到影响。在花成熟时，其pH值会发生变化，初开的富含花蜜的粉红色花要比蓝紫色花的酸度更高。

花色信号

花朵的某些色调对于不同种类的传粉者会有或强或弱的吸引力。有很多植物则对花色有更进一步的利用。像欧忍冬（*Lonicera periclymenum*）这样的植物可以让单朵花的色调在特定的时段和发育阶段有所不同，不仅能吸引传粉者，而且能把它们导向正在成熟的花中，其中含有最多的花蜜或花粉。植物的花也从经过的昆虫身上获得了更多的传粉机会，从而让受精的花所占比例有了很大提升。

微妙的信号

一些花朵使用了微妙的花色变化来提示它们的状态。雪片莲（*Leucojum vernum*）花上微小的绿斑在花成熟时由绿变黄。这提示花是否已经得到传粉，因为这些早春花卉上的斑点可以把蜂类引向它们急需的食物来源。

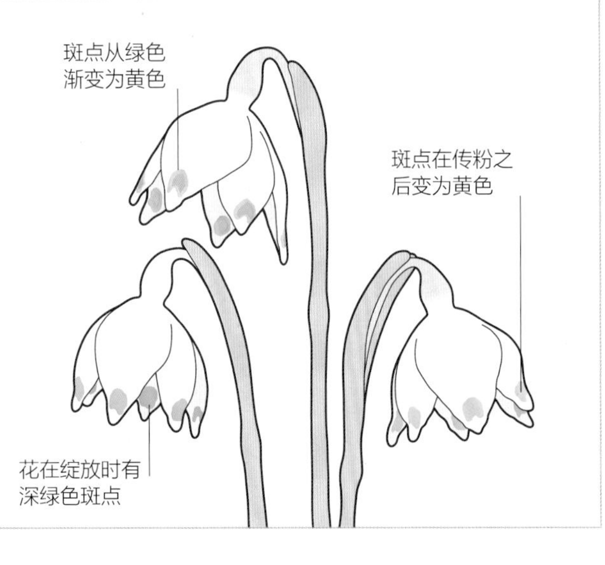

雪片莲

用颜色吸引传粉者

气味和花色的组合表明了香忍冬的花值得前往。未成熟的花蕾为偏粉红的红色，而白色花可提供最多的花粉。在完成传粉之后，花变为黄色，但仍然可为蜂类提供花蜜。

传粉

瓶子草属（*Sarracenia*）植物的花在结构上避免了自花传粉。昆虫在进入花柱室的时候经过柱头而传递了花粉。昆虫在饮用花蜜的时候，又从花柱和花药上沾了花粉，然后从柱头之间的空隙离开。

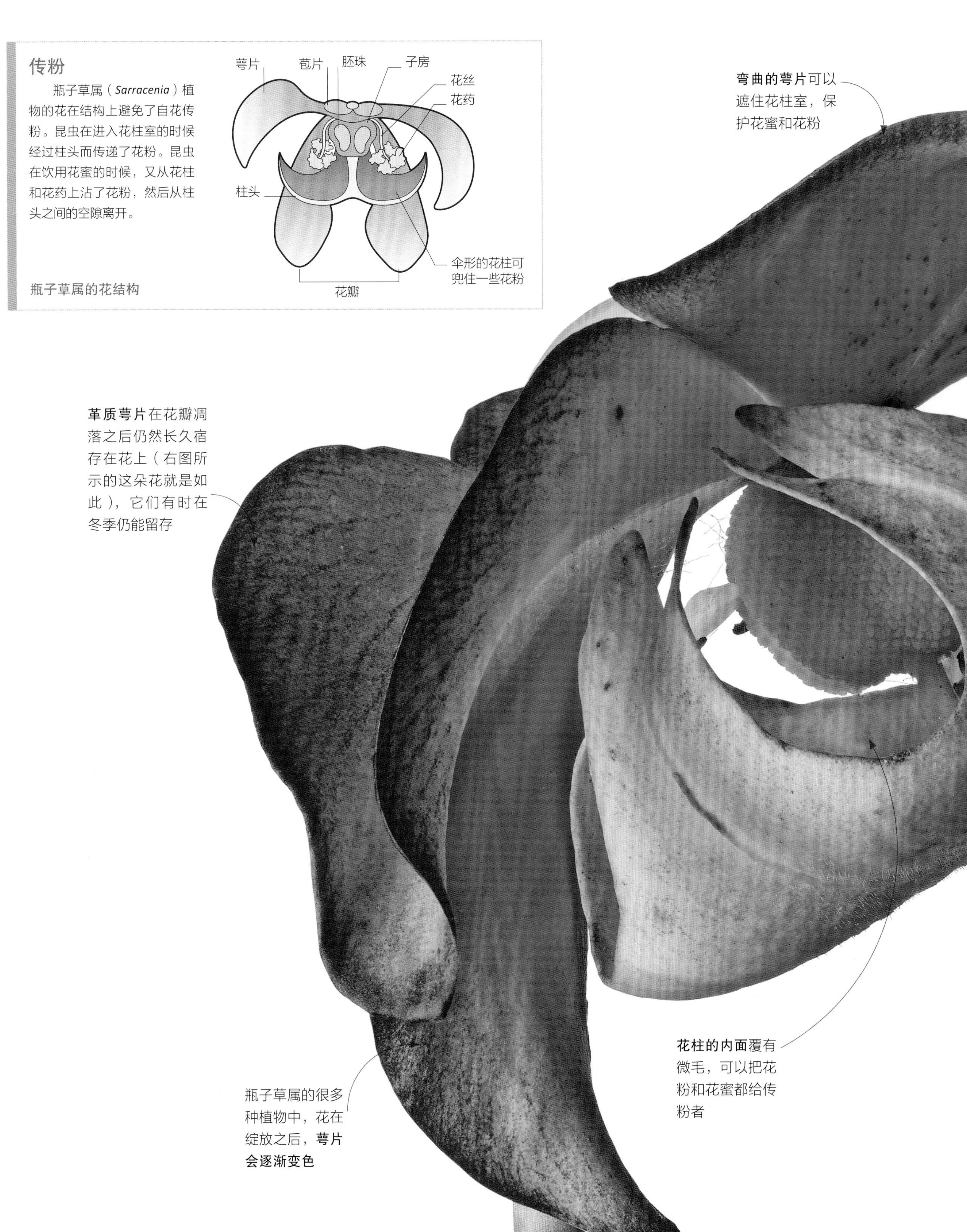

瓶子草属的花结构

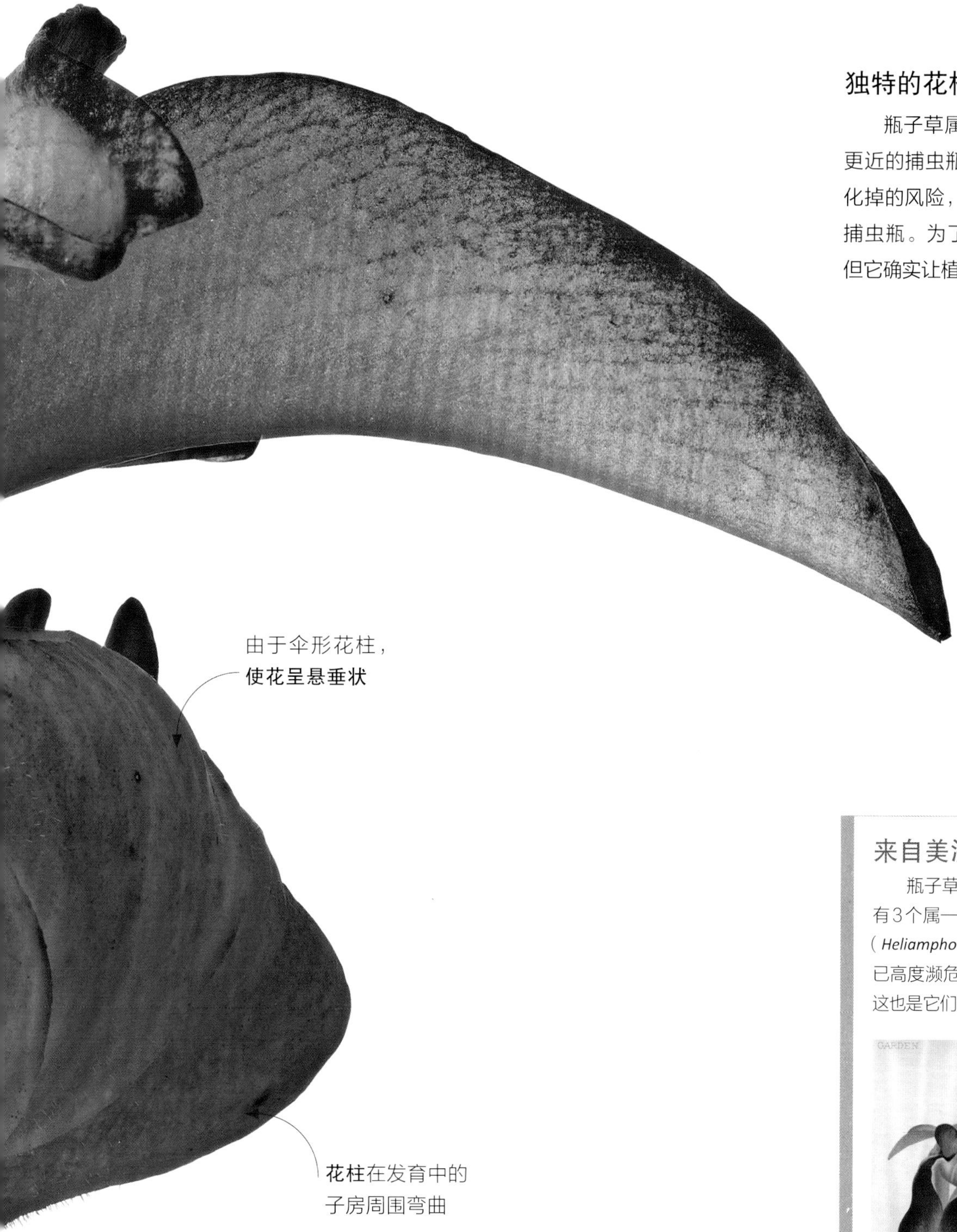

独特的花柱

瓶子草属的花单生，长在专门的茎上，与离地面更近的捕虫瓶分隔开来。为了降低把宝贵的传粉者消化掉的风险，花在春季绽放，远早于夏季开始捕虫的捕虫瓶。为了避免自花传粉，花柱的形态可谓奇特，但它确实让植株之间的杂交（异花传粉）变得容易了。

由于伞形花柱，**使花呈悬垂状**

花柱在发育中的子房周围弯曲

来自美洲的瓶子草

瓶子草属于瓶子草科（Sarraceniaceae）。这个科共有3个属——眼镜蛇草属（*Darlingtonia*）、卷瓶子草属（*Heliamphora*）和瓶子草属，合计34个种，其中很多种已高度濒危。上述所有种都生于土壤贫瘠的沼泽地区，这也是它们需要用陷阱捕捉昆虫以获取营养的原因。

白瓶子草（*Sarracenia drummondii*）

受限的进出

作为食肉植物的瓶子草，会引诱昆虫前来而把它们消化掉，但它们也需要传粉者来来去去，为它们传粉，从而生殖后代。为此，瓶子草的花在物理上与它们致命的陷阱分隔开来，不仅有空间区隔，还有时间区隔，因为它们会在陷阱开始工作之前开花。花的独特结构也控制了传粉者进出花朵的方式。

芳香的**陷阱**

很多植物靠花的香气来吸引传粉者。然而，也有一些植物更进一步，散发出不可抗拒的气味来引诱昆虫，为的是把它们困在花里，实现“强迫性传粉”。这包括大约300种翅柱兰属（*Pterostylis*）兰花在内，有数以百计的兰科植物会用这种方法保证异花传粉，从而维持较大的基因库。

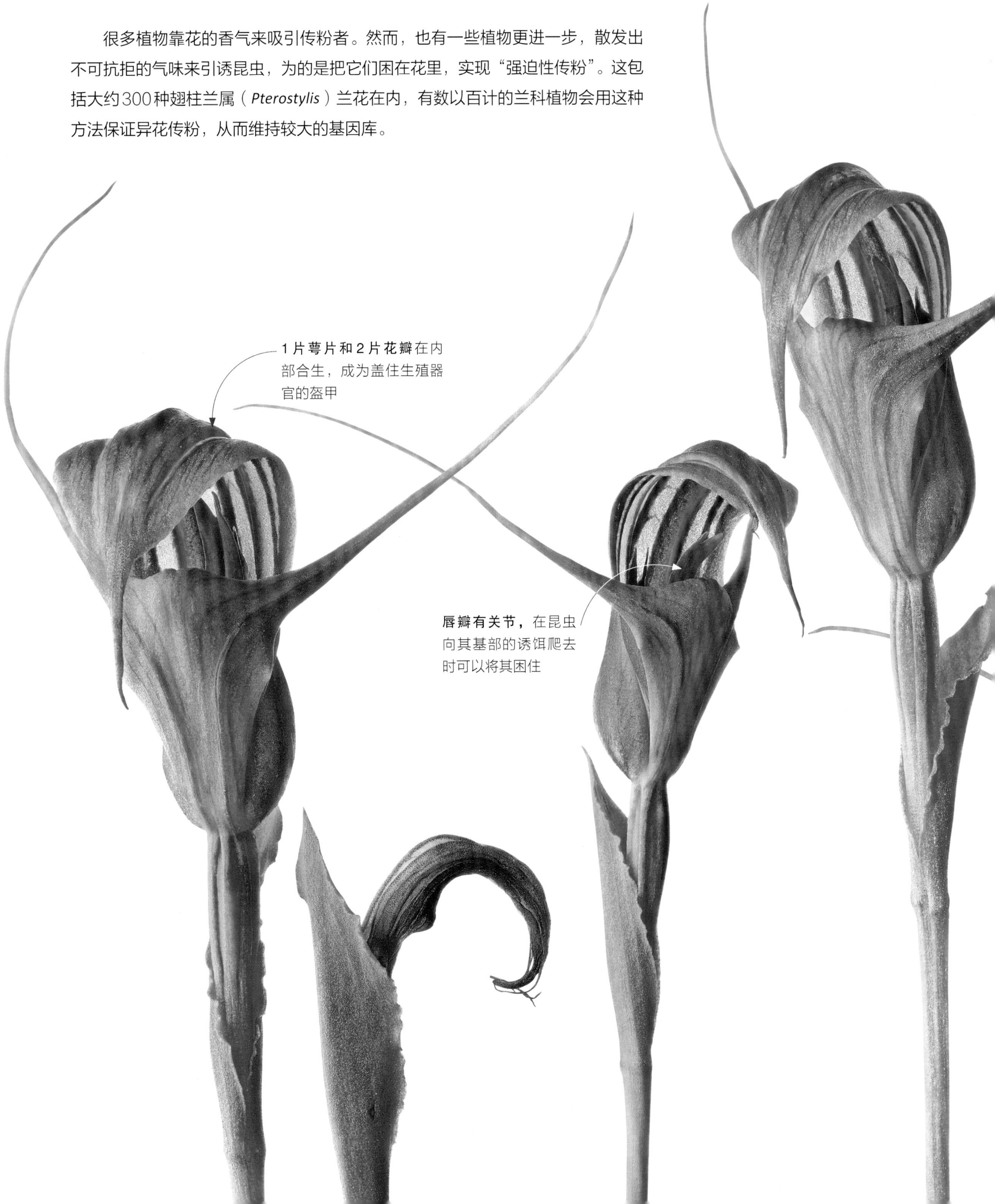

1片萼片和2片花瓣在内部合生，成为盖住生殖器官的盔甲

唇瓣有关节，在昆虫向其基部的诱饵爬去时可以将其困住

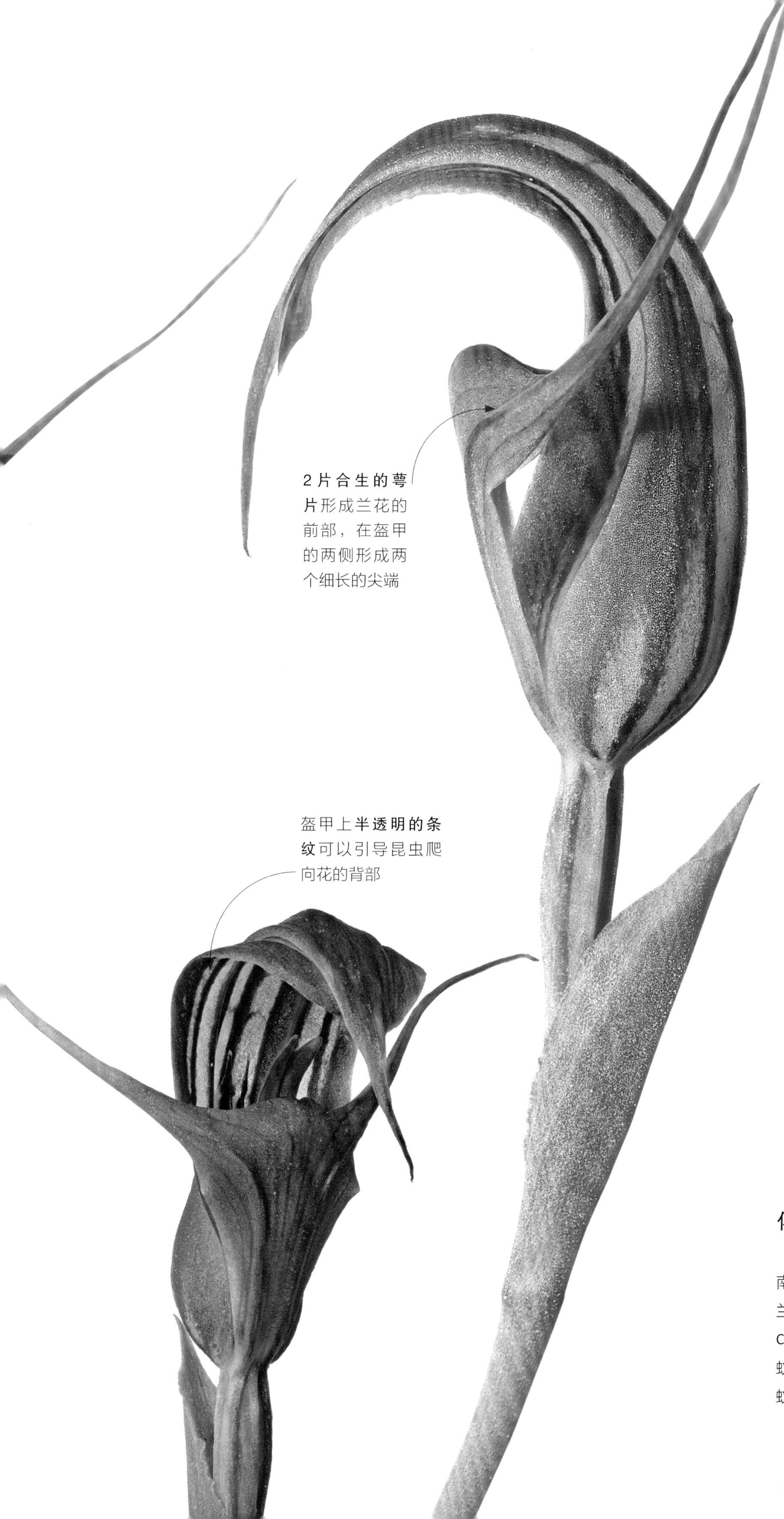

2片合生的萼片形成兰花的前部，在盔甲的两侧形成两个细长的尖端

盔甲上**半透明的条纹**可以引导昆虫爬向花的背部

陷阱机制

当一只蕈蚊（gnat）开始沿着翅柱兰属兰花的唇瓣爬行时，唇瓣会弹起，把其推入花内。这可以将昆虫困在“合蕊柱”内，“合蕊柱”是在几个科的植物中均可见的一种生殖结构，由雄蕊和雌蕊合生而成。一旦困到“合蕊柱”里，昆虫唯一的逃离办法是从花药旁边挤出去，这便会让名为“花粉块”的一团花粉压在它的背上。蕈蚊把花粉块带到附近的另一朵兰花上，从而为花朵完成传粉。

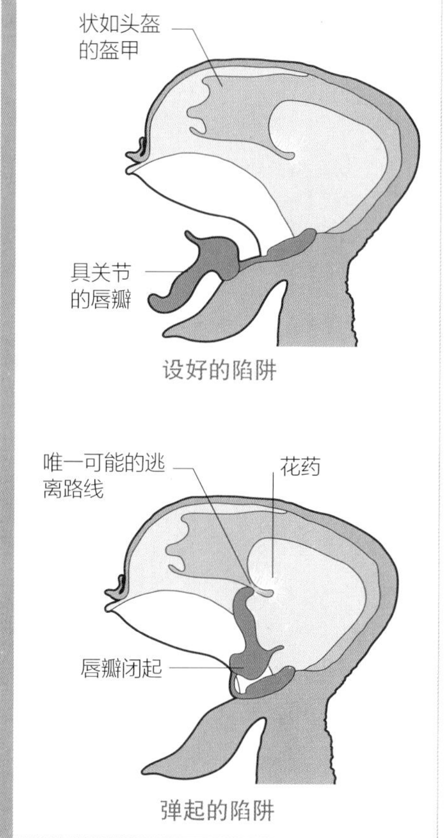

化学吸引

翅柱兰属兰花（*Pterostylis* spp.）原产于东南亚、澳大利亚和新西兰，但该属的细尾牛篷兰（*P. tenuicauda*）只见于新喀里多尼亚（New Caledonia）。前往其花朵的大多数昆虫是雄性蕈蚊。这种兰花散发的气味模仿了体形微小的雌蕈蚊的外激素，从而把雄蕈蚊吸引来。

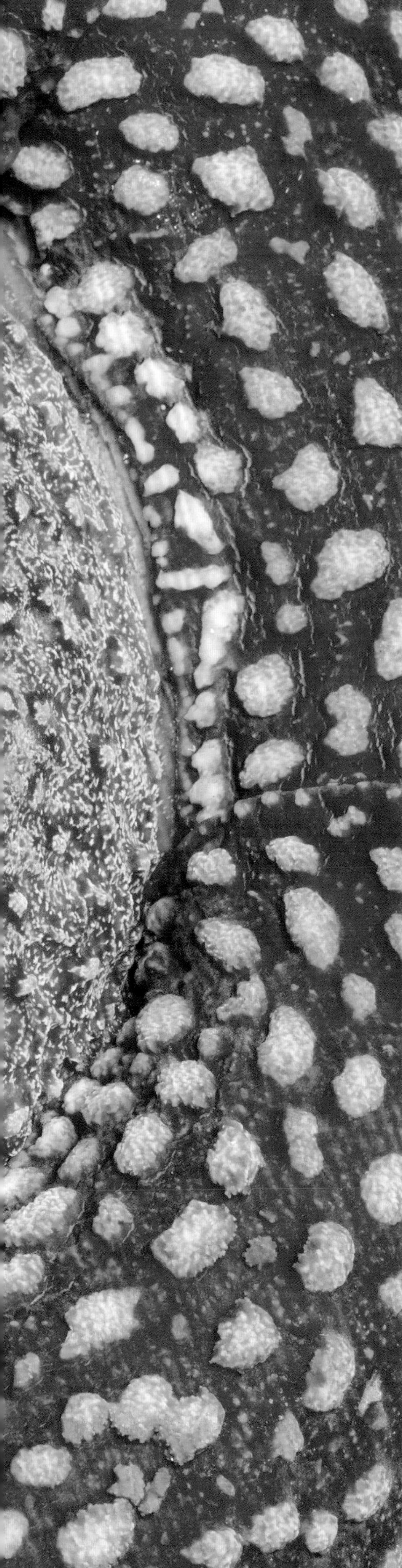

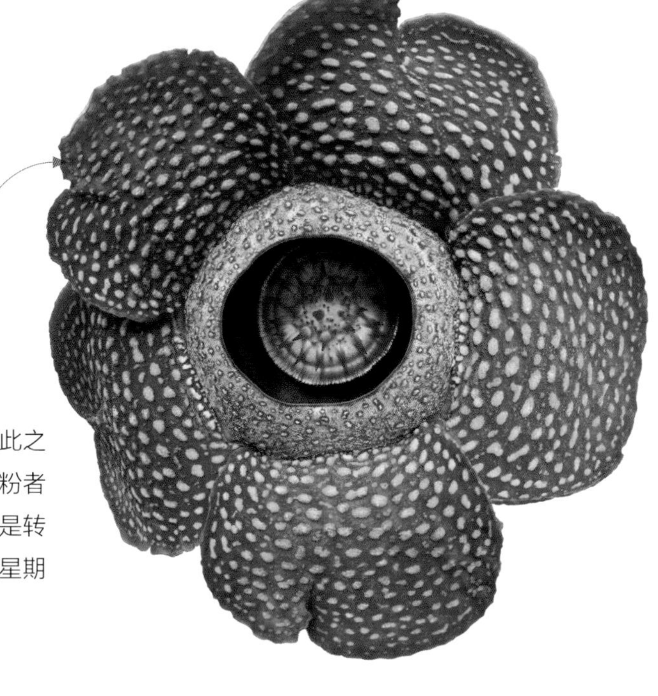

鲜红的颜色和表面的质地都是在模仿腐肉的外观和触感

短命的辉煌

大花草的花之所以演化成如此之大，是为了让它们能更容易被传粉者发现。然而，这样壮观的花朵却是转瞬即逝的风景，基本坚持不到一星期就凋谢了。

Rafflesia arnoldii

大花草

大花草的花直径约1米（3英尺），重约11千克（24磅），是世界上最大的单朵花。虽然它如此巨大，但通常在看到它之前就能先闻到它的气味。大花草原产于苏门答腊岛和加里曼丹岛上生物多样性丰富的热带雨林中，它的花在气味和外观上都模仿了腐肉。

左图所示巨大的花就是你能见到的大花草的整个可见部分。它是一种寄生植物，无茎、无叶、无根。它的营养器官主要由一些在寄主细胞里面和周围的丝状组织构成，丝状组织进入雨林中的为藤本植物输送养分的维管组织里，从中获取所需的营养和水分。大花草离开寄主就不能存活，所以它对藤本植物很少会造成严重影响。

一旦到了要开花的时候，在藤茎上就会形成微小的花蕾，并逐渐膨大，看上去像是硕大的紫红色或褐色的卷心菜。花蕾的发育要用一年时间，其间，它们对环境中的扰动很敏感。大花草的花或为雄性，或为雌性，所以为了生殖，它们需要彼此接近。大花草的主要传粉者是嗜食腐肉的蝇类，它们被酷似腐肉的雄花引诱而来，浑身沾满黏稠的花粉团。当它们到达雌花时又会被引入一道狭窄的缝隙，迫使它们挤过柱头，于是传播了黏稠的花粉。大花草的植株稀少，这意味着雄花和雌花同时开放且彼此的距离在蝇类的飞行范围内的概率很小。因此，有性生殖并不经常发生。

大花草这种的生存依赖于保存完好的森林。毁林会把大花草推向灭绝的边缘，但其隐秘的存在又让人们很难确切地估算出野生植株的数目。

神秘的植物

在大花草的花中央的空穴里有一个花盘，覆盖着许多突起，其作用尚未知。花药和柱头生于花盘之下。大花草黏糊糊的花粉会在蝇类的背上干燥，可以保持好几个星期的活力。

特殊关系

互惠共生是指两种不同的生物彼此都可以从对方的行为中获益的关系。互惠共生是植物世界的内在组成部分，既有真菌为树木的根系提供矿质营养，又有动物为花传粉。随着时间推移，一些高度特化的关系便演化出来，使被子植物某个部分的结构发生变化，以及依赖这些植物存活的动物的行为也发生变化。

鹤望兰

原产于南非的鹤望兰（*Strelitzia reginae*）的花序演化得像一只异域奇鸟的头部。这种植物也叫“天堂鸟”，其尖锐的花部高度特化，适应于鸟类传粉。

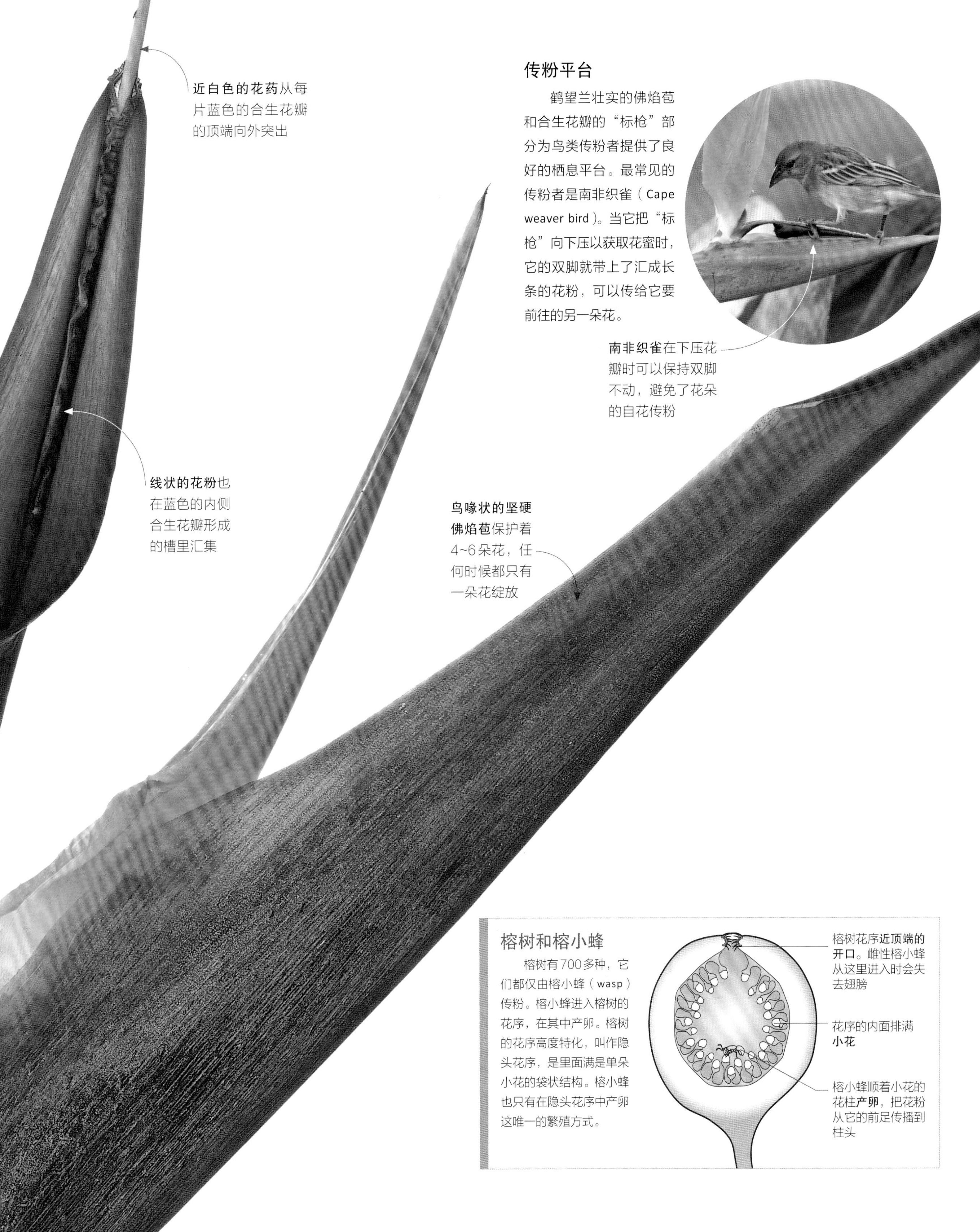

传粉平台

鹤望兰壮实的佛焰苞和合生花瓣的“标枪”部分为鸟类传粉者提供了良好的栖息平台。最常见的传粉者是南非织雀（Cape weaver bird）。当它把“标枪”向下压以获取花蜜时，它的双脚就带上了汇成长条的花粉，可以传给它要前往的另一朵花。

榕树和榕小蜂

榕树有700多种，它们都仅由榕小蜂（wasp）传粉。榕小蜂进入榕树的花序，在其中产卵。榕树的花序高度特化，叫作隐头花序，是里面满是单朵小花的袋状结构。榕小蜂也只有在隐头花序中产卵这唯一的繁殖方式。

吸引双性

文心兰属（*Oncidium*）一些种的花呈现出特别的颜色，叫蜂类紫外绿色（bee-UV-green），其花形类似大翅金兰藤（*Mascagnia macroptera*）等金虎尾科植物的花，可以吸引搜寻油质和花粉的雌性螯针蜂属（*Centris*）蜂类。不过，当花朵在风中摇动时，它的一些部位看上去又像与蜂类为敌的昆虫。当雄蜂攻击这些“敌人”时，身上就沾满了花粉。

自然的模仿者

兰花是植物界最著名的“骗子”之一，它们模仿了雌性昆虫的外观，或是散发出像是可以交配的雌性昆虫的气味，通过这种性诱惑的方法把传粉者引诱过来。文心兰属是亚热带的兰花属，其植物采用了另外两种方法：一是摆出要攻击敌人的姿态，“欺骗”雄性传粉者靠近；二是模仿能提供食物的花，吸引觅食的雌性传粉者。

产油体

真正的交易

大翅金兰藤原产于中美洲和南美洲，其花瓣基部有名为产油体的分泌腺，可以分泌油质。螯针蜂既采集油质，又采集花粉，用于哺育幼虫。

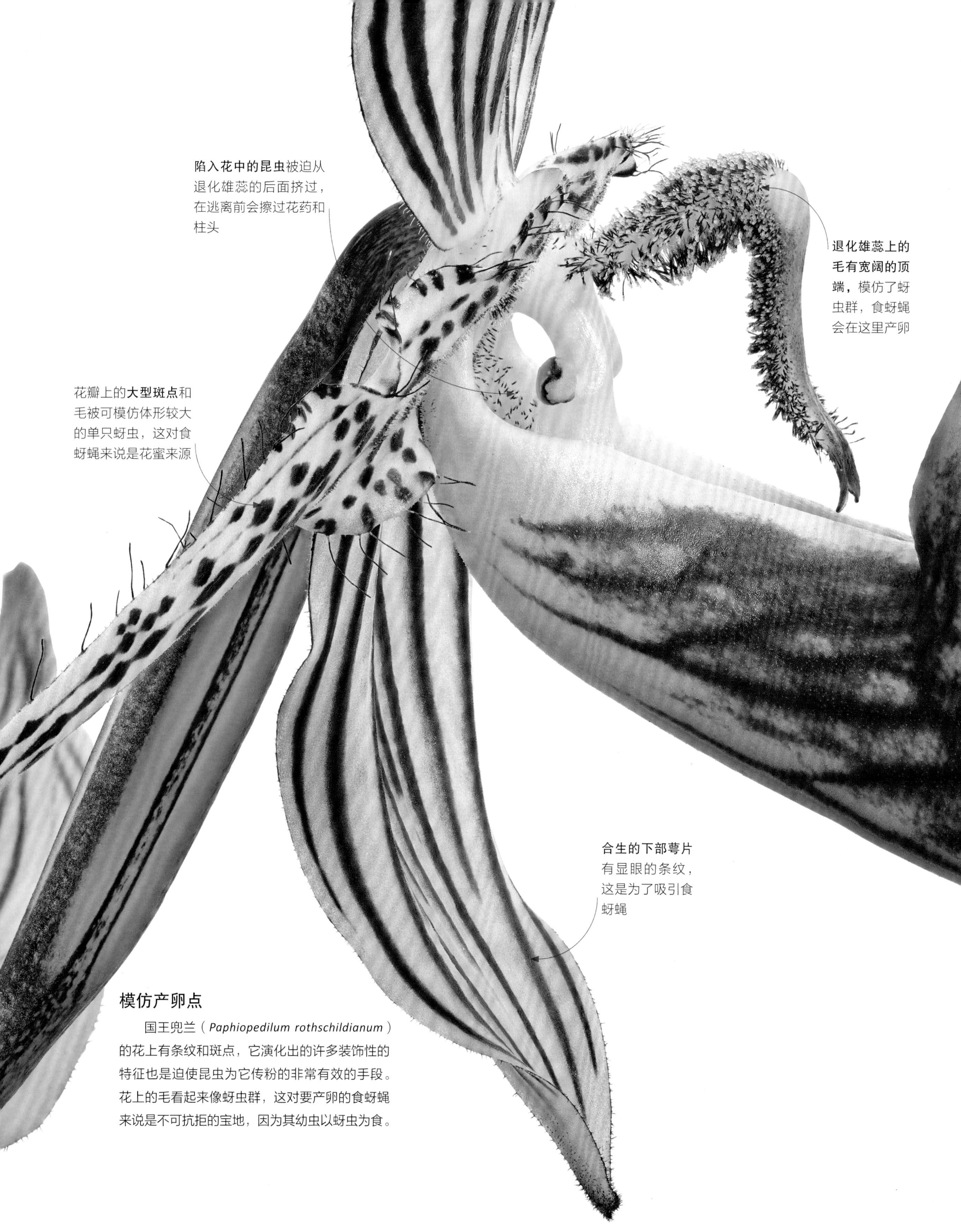

模仿产卵点

国王兜兰（*Paphiopedilum rothschildianum*）的花上有条纹和斑点，它演化出的许多装饰性的特征也是迫使昆虫为它传粉的非常有效的手段。花上的毛看起来像蚜虫群，这对要产卵的食蚜蝇来说是不可抗拒的宝地，因为其幼虫以蚜虫为食。

紧随时尚

这两个兜兰属杂交种具有类似国王兜兰的形态特征：用来吸引传粉者的诱惑性条纹，以及会被误当成蚜虫的斑点。

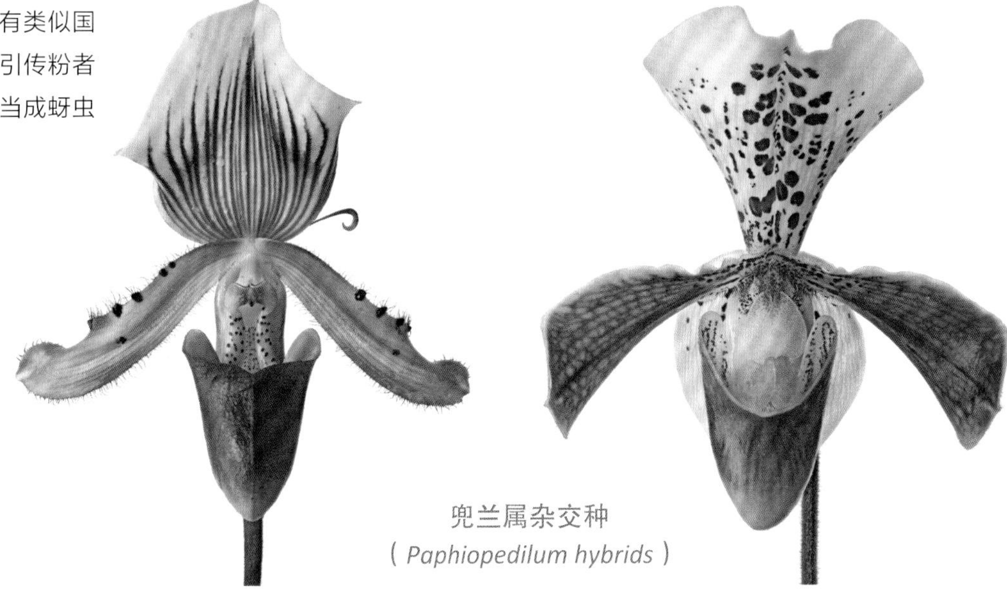

兜兰属杂交种
（*Paphiopedilum hybrids*）

落脚之后，食蚜蝇常常会掉进唇瓣里而被困住

欺骗的设计

有些植物会回报传粉者，但另一些植物却会“欺骗”传粉者，假装要给予它们甜蜜的回报，实际上却是“愚弄”它们。以兜兰属植物为例，这群兰花摆出种种诱饵，既有各种斑点或毛，模仿蚜虫来引起捕食者的注意，又有像是隧道的孔洞，可以吸引寻找产卵点的蜂类。一旦发现自己掉进了花的空腔中，这些昆虫就必须找到唯一的出逃之路，这迫使它们经过花中的性器官，这样它们在没有回报的情况下就给兰花完成了传粉。

兜状的唇瓣状如拖鞋，这实际上是第3片花瓣

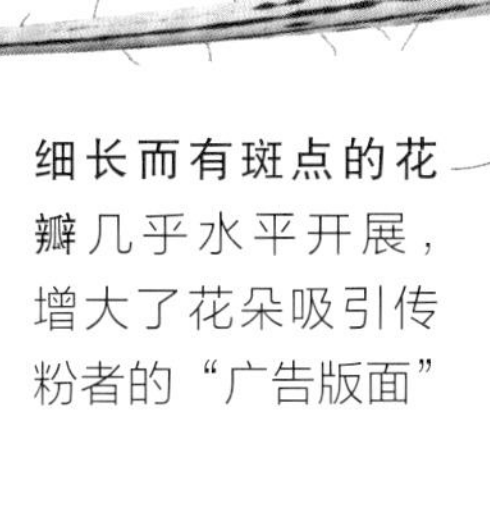

细长而有斑点的花瓣几乎水平开展，增大了花朵吸引传粉者的“广告版面”

封闭的花结构

荷包牡丹属（*Lamprocapnos*）的花冠比它的罂粟科的很多亲缘种的花冠小得多，它们还很不显眼，甚至为无色。花冠完全包围着花药和柱头，二者紧密地挤在一起，彼此可接触。这让花粉较容易在花内部传递，从而让自花传粉的种子得以发育。

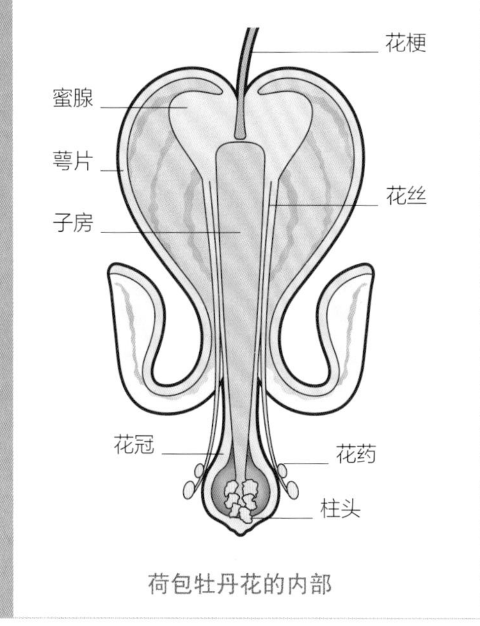

荷包牡丹花的内部

心形的花

荷包牡丹（*Lamprocapnos spectabilis*）的花在传粉时是否有昆虫的帮助都行。花可分泌花蜜吸引熊蜂，但在管状的花冠中，雄性部位和雌性部位靠得很近，这样在没有传粉者时，便能进行自花传粉。

总状花序主轴（花序梗）的**顶芽**一直生长

花冠的顶端包围着花药和柱头

自花传粉的**花**

产生吸引传粉者所需的花色和花蜜对植物来说要消耗大量能量，有时候自我授精更划算。自花传粉让植物可以在艰苦的环境下生长，并把在这些环境中可帮助它们成功存活的那些特征保存下来。自花传粉可能也是植物的小居群或稀疏的居群能够存活下来的原因。对很多植物来说，自我授精是一种有用的“备用方案”，在没有传粉者的时候便可实施。

备用策略

有些植物有两种类型的花。犬堇菜（*Viola riviniana*）在春季盛开的开放花即使未能传粉，对它来说也完全没有损失。在秋季，它会在地面上开出更多的花。这些闭锁花自我授精，即使没有风或昆虫传粉也能结出种子。

Rosa Centifolia.
Rosier à cent feuilles.
P. J. Redouté
Langlois

《香水仙》(*Narcissus × odorus*，约1800年)

右图中这幅精美的水彩画由奥地利画家弗兰茨·鲍尔(Franz Bauer)所绘，画的是一株芳香的香水仙。鲍尔是英国皇家植物园邱园的首任驻园植物插画家。他也是英国国王乔治三世的御用植物画家。

植物与艺术

王室之花

18世纪后期和19世纪前期是植物插图的黄金时代，顶级的画家受到欧洲王室的颇高礼遇，其作品拥有国际声誉。这些国家的水彩画可以被极其精确地翻印出来，因为当时的印刷和铜版雕刻技术上有了重大进步。

《百叶蔷薇》(*Rosa centifolia*，约1824年)

百叶蔷薇意为“有一百片花瓣的蔷薇”，是蔷薇属的一个杂交种，有清香气味。上图中这幅收入皮埃尔-约瑟夫·雷杜德《月季》一书的点刻版画上绘的就是它。雷杜德改进了铜版的点刻雕版技术，用细小的点来呈现完美无瑕的水彩画中的色彩渐变，并让纸张的“光”在整幅画上闪亮。之后，这些印刷画再由手工水彩上色而成。

比利时画家皮埃尔-约瑟夫·雷杜德(Pierre-Joseph Redouté)常被称为“花之拉斐尔”。他一生绘制了2000多幅图版，涉及1800种植物。他师从法国贵族夏尔·路易·莱里捷·德·布吕泰勒(Charles Louis L'Héritier de Brutelle)学习植物解剖学，又师从法国国王路易十六的肖像画家杰勒德·范·斯潘东克(Gerard van Spaendonck)学习植物绘画。雷杜德先是被任命为宫廷画家和玛丽·安托瓦内特(Marie Antoinette)王后的私人教师；法国大革命之后，约瑟芬皇后，要在马尔梅松城堡创建欧洲最精美的花园之一，他又受聘为此工程服务。皇后的月季园中有200种不同的月季品种，其中有很多见于雷杜德3卷本的画册《月季》(*Les Roses*)之中，这部著作至今仍被人们用来鉴定较古老的品种。

1790年，奥地利画家弗兰茨·鲍尔被任命为英国皇家植物园邱园的首任驻园植物画家。鲍尔既是科学家又是熟练的画家，他的作品中有一些是对植物解剖的细微研究。

《重瓣风信子》(1800年)

这是弗拉芒画家杰勒德·范·斯潘东克的作品，其中结合了传统的荷兰花卉绘画技艺与法国式的精细笔法。左边这幅《重瓣风信子》，是运用由雷杜德改进的点刻雕版法印刷的24幅图版之一。

> “……在人们收到的花中，月季具有最千变万化的天赋，是任何花都比不了的……”
>
> ——克劳德·安托万·托里(Claude Antoine Thory)《月季》前言(1817年)

温度变化

很多花之所以能开合，是因为细胞中的液体能对气温变化做出反应，使细胞扩张或收缩，扩张的细胞引发的表面压强推动花瓣张开。郁金香花瓣内侧和外侧的温差可达10℃（18℉）。当阳光照射花朵的时候，花瓣的内表面温度会上升，细胞便扩张，使花张开。而当气温下降时，内表面的细胞先收缩，便使花重新恢复闭合状态。

花瓣
柱头
花粉
低温
较高的温度

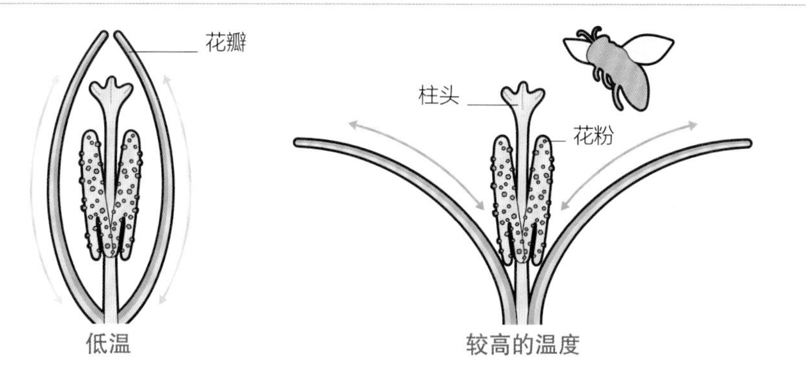

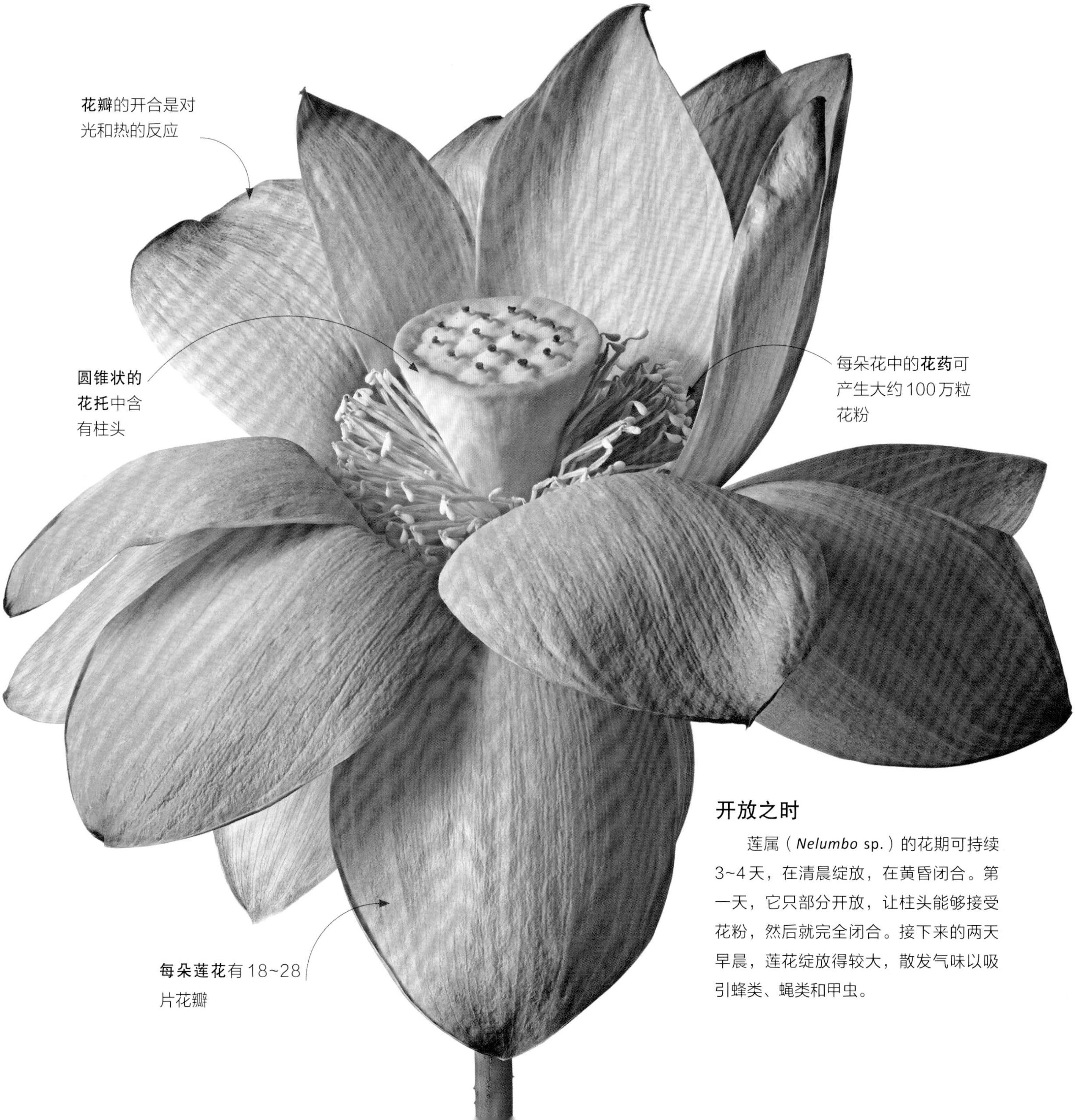

花瓣的开合是对光和热的反应
圆锥状的花托中含有柱头
每朵花中的**花药**可产生大约100万粒花粉
每朵莲花有18~28片花瓣

开放之时

莲属（*Nelumbo* sp.）的花期可持续3~4天，在清晨绽放，在黄昏闭合。第一天，它只部分开放，让柱头能够接受花粉，然后就完全闭合。接下来的两天早晨，莲花绽放得较大，散发气味以吸引蜂类、蝇类和甲虫。

在夜晚闭合

一些花依据外界的刺激而开合，这些刺激包括触碰以及光、温度或湿度的变化。这些因素在很多种植物中可触发植株反应，但是花在夜晚闭合也是在遵循它们的生殖日程。花通过闭合可以保护花粉和生殖器官不受环境影响，降低被夜行性的采食者吃掉或损坏的风险。这样，花就可以增大在白天吸引传粉者的概率。

当阳光渐弱、气温下降时，**花瓣迅速闭合**

花瓣在第一天闭合得极紧，让花看上去像是花蕾

每朵花只有2片萼片

在夜晚闭合

当莲属的花在夜晚闭合时，花托里面的化学变化会产生热量，花里比外面温度高，这个温差可达40℃（72℉）。热量使气味散发出来，这是缺乏花蜜的莲花所需的手段，以便在第二天花朵绽放时能吸引传粉者。

花蕾的**防御**

花蕾通常由萼片保护，但是一些植株还用微小的毛来加强它们的防御。毛可以在花蕾周围形成一层空气，把花蕾与环境隔绝开，从而调控花蕾中的温度和湿度。为了进一步防御昆虫，一些毛在被触碰之后还能释放化学物质。

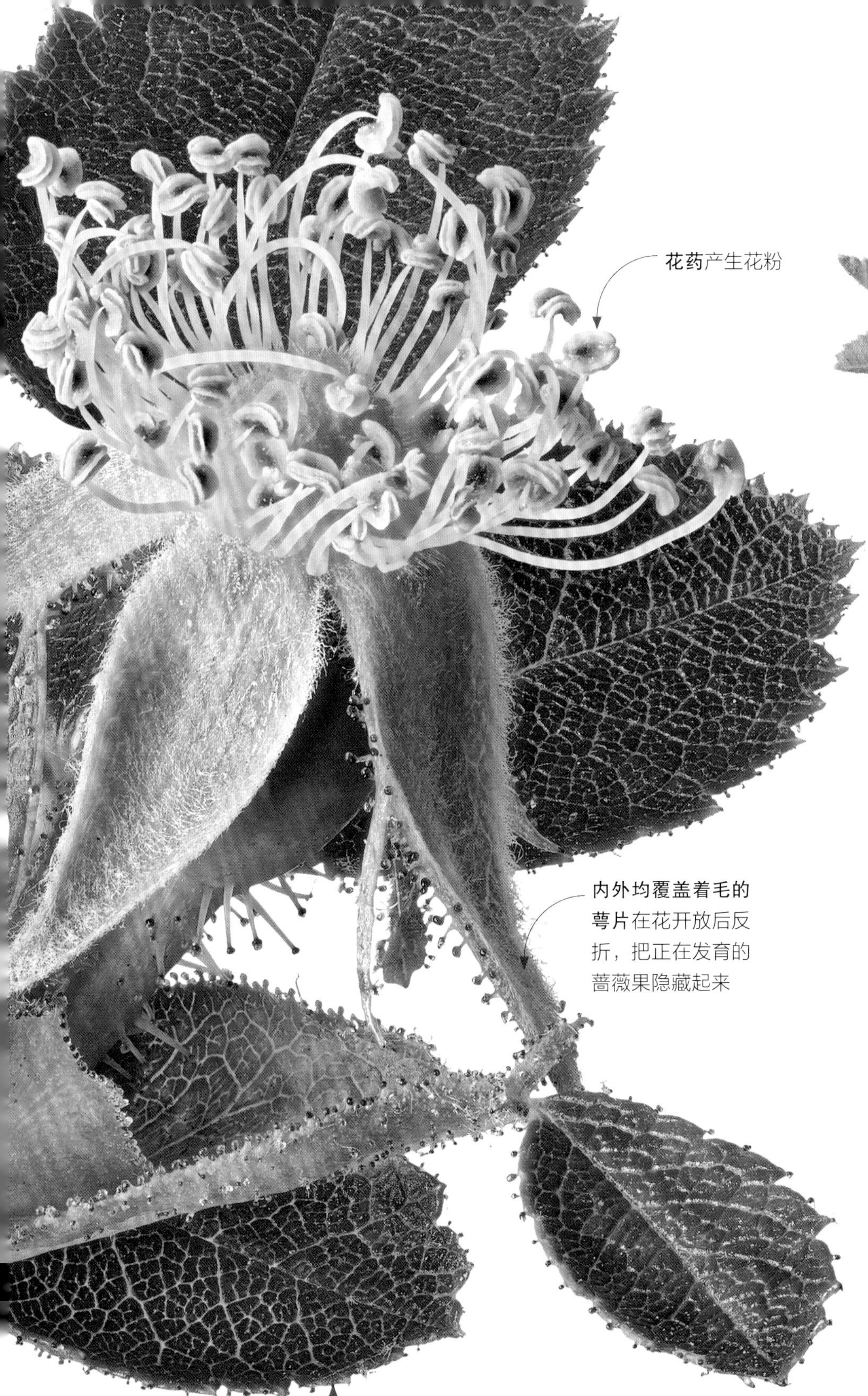

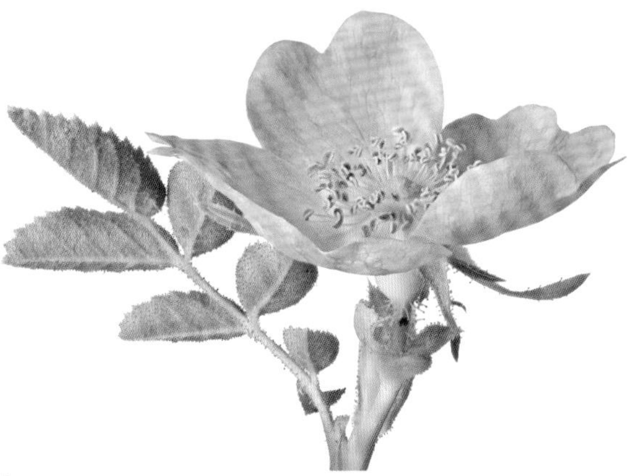

花药产生花粉
内外均覆盖着毛的**萼片**在花开放后反折，把正在发育的蔷薇果隐藏起来
在叶缘也有**腺毛**向外突起

里里外外的保护

香叶蔷薇（*Rosa rubiginosa*）常在绿篱上或灌木丛上蔓生。为了防御众多昆虫，所以需要为花蕾提供防御武器。这种防御武器就是毛，可以保护叶，并包缠在蔷薇果里面的种子周围。毛的效果十分显著，人们把蔷薇果里的毛提取出来用作“痒痒粉”。

植物的毛

植物的毛也叫毛被，从表皮长出，由1个或多个细胞构成。那些能分泌保护性物质的毛（腺毛）通常是多细胞毛。分泌物贮藏在毛尖的一个腺状细胞中。

单细胞毛覆有保护性的角质
植物表面的表皮细胞

单细胞毛

充满液体的分泌细胞的多细胞毛
植物表面的表皮细胞

多细胞毛

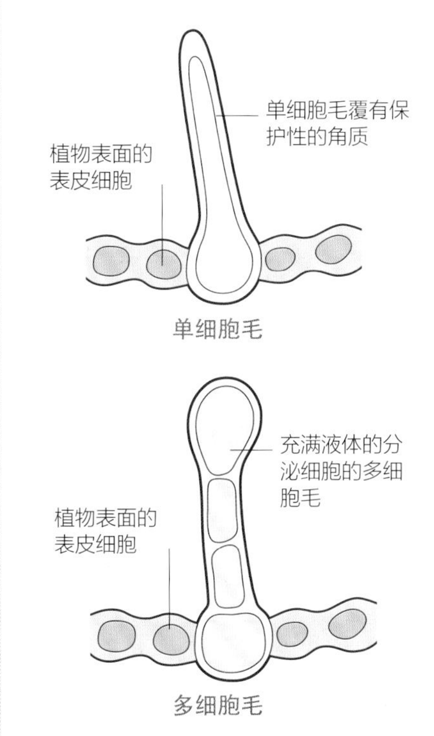

多刺的防护

起绒草花上的刺实际上是非常坚硬而尖锐的苞片，保护着正在发育的花蕾。

开花的阶段

起绒草的花序有尖锐的苞片保护，一个花序就可以长出大约2000朵花，从花序中部的一圈花开始绽放。顶部和底部的花成熟较晚，在中央的一圈花凋谢几星期之后才绽放。

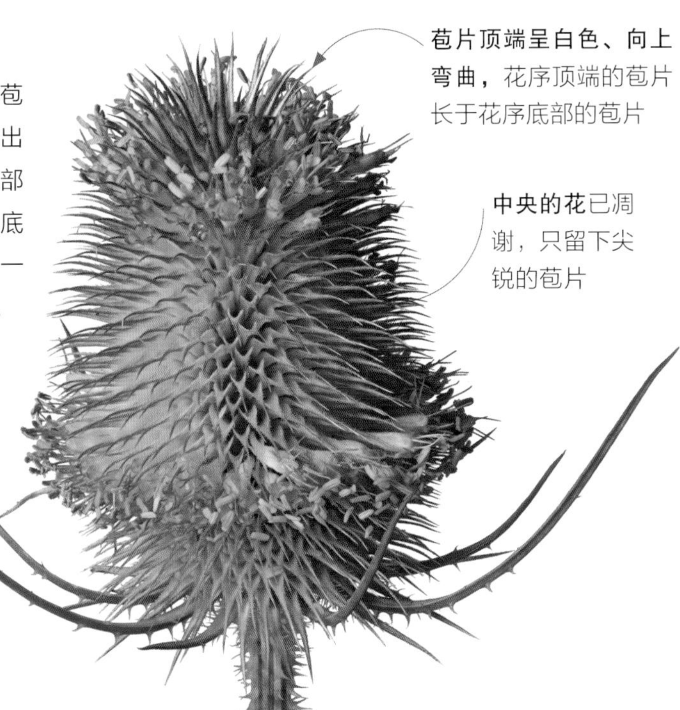

全副武装的**花**

植物有项劣势，即在受到采食者的威胁时无法逃走或隐藏。很多植物用叶刺、皮刺和枝刺来保护茎叶，但是起绒草（*Dipsacus fullonum*）连它的花序都发育出了尖锐的防御结构。这样的一套“盔甲”让传粉者可以前往绽放的花，而花蕾和发育中的种子则可受到保护。

刺的多种功用

像牛蒡属（*Arctium* sp.）之类的被子植物的刺状苞片具有双重用途。它们不仅可以驱走潜在的捕食者，保护花序，而且能在成熟的刺果上宿存，其顶端的钩尖可以挂在经过的动物皮毛上，这正是魔术贴的发明灵感来源。这样可以把牛蒡属植物的种子散播到广阔的地域。

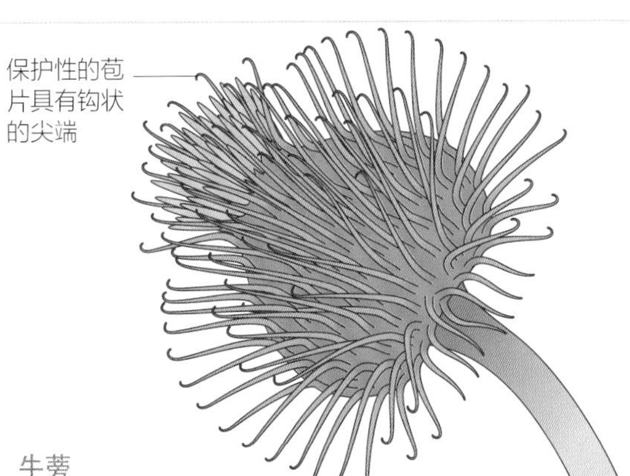

牛蒡

多彩的苞片

除了某些树种的叶在秋季会显现出壮观的秋色之外，植物界中的鲜艳色彩与花的联系最紧密。不过，名为苞片的保护性的变态叶也能像花一样艳丽，而常被误认为是花的一部分，在热带的树种中尤其如此。苞片还可以起到色调鲜亮的花瓣的作用，如中美洲的一品红类植物就有猩红色的苞片，其颜色让传粉者不可抗拒。

容易认错的结构

很多热带树种的苞片常常比它们所保护的平淡无奇的花还显眼。南美洲金嘴蝎尾蕉（*Heliconia rostrata*）的悬垂花中有猩红色和黄色的苞片，非常亮丽，特征显著，可以吸引蜂鸟来为其中的微小花朵传粉。

每枚苞片包有3~18朵彼此分离的两性花，每朵花只开一天

顶端的苞片最后开放，使传粉者可以按顺序来采蜜

钩状的苞片尖端仿佛是一只虾爪，所以蝎尾蕉类在英文中叫“龙虾爪”（lobster claw）

火焰芦莉草（*Ruellia chartacea*）

蜂巢姜（*Zingiber spectabile*）

让树荫闪亮

热带的植物种类为了在树荫中突出自己，既利用了形态，又利用了颜色艳丽的苞片。像秘鲁的火焰芦莉草（*Ruellia chartacea*）和马来西亚的蜂巢姜（*Zingiber spectabile*）的花都开在森林底层，就运用了非常不同的苞片排列方式来吸引传粉者。

M.V.W.

《马兜铃》(*Dutchman's Pipe*)

玛丽·沃克斯·沃尔科特(Mary Vaux Walcott, 1860—1940年)曾为《北美洲瓶子草类植物》(*North American Pitcher Plants*)一书绘制水彩插画，这本书由史密森学会于1935年在美国出版。左图中这幅画作描绘的是一种马兜铃属(*Aristolochia* sp.)植物，英文名叫“荷兰人的烟斗”(Dutchman's Pipe)。之所以叫这个名字，是因为它的花形像曾经在荷兰及德国北部流行的一种烟斗。

植物与艺术

美国的爱好者

19世纪北美洲铁路的延伸使探险家、博物学家和科学家得以前往这片广袤大陆上考察多样的生境。鸟类摄影师和画家被落基山脉所吸引，到那里去绘制风景和野生动植物的图像。有必要指出的是，在这些人中就有一些勇敢的女性画家，她们创作了大量植物绘画作品集。

玛丽·沃克斯·沃尔科特生于费城的一个兴旺的贵格教派家庭，在1887年随家人度假时第一次到访了加拿大落基山，深深着迷于那里的景观。后来，她在暑假中又重回那里，陶醉于户外生活，成为一名娴熟的登山者和业余博物学爱好者。在她的绘画创作中，与她一生的激情相结合的正是她的这些兴趣。

在一次去往落基山时，一位植物学家要沃尔科特画一种稀有的开花植物，她由此便开始致力植物插画创作。在之后很多年，她穿越北美洲的崎岖地域，搜寻野生植物中重要的种类和新物种，创作了数以百计的水彩画。其中大约400幅集结为一部5卷本的著作，名为《北美洲野花》(*North America Wildflowers*)，由史密森学会在1925—1929年陆续出版。沃尔科特因此书以及引人入胜的具备植物学准确性的画作而备受赞誉，人们称她为“植物学的奥杜邦”。

在沃尔科特的考察中，她的儿时朋友玛丽·谢佛·沃伦(Mary Shaffer Warren, 1861—1939年)也加入其中。沃伦与她一样也有冒险精神和绘画才赋。沃伦出版的《加拿大落基山脉高山植物》(*Alpine Flora of the Canadian Rocky Mountains*，1907年)灵感来自她已故的博物学家丈夫，其中收入了沃伦创作的很多极为惊艳的植物和花卉的水彩画。这两位先驱女画家的作品代表了一个新的发现时代，向世界展示了真实而鲜为人知的北美洲植物。

正式教育

《墙上的月季》(*Roses on a wall*，1877年)是著名的费城画家乔治·科奇兰·兰布丁(George Cochran Lambdin)的一幅作品。兰布丁以创作端庄的花卉画闻名，现在知道他曾收玛丽·谢弗·沃伦为徒。有些历史学者认为玛丽·沃克斯·沃尔科特可能也曾拜他为师。

> “……采集能获得的最美好的植物并为它绘画，不用传统设计法来描绘植物的天然风姿和美感。”
>
> ——玛丽·沃克斯·沃尔科特

无花的生殖

雄球花和雌球花可长在不同的植株上。如果二者生长在同一棵树上，那么它们常常位于树冠中的不同部位，以促进异花传粉。在北非雪松（*Cedrus atlantica*）树上，产生花粉的雄球花主要长在下部枝条上，而在它们上面高处生长的雌球花则更容易接受从邻近的树上吹来的花粉。

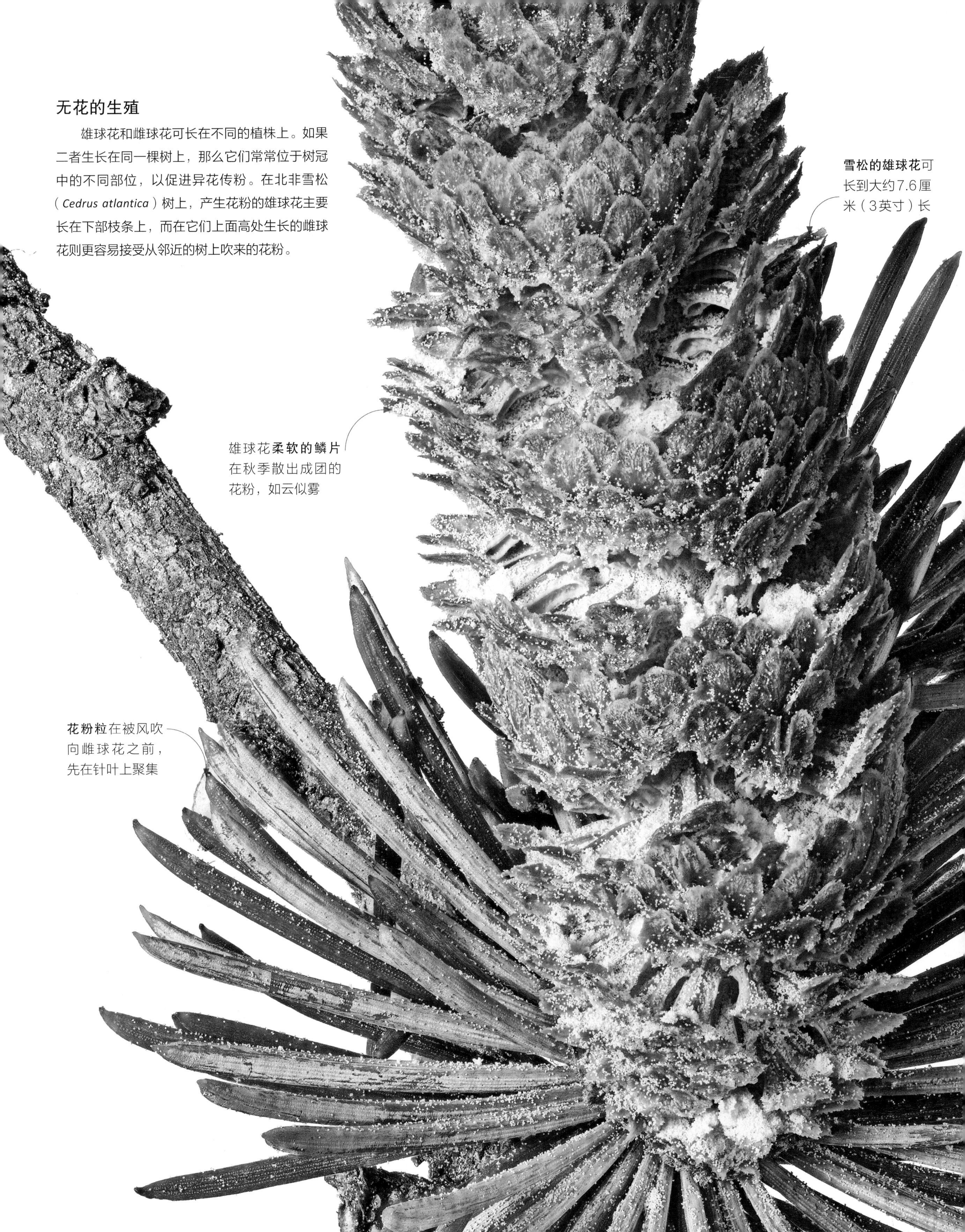

雪松的雄球花可长到大约7.6厘米（3英寸）长

雄球花**柔软的鳞片**在秋季散出成团的花粉，如云似雾

花粉粒在被风吹向雌球花之前，先在针叶上聚集

结种子的球花

北非雪松的雌球花从长出到发育为成熟的球果需要长达两年的时间。受精的过程常常要用一年才能完成，在这个过程中，雄性的花粉粒长出花粉管，慢慢在雌球花的鳞片下面延伸，把精子传递给胚珠。在接下来的几个月中，带翅的微小种子便在鳞片下面发育出来。

当种子在鳞片上发育时，**年幼的绿色雌球花**也就变为木质的桶状

每一枚宽阔的鳞片都能散出两枚带翅的种子

球花的生殖

裸子植物是一个古老植物类群，包括苏铁类、银杏类和松柏类等。虽然裸子植物也产生花粉和胚珠，但是它们与被子植物不同，裸子植物是以雄性和雌性的球花来生殖，种子的发育需要长得多的时间。裸子植物在字面上意为“种子裸露的植物”，指的是雌球花中的胚珠完全暴露，而不会被保护性的子房所包裹。

雄球花和雌球花

在大多数裸子植物中，雄球花和雌球花的结构是不同的。雄球花通常只存活几天时间。它的质地较软，比雌球花瘦长，苞鳞沿中轴呈螺旋状排列，每枚鳞片都在下表面上有一个花粉囊。雌球花比较宽阔，较为坚硬，有胚珠的鳞片也是螺旋状排列。每枚鳞片生有1枚或多枚胚珠，一旦得到传粉就可发育为种子。

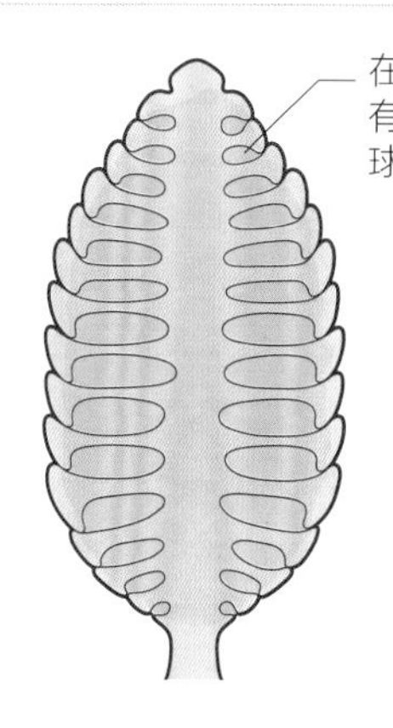

松柏类的雄球花

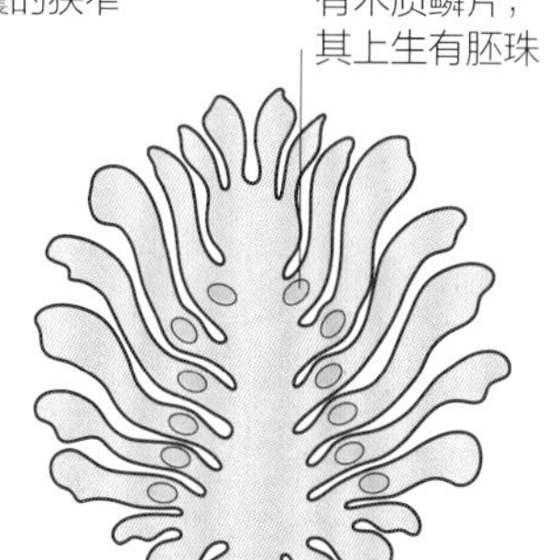

松柏类的雌球花

种子与果实

种子：植物的生殖单元，从中可以萌发出一个新植株。

果实：包裹植物种子的结构，肉质香甜宜食。

包藏的种子

被子植物的种子在果实里面形成。银扇草有盘状的果实，叫短角果，其中就包裹着正在发育的种子。

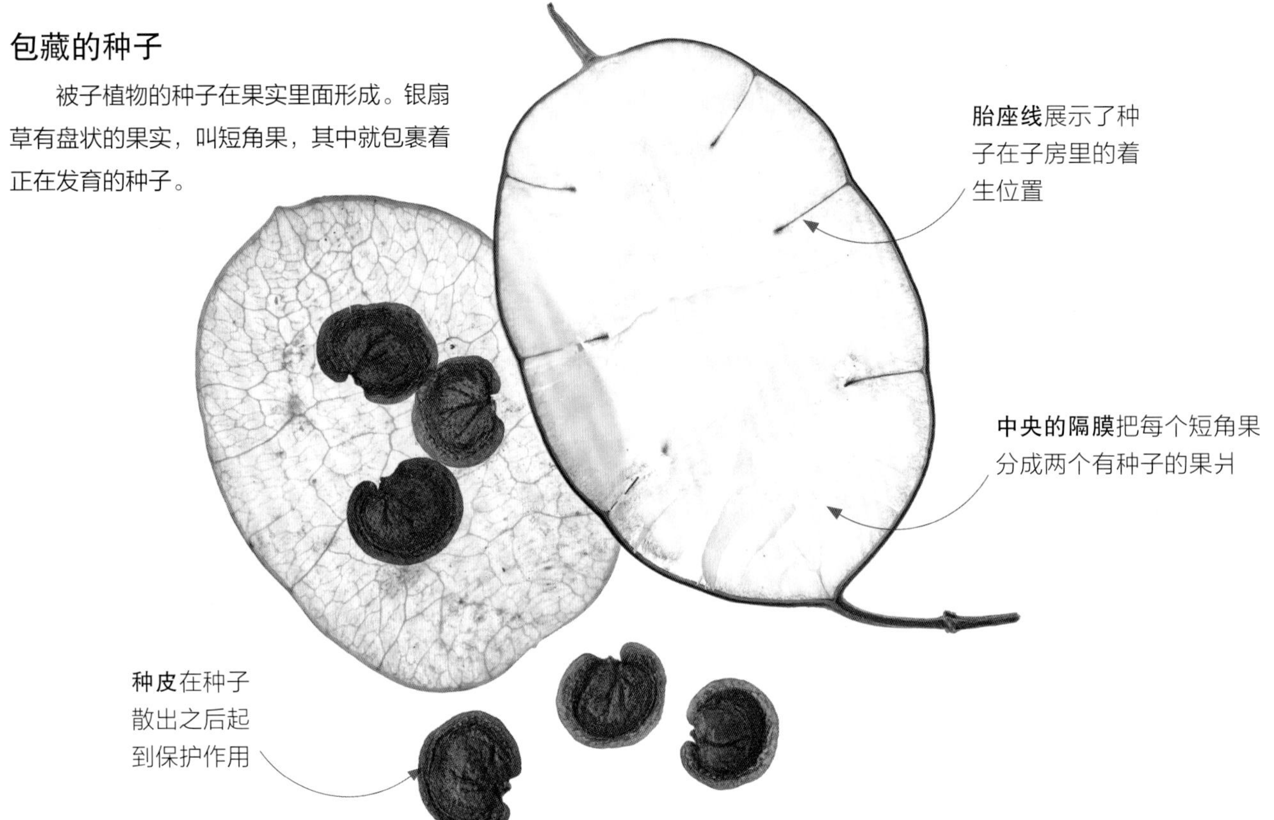

种子的结构

不管结的是球果还是果实，所有的裸子植物（不开花）和被子植物（开花）都用种子繁殖。虽然松柏类的裸露种子在发育时与被子植物包裹起来的种子有一些差异，但这两类植物的种子都有相同的基本结构——外层的种皮、贮藏的营养以及正在发育的胚。

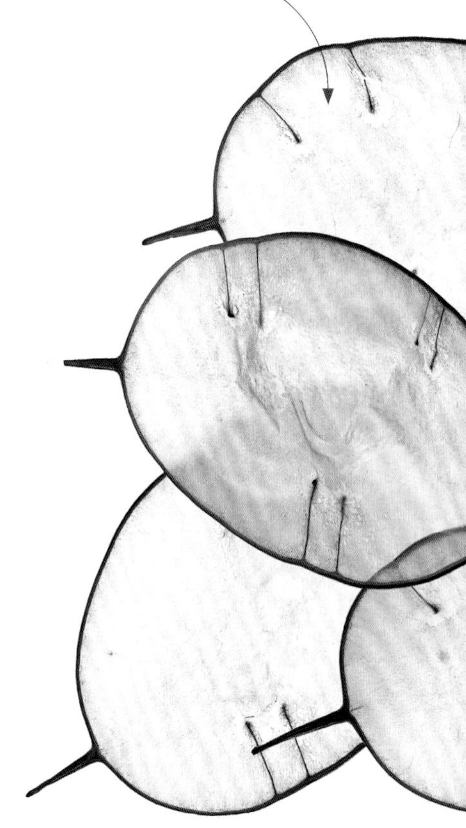

种子的里面

所有种子都有子叶。单子叶植物只有一片子叶，其他大多数种子植物则有两片子叶。一些子叶为植物的胚提供养分，正如单子叶植物的胚乳为其胚提供养分一样。这两种类型的种子都有上胚轴、下胚轴和胚根。上胚轴发育为茎的上部和叶，下胚轴发育为茎的下部，胚根发育为根。

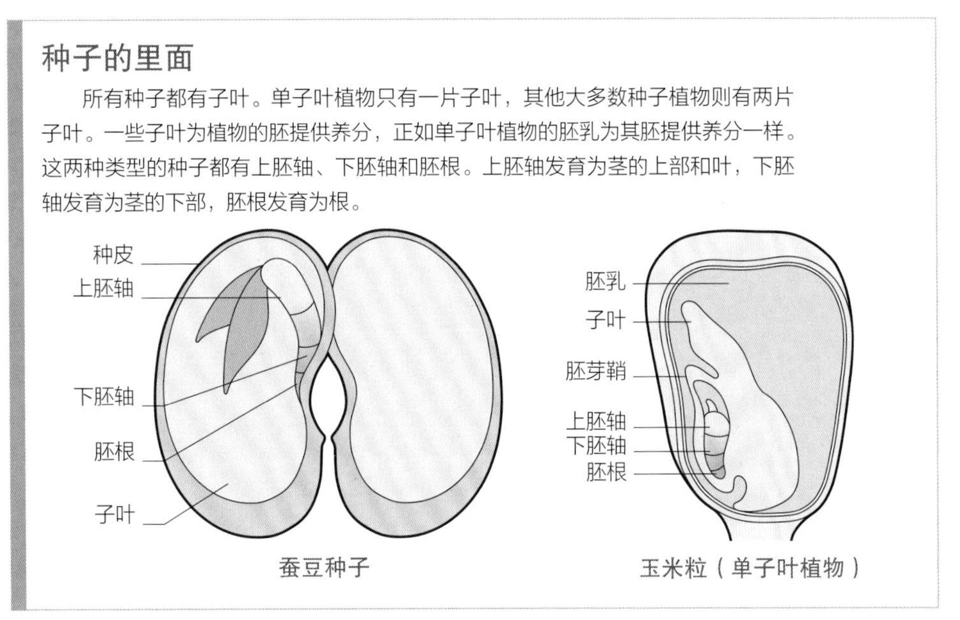

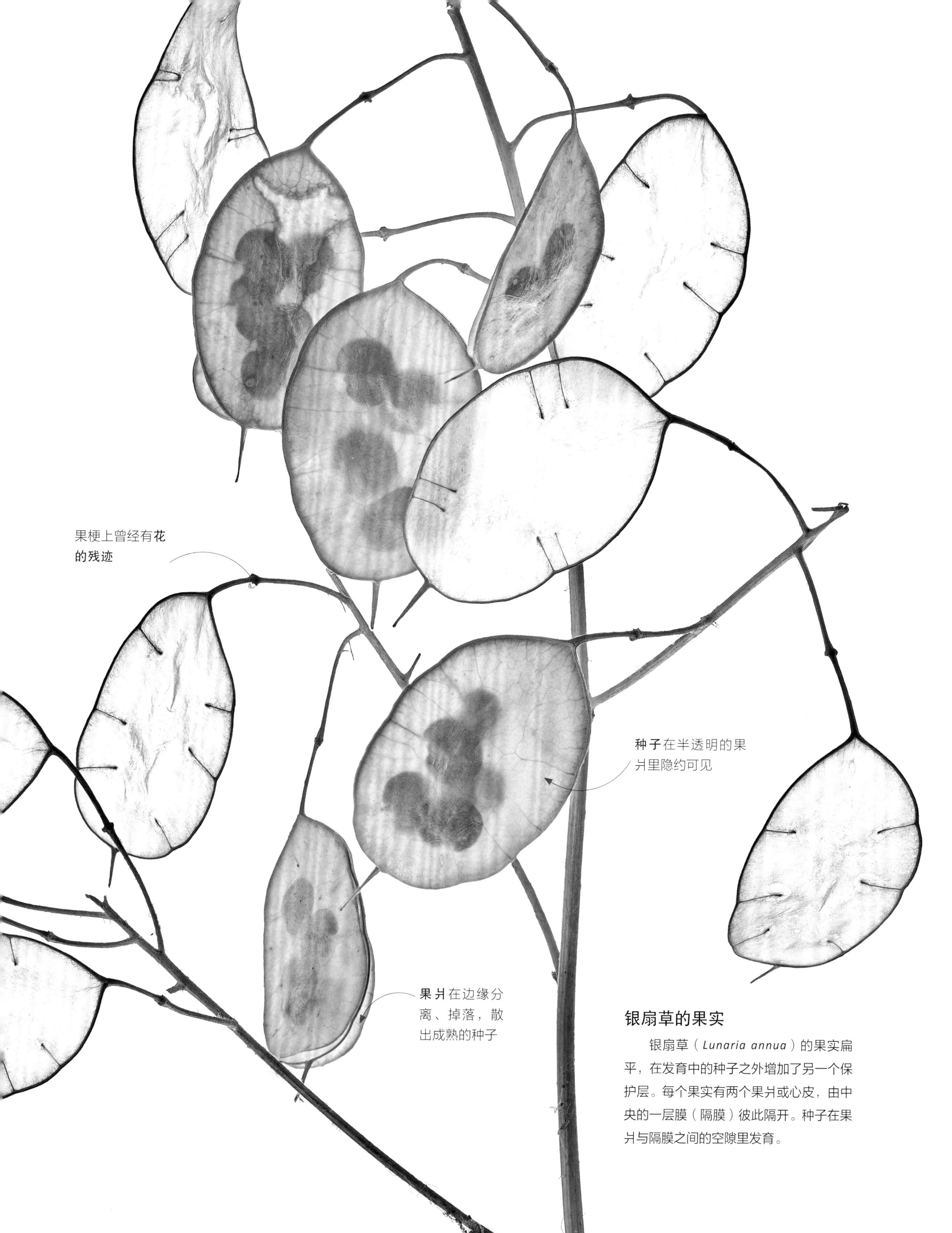

银扇草的果实

银扇草（*Lunaria annua*）的果实扁平，在发育中的种子之外增加了另一个保护层。每个果实有两个果爿或心皮，由中央的一层膜（隔膜）彼此隔开。种子在果爿与隔膜之间的空隙里发育。

裸露的种子

裸子植物的种子在发育时周围没有子房，直接暴露在环境之中。与被子植物的种子一样，裸子植物的种子也有种皮，但是它们在球果内成熟，而不是在果实内成熟。最常见的球果是松柏类的木质球果，其鳞片在种子成熟时保护着种子。其他裸子植物如红豆杉属（*Taxus*）的种子则单生，长在肉质的包被中。

木质的球果

松柏类生种子的球果在形状和大小上变化多样。不是所有球果看上去都与结出植株的大小相匹配。巨杉的球果长只有约5~7.6厘米（2~3英寸），但其植株却可高达约94米（310英尺）。

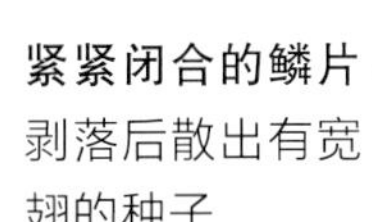

具有3个尖头的苞片从鳞片上突起，俗称“鼠尾”

花旗松
（*Pseudotsuga menziesii*）

紧紧闭合的鳞片剥落后散出有宽翅的种子

北非雪松
（*Cedrus atlantica*）

硕大的球果长约23~38厘米（9~15英寸），鲜时重达约5千克（11磅）

大果松
（*Pinus coulteri*）

球果可以生存几十年，直到被火、松鼠或甲虫破坏之后才散出种子

巨杉
（*Sequoiadendron giganteum*）

特殊的种子结构

一些裸子植物产生的种子结构不像球果。红豆杉属（*Taxus* spp.）和刺柏属（*Juniperus* spp.）虽然也是松柏类，但它们的种子在名为假种皮的肉质封闭结构中成熟。银杏（*Ginkgo biloba*）生有能散出花粉的雄球花，但种子却在茎的顶端发育，每个种子结构在肉质的覆被腐烂之后会露出一粒种子。

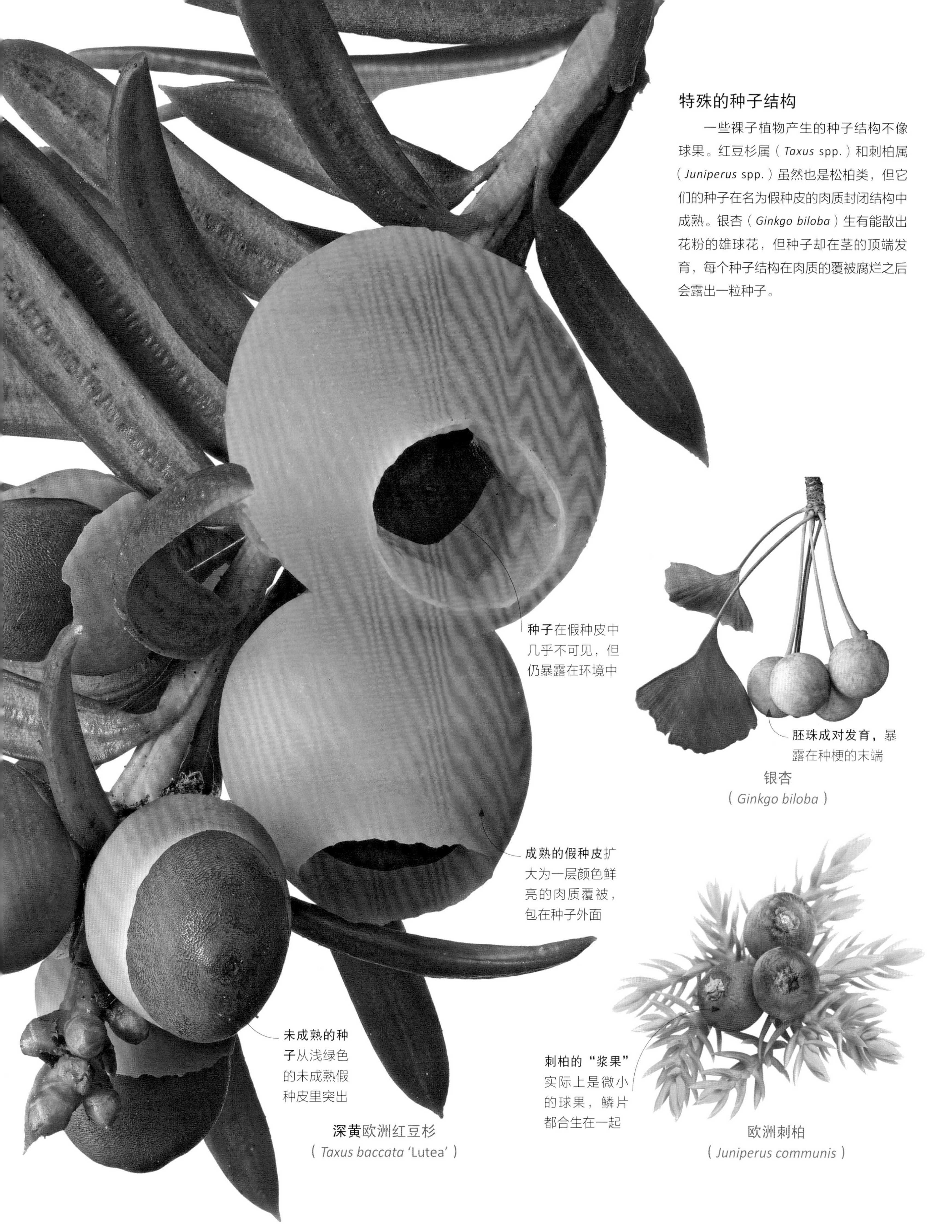

深黄欧洲红豆杉
（*Taxus baccata* 'Lutea'）

银杏
（*Ginkgo biloba*）

欧洲刺柏
（*Juniperus communis*）

长期保护

大多数我们视为“球花”的结构都是雌性的，可以发育为结种子的球果。相比短命的雄球花，这些雌球花通常较大，也更坚实。木质的厚鳞片在种子发育时用于保护种子，使很多树种的球果可以保持完好无损，在授精和散布种子之后仍能在母株枝头悬挂许多年。

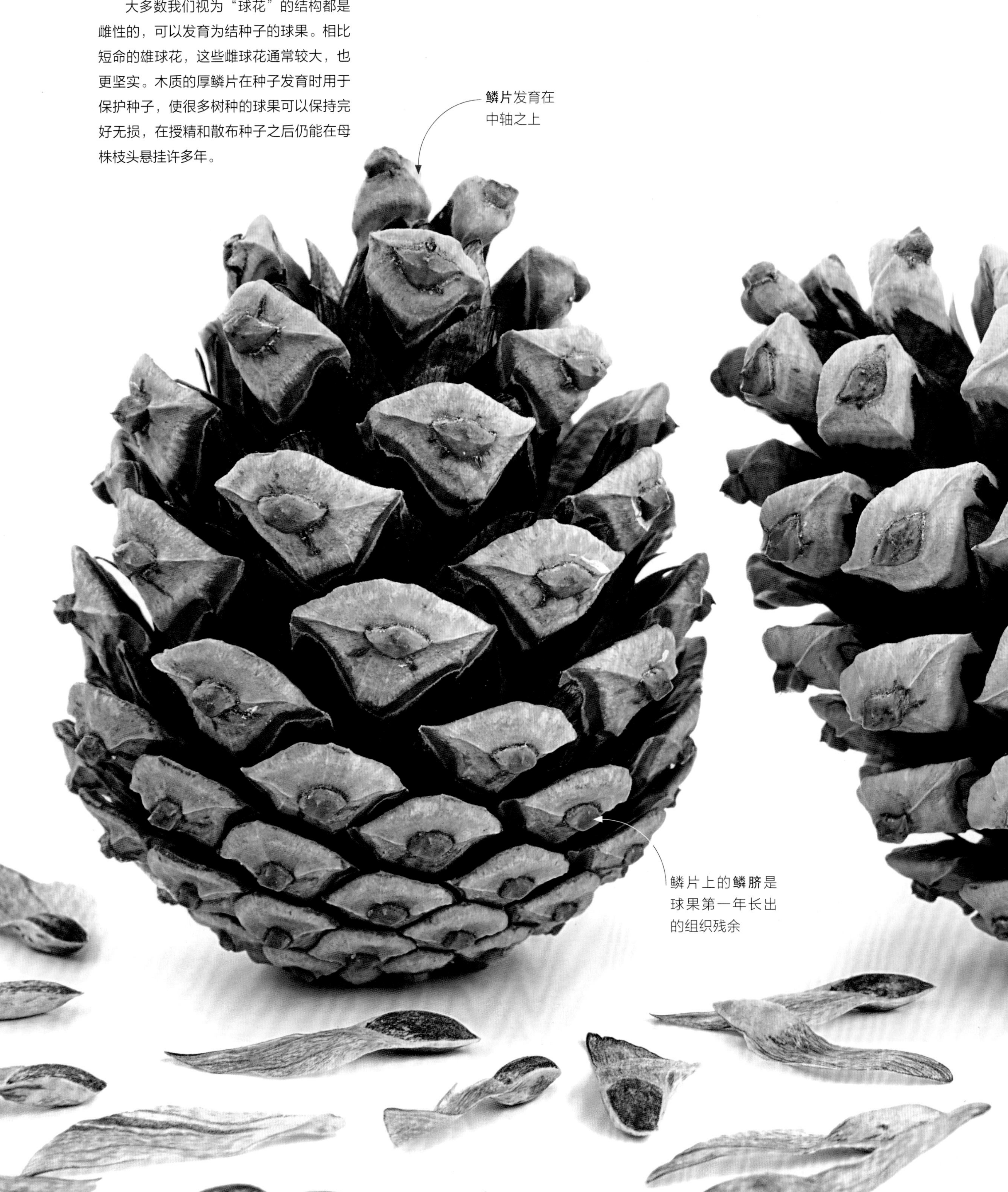

鳞片发育在中轴之上

鳞片上的**鳞脐**是球果第一年长出的组织残余

种子的发育

当雄球花散出的花粉粒为雌球花鳞片上的胚珠授精之后，松柏类的种子就开始发育。风把花粉运送到雌球花，花粉通过一个叫珠孔的小开口进入胚珠。花粉粒形成花粉管，雄配子通过这根管移动到胚珠中，与雌配子结合。一旦受精，胚珠就发育为胚，周围包有种皮，并得到鳞片的保护。

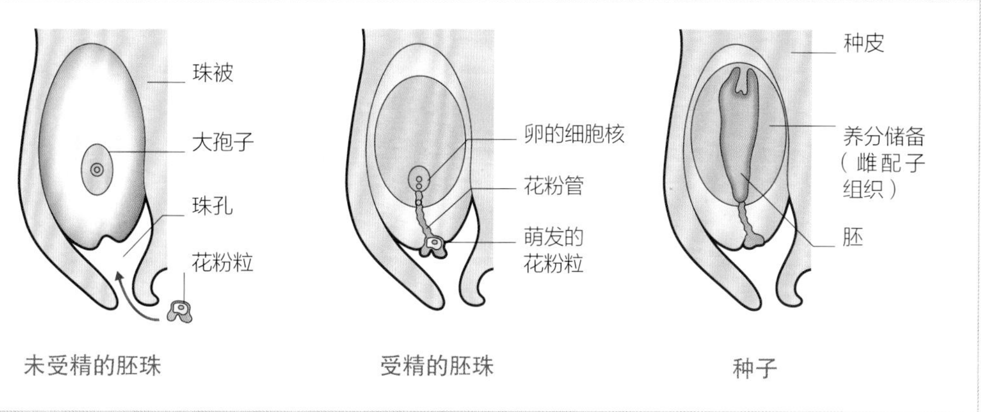

球果的里面

裸子植物有两个明显不同的生长阶段。雄性和雌性生殖结构都形成球花，两种球花都产生性细胞或配子。这些细胞是单倍体，即每个细胞的细胞核中只带有一套染色体。雄配子和雌配子通过受精结合，所产生的每粒种子都是二倍体，即细胞的细胞核中含有两套染色体。很多裸子植物树种的生物体为二倍体，就是由这两种不同的单倍体细胞结合之后形成的。

未脱离球果的种子
仍然居于鳞片之间

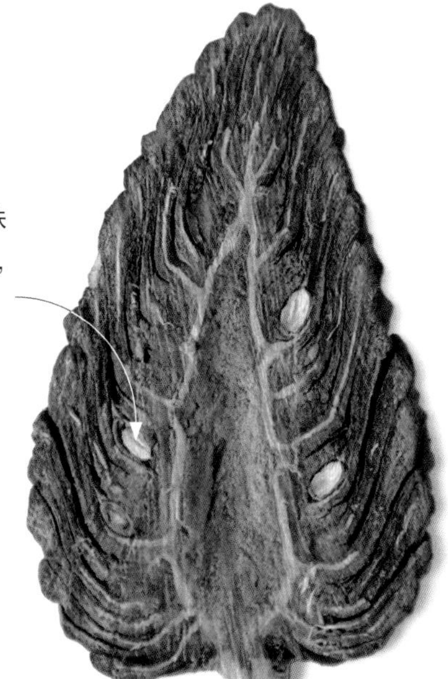

这枚**受精的胚珠**
已发展为种子，
嵌在鳞片之间

内部解剖

把一个未开裂的雌球花切开，可见它的鳞片叠压得有多紧密，而正在发育的种子又得到了多么严密的保护。

在种子掉落几个月后，**“灯笼”的骨架**仍能留在植株上

包裹的种子

被子植物的种子是包裹起来的，在子房中发育，子房后来形成果实，作为覆被的果皮在种子成熟过程中保护着发育中的种子。这多出来的一层也能作为食物，以吸引动物传播种子。种子的这层覆被形态变化多端，有的非常硬，如包被椰子种子的果皮，也有的非常脆，甚至乍一看好像一点用处都没有。

坚果还是种子？

在植物学上，坚果（nut）的定义是由一层不开裂的坚硬外壳（果皮）包裹一粒种子而成的果实，也就是说在自然条件下不会裂开散出种子。因此，虽然在英文中，欧洲栗（sweet chestnut）和欧洲七叶树（horse chestnut）这两种植物的名字中都有“坚果”这个词，但只有欧洲栗是真正的坚果。虽然二者的种子最外面都被长有密刺的覆被所保护，但欧洲七叶树的这层覆被是果皮，最终会自然脱落，里面的“坚果”实际上是由种皮保护的种子。其他常被误当成坚果的种子还有巴西栗和腰果，二者实际上都在开裂性的果实中成熟。

果皮
欧洲七叶树

由果皮包藏的种子（坚果）
欧洲栗

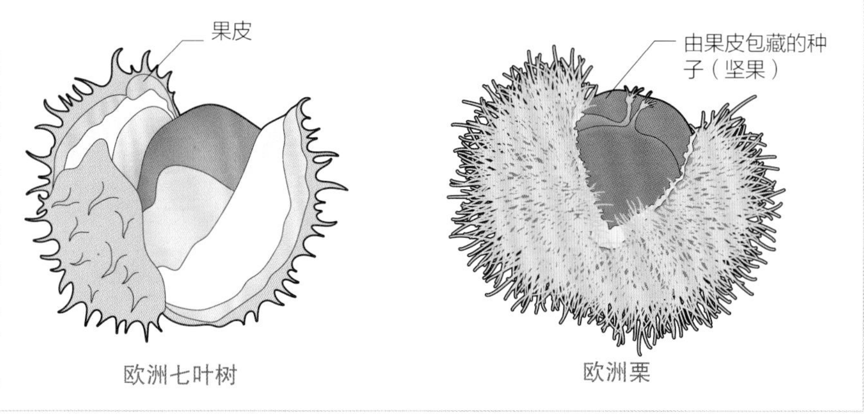

酸浆

酸浆属（*Physalis* sp.）植物的每个果实外面引人注目的纸状覆被是它的花萼，也就是花中的全部萼片，它们合生在一起并膨大，包被着单独一颗浆果状的果实。虽然这层灯笼状的花萼脆弱而不持久，但它们在其他方面发挥着用处。尽管花萼所包裹的果实可以食用，但是花萼却有毒，它还能保护果实不受天气影响，这两个特征就构成了有效的花萼屏障。

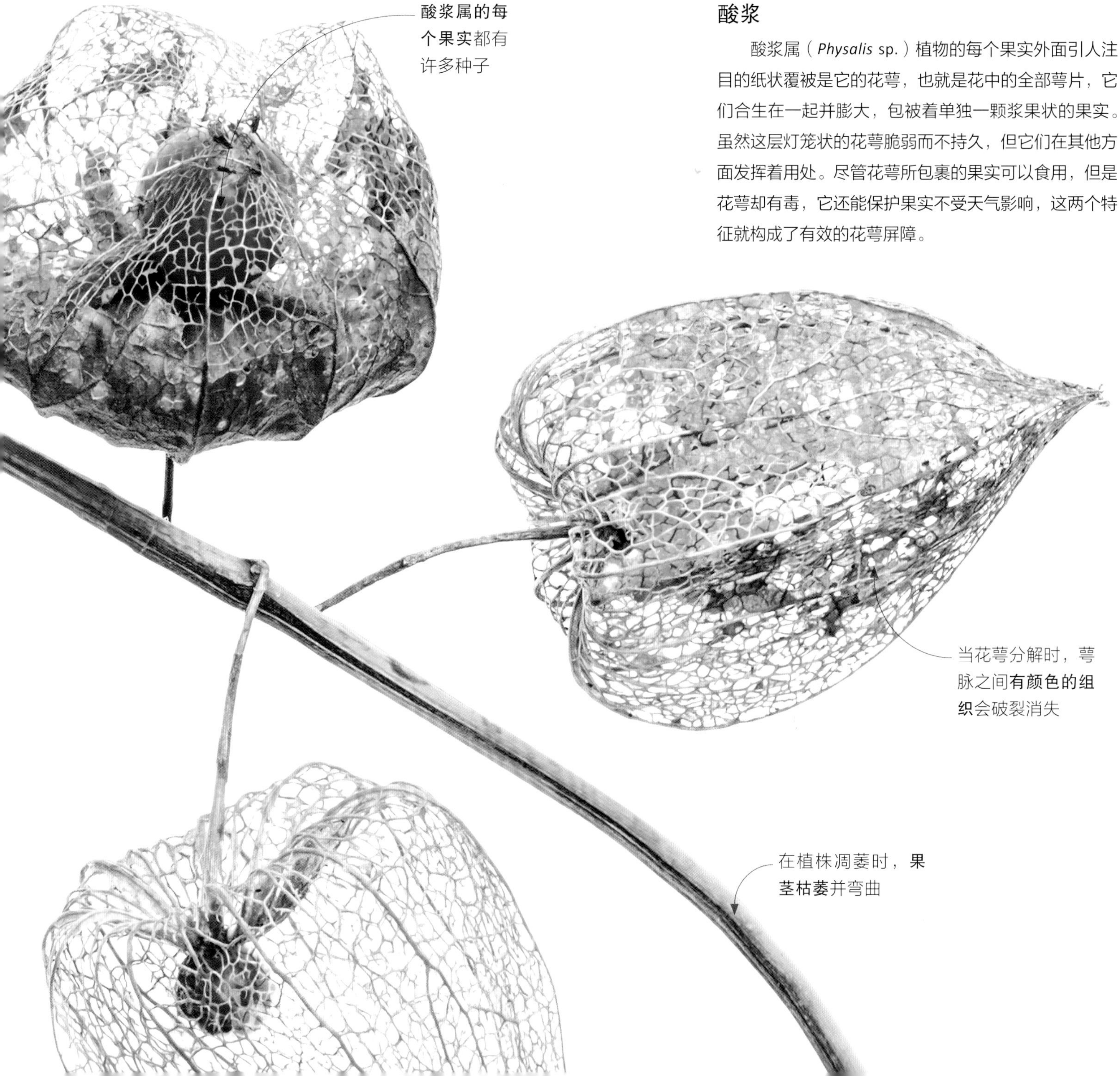

酸浆属的每个果实都有许多种子
当花萼分解时，萼脉之间**有颜色的组织**会破裂消失
在植株凋萎时，**果茎枯萎**并弯曲

果实的类型

在花传过粉之后，子房中的胚珠就发育为种子。子房壁或果皮形成包裹种子的保护层，与种子共同构成果实。果实发育的方式决定了果实的类型，有的果皮变成肉质而可食，也有的果皮干燥而大多不可食。在很多果实中，果皮分化成3层——表皮叫外果皮，中间的果肉是中果皮，里面的硬核是内果皮。

从花到果

美国草莓树（*Arbutus menziesii*）的每朵花中心是子房。一旦受精，子房就会发育为单一的肉质果实。

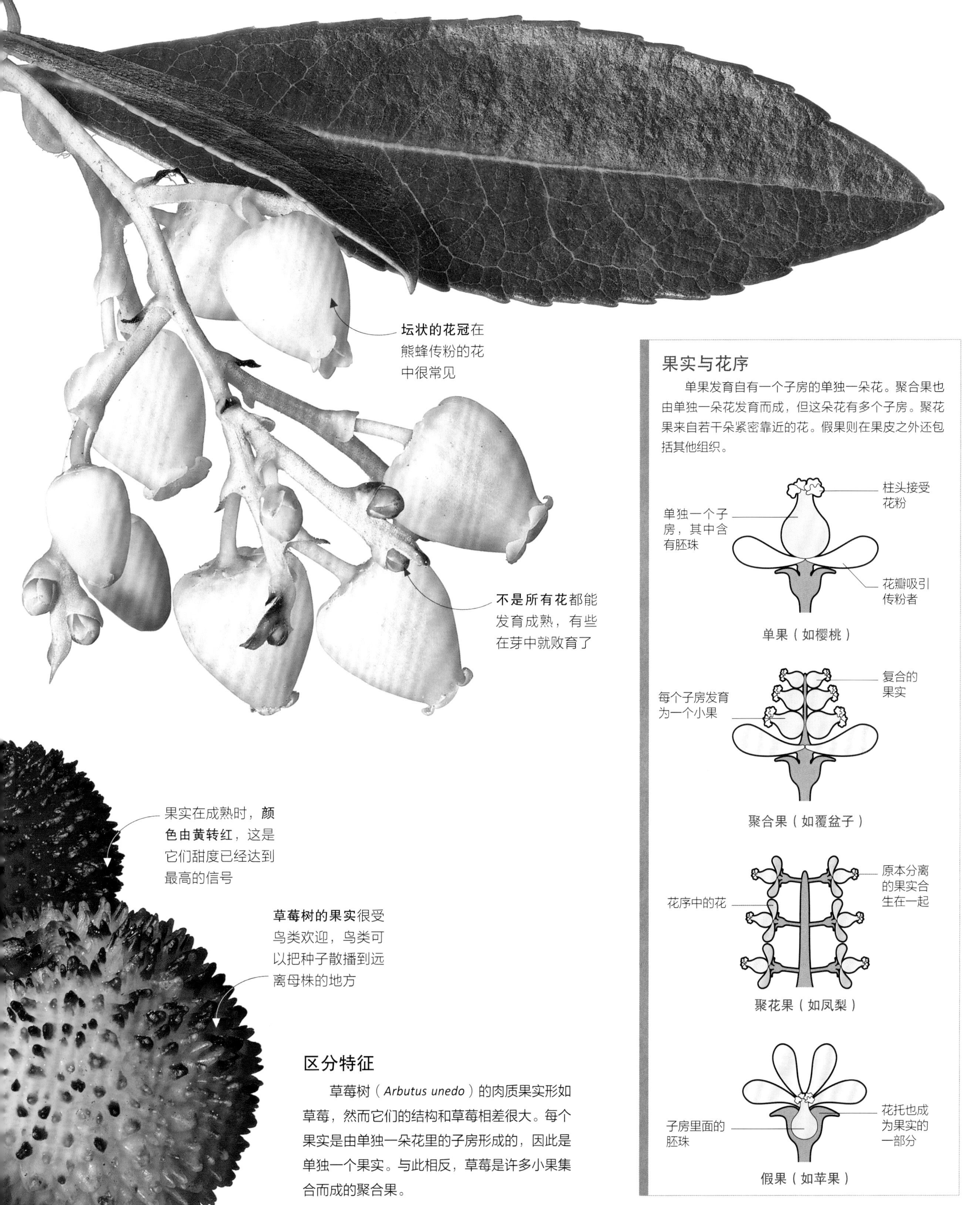

果实与花序

单果发育自有一个子房的单独一朵花。聚合果也由单独一朵花发育而成，但这朵花有多个子房。聚花果来自若干朵紧密靠近的花。假果则在果皮之外还包括其他组织。

单果（如樱桃）

聚合果（如覆盆子）

聚花果（如凤梨）

假果（如苹果）

区分特征

草莓树（*Arbutus unedo*）的肉质果实形如草莓，然而它们的结构和草莓相差很大。每个果实是由单独一朵花里的子房形成的，因此是单独一个果实。与此相反，草莓是许多小果集合而成的聚合果。

果树地砖

左图是一幅石榴树的镶嵌画，或许能追溯到拜占庭皇帝赫拉克利乌斯（Heraclius，约公元575—641年）在位时期。它是君士坦丁堡大皇宫中一处地砖装饰的一部分。

植物与艺术

古代花园

当自给自足的中东地区最古老的社会中的人们把他们住宅附近的地块封闭起来的时候，最早的花园就诞生了。随着时间推移，花园的实用功能逐渐让位于人们改善周边环境的欲望，而运用花园来度过悠闲时光、巩固自身地位的统治阶级也出现了。

在整个古代世界的考古遗迹、文献和艺术中，可以窥见古代花园和植物之一斑。

最古老的大规模规则式园林，由古代两河流域的统治者所建。两河流域是传说中的巴比伦空中花园之所在，这些花园常常把精巧的灌溉系统与石砌景观结合在一起，在石砌的建筑上规则地种植着树木和从国外获得的异域植物。

古埃及人建造花园，既可能出于世俗目的，又可能出于宗教目的。神庙建筑群中常有花园，其中种植着象征性的药草和蔬菜以及在仪式中使用的植物。古埃及人也栽培多种类型的花卉，他们将花用于庆典花环，或是供医药之用。

私人的游憩花园在古希腊颇为稀少。古希腊花园相对较简单，与宗教密切相关，其中种植的树木和其他植物都与某些神有联系。

在古埃及和古波斯的强大影响之下，花园设计和园艺技术在古罗马有了高度发展。无论是庞贝古城的城镇住宅，还是古罗马皇帝的行宫，花园都是人们放松的地方，其中的艺术品和其他物品常常具有宗教和象征意义。

没有时令的花园

古罗马附近的利维亚别墅是为古罗马皇帝奥古斯都（Augustus）的皇后所建。其中有幅湿壁画（右图）描绘了一座花园，既有自然主义风格但又源于幻想。画中的乔灌木同时开花和结果，象征这位皇帝的辉煌统治有如富饶的“永恒春天”。

“如果你有一座花园和一座图书馆，那么你所需之物就应有尽有。”

——马库斯·图利乌斯·西塞罗（Marcus Tullius Cicero）《致友人书信集》（*Ad Familiares*）第9卷第4通《致瓦罗》（*To Varro*）

正在成熟的黑莓

黑莓的果实

黑莓属于悬钩子属（*Rubus*），植株呈灌木状，会开出长圆锥花序（见第216页），花序分枝的末端有花芽。在花序轴顶端的花通常比其他花早开，果实也更早成熟。所以，仅仅在同一株黑莓的同一丛枝条上就有处在不同发育时期的果实。

黑莓的果实如何发育

每一朵黑莓花都有很多雌蕊，每枚雌蕊的子房都含有很多胚珠。每个胚珠可以形成一粒种子，由单独一个小果——小核果所包裹。一旦受精之后，每朵花的雌蕊就合生在一起，形成一个聚合果。

受精的花

小果形成

小果成熟

成熟的黑莓

从花到果实

当花在晚春或初夏开放时就成为果实发育的第一个阶段。而当从同一个种的另一个植株那里来的一粒花粉落到花的柱头上时，下一个阶段就开始了。在这个受精的过程中会产生花粉管在柱头中穿行。这根“隧道”让花粉中的细胞核到达花中有胚珠的子房里（见第184~185页），在那里与一个胚珠的细胞核结合，使之受精。受精标志着花本身使命的结束，但在花瓣凋落之时，所有受精的胚珠会转变为种子，而包裹它们的子房也会膨大，成熟后变为果实。

肉果

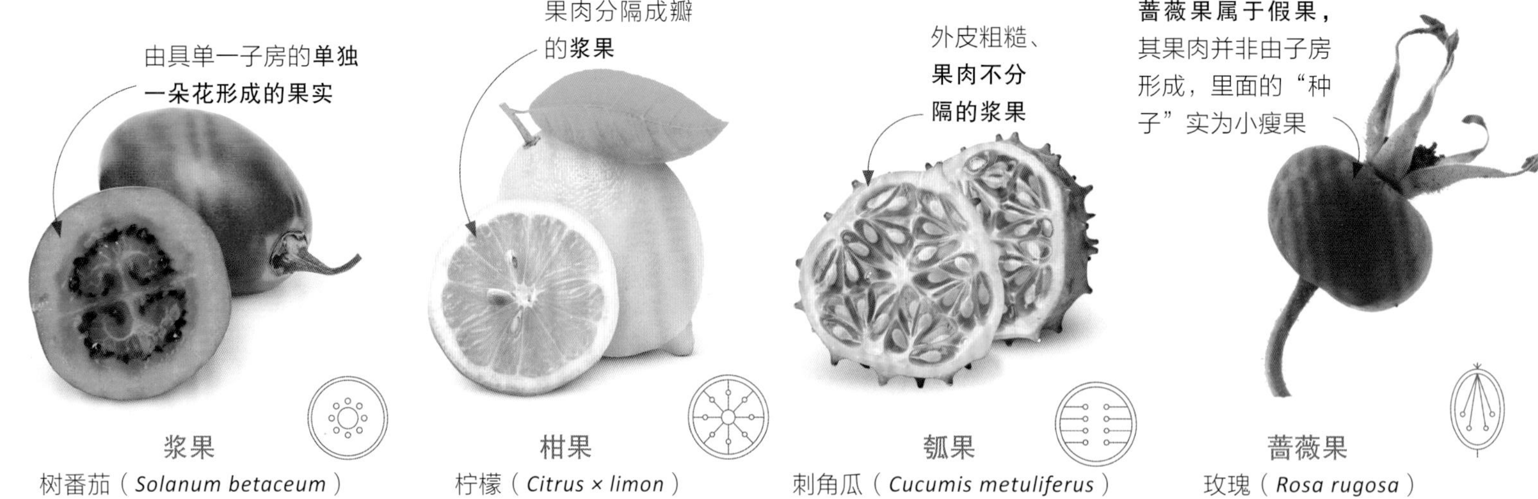

干果

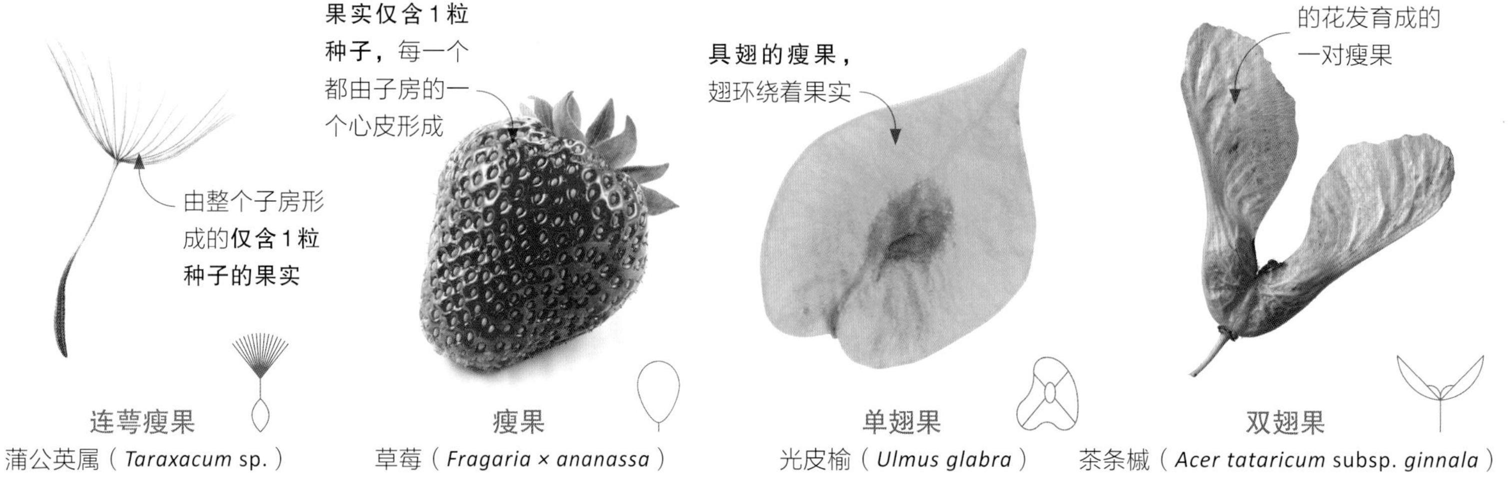

果实的**解剖**

果实的分类在根本上要依据一系列特征，其中最重要的特征之一是质地。肉果是肉质的果实，由动物取食和传播。干果是干燥的果实，依靠风、重力或动物的皮毛传播。虽然检视果实以及发育成这个果实的花，可以把果实的结构揭示得一清二楚，但是植物学上的分类有时仍然会让人感到意外，如黄瓜就是浆果，但草莓却不是浆果。

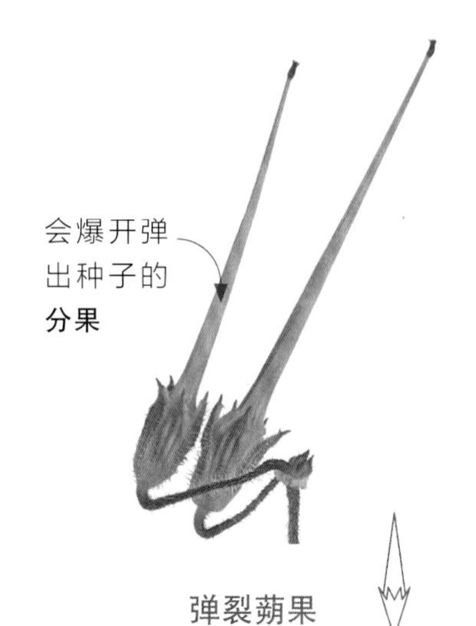

梨果
苹果（*Malus × domestica*）

核果
桃（*Prunus persica*）

聚合果
覆盆子（*Rubus idaeus*）

聚花果
橙桑（*Maclura pomifera*）

坚果
土耳其榛（*Corylus colurna*）

颖果
玉蜀黍（*Zea mays*）

荚果
香豌豆（*Lathyrus odoratus*）

蓇葖果
黄花耧斗菜（*Aquilegia chrysantha*）

蒴果
二裂小顶红（*Rhodophiala bifida*）

孔裂蒴果
罂粟（*Papaver somniferum*）

短角果
银扇草属（*Lunaria* sp.）

分果
细叶糙果芹（*Trachyspermum ammi*）

Musa sp.

芭蕉属

芭蕉类植物有细长的果实，实际上是浆果。商店售卖的香蕉没有种子，但野生的果实却满含种子，硬得可以崩掉牙齿。芭蕉类植物有68个不同的种，全都归于芭蕉属，原产于热带的印度—马来地区和澳大利亚。

芭蕉属的种在高度上差异很大，如较矮小的朝天蕉（*Musa velutina*）很少能超过约2米（6.5英尺），而擎天蕉（*Musa ingens*）这样的庞然大物通常可高达约18米（60英尺）。虽然芭蕉属植物的外观像树，但它们并不是树，它们不产生任何木质，看上去像树干的部位实际上是它们富有热带气息的长叶紧密重叠在一起的坚硬基部。事实上，芭蕉属植物是地球上最大的草本植物。

芭蕉属植物的花有两种主要类型，即直立型和下垂型。直立型的花指向天空，主要由鸟类传粉；下垂型的花指向地面，主要由蝙蝠传粉。这两种类型的花都组成穗状花序，花序上的每一轮花都受到鲜艳颜色的大型苞片保护。

在野外，芭蕉属植物只在传粉之后形成果实。果实的颜色初为浅绿，但在成熟时会改变色调。不是所有芭蕉属植物的果实最终都是黄色，有些种结的果实是亮粉红色的。如果动物采食果实太早，那么果实中的幼小种子就将无法成熟。只有在果实中的种子成熟之后，果色的变化才会发生，这种变化给动物提供了信息，表明果实已适合食用。研究者发现，一旦成熟，一些芭蕉属植物的果实就会在紫外光照射下发荧光。这可以让那些能够察觉紫外线的动物更容易找到成熟的果实。

花和果实

芭蕉属植物的花通常为黄色或乳黄色，形状为管状。鸟类和蝙蝠是野生种的主要传粉者。栽培香蕉不经过传粉就能结果，所以果实全都无种子。

香蕉的果序梗（每株香蕉只有一根果序梗）可以结出多达200个果实

香蕉串

香蕉最早栽培于7000多年前。今天，全世界的栽培香蕉都只来自2个种，即小果野蕉（*Musa acuminata*）和野蕉（*Musa balbisiana*）。香蕉种植业利用的大都是少数几个香蕉品种的无性繁殖品系，这就让这些植株相比野生植株极易遭到病害侵袭。

果穗上的毛显示出了正在发育或已受精的小穗

小穗在散出种子之后仍然宿存在干透的黄色果序上

散播用的装备

在格兰马草（*Bouteloua gracilis*）的种子成熟时，果序会弯曲，让小穗张开，于是这种禾草有了英文别名“睫毛草”（eyelash grass）。每粒种子都有3根刚毛状的芒，能够钩在兽皮、衣服或羽毛上。

种子的散播

种子和孢子是植物世界中的“旅行者”。不管种子是什么类型、大小如何，它们都有一个至关重要的使命——把创造一株新植物所需的遗传物质传播出去。对一些树种来说，散播的过程很简单，只需要让种子从母株掉落到肥沃的地面上即可。对另一些植物来说，这个过程意味着要“搭便车”，种子所搭载的媒介包括风、水、鸟类、昆虫、哺乳动物、人类，甚至还可以进到动物肚子里被消化，再排泄到离它们的植株千里之外的地方。

多种散播方法

格兰马草的种子生在高达约30厘米（12英寸）的花序梗上，有许多散播的机会。这些种子可以乘着微风飘出数米远，有的就在落地的地方萌发。它们也可能被动物吃掉，在动物排泄的地方生长。这些种子又能沾在兽皮或鸟羽上，从而到达离母株更远的地方。

外卖广告

塔岛山菅兰（*Dianella tasmanica*）的亮色浆果无论在地上还是从空中都易于看见，对鸟类非常有吸引力。这种植物把富含糖类的果实悬挂在长果梗的末端，也让鸟类很容易啄食。

每枚浆果含有5粒黑色种子，可完好无损地通过鸟类的消化道

红色和紫红色等**鲜艳的颜色**可以吸引野鸟

促进萌发

欧亚花楸（*Sorbus aucuparia*）的种子通过鸟类的排泄散播之后，比未经消化的种子萌发得更快，这可能是因为在消化过程中除去了一些化学物质。

果梗末端有**单独一枚浆果**，易于被鸟啄食

靠喂食散播

一些植物可以把种子散播到非常辽阔的地域，比其他植物远得多。植物实现种子散播的最有成效的方法之一是给鸟类喂食。虽然其他很多动物也能通过排泄来散播种子，但是在空中飞行的鸟类可以经过非常广阔的地域。因此，尽管都是刚吃种子，但鸟类却可以增加把吃下的种子排泄到远离食物来源的地方的概率。

遗忘的食粮

松鼠是最著名的“野生园艺师”之一，这是因为它们有埋藏冬季食粮的习性，但在埋藏之后又会忘掉这些食粮藏在哪里。因为它们把食物藏在地下，作为寒冷天气中的食粮，这些哺乳动物不可避免会种下大量的树木种子，特别是榛树和栎树。在第二年春天，新萌发的幼树会揭示那些被遗忘的贮藏地点。

斯特兰贾栎（*Quercus hartwissiana*）

塔岛山菅兰
（*Dianella tasmanica*）

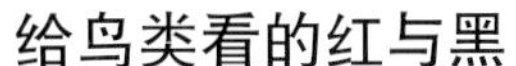

给鸟类看的红与黑

相比其他颜色，鸟类啄食红色和黑色的果实和种子的数量要大得多。这部分是因为鸟类有发达的色觉，部分是因为这些果实和种子的营养成分，或者因为它们在某些生境中较集中分布。不管是什么原因，红色的种子，如图上的**乡村红**二乔玉兰（*Magnolia × soulangeana* 'Rustica Rubra'），在鸟类的食谱上都高居前列。

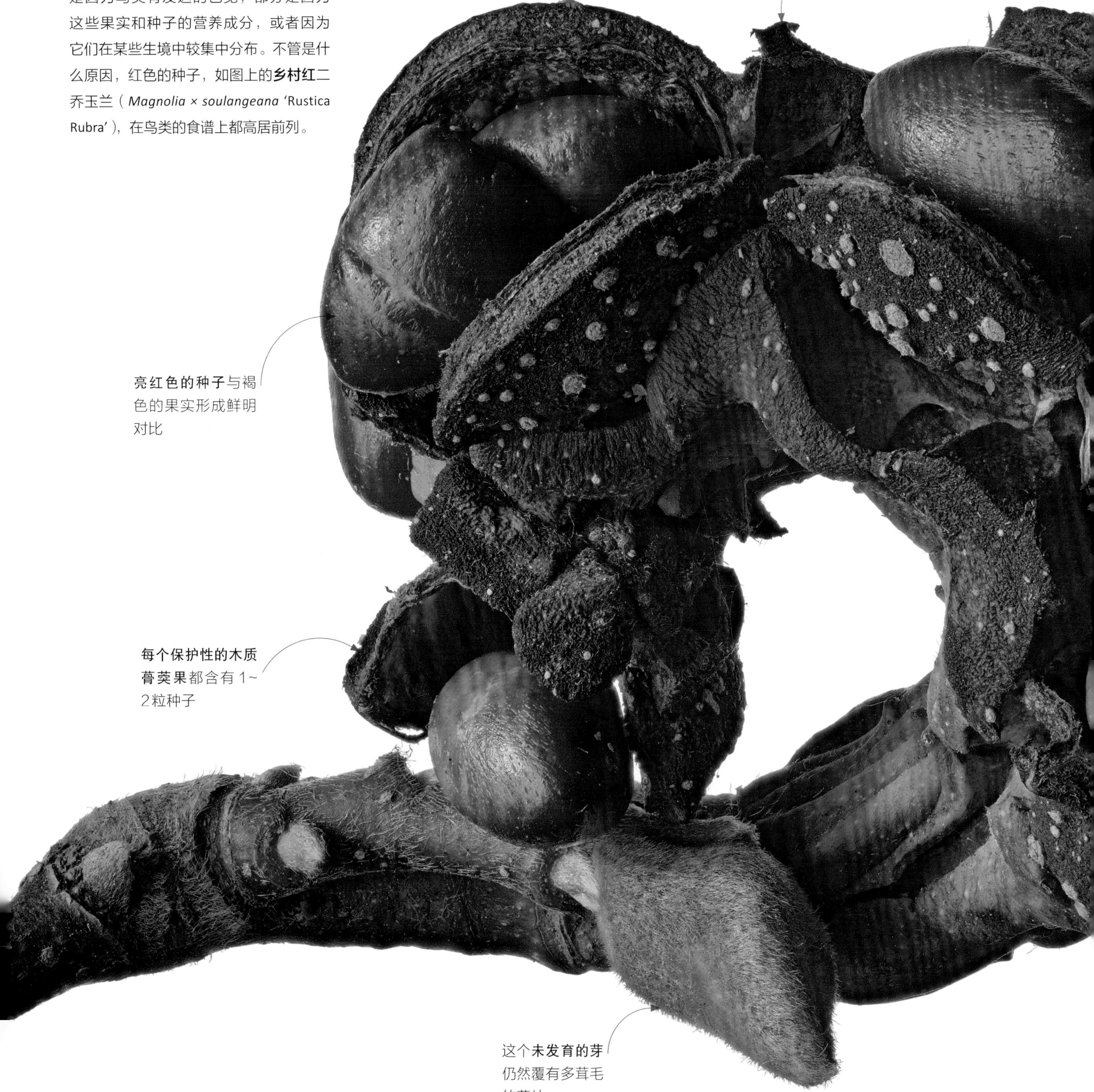

球果般的果实在成熟时弯曲、裂片

亮红色的种子与褐色的果实形成鲜明对比

每个保护性的木质蓇葖果都含有 1~2粒种子

这个**未发育的芽**仍然覆有多茸毛的苞片

鹤望兰
（*Strelitzia reginae*）

橙色的假种皮可吸引猴子，而黑色的种子能吸引鸟类

旅人蕉
（*Ravenala madagascariensis*）

旅人蕉的蓝色种子上装饰着**醒目的蓝色假种皮，**可以吸引只能看见蓝色和绿色的狐猴

颜色与种子散播

哺乳类和鸟类都会吃种子，通过排泄或藏匿来散播种子。不过，它们偏好的颜色各有不同。研究表明，鸟类偏爱红色和黑色的种子，而哺乳动物主要取食橙、黄和褐色的种子。因为一些动物只能看见或者更偏爱某些色调，为了适应这种情况，植物有时候会在原本颜色黯淡的种子上简单地加上色彩鲜亮的假种皮（如毛状的覆被）。

五颜六色的种子

与长有种子的果实一样，种子本身也有丰富的色彩，它们外面保护性的种皮既有纯黑色的，又有红、橙、蓝等颜色的。虽然我们已经知道浅色种子常常比深色种子含有更多水分，但一些种子含有如此鲜艳的色素的原因却还不太清楚。不过可以肯定的是，这些特别的颜色似乎受到了某些动物的偏爱。

剧毒的种子

所有种皮的主要功能都是保护，有时候是保护种子不被取食。有毒的种子含有一些地球上致死性最强的毒物。在蓖麻的种子中含有蓖麻毒素，其毒性强到4粒种子足以毒死一个人。因为蓖麻子的颜色多变，既有纯白色又有带红色和黑色斑块的类型，很多动物会不慎误食而死。

蓖麻（*Ricinus communis*）

斑块状的颜色很像可食的棉豆种子

种阜是海绵状的外部生长物，富含糖分，可吸引蚁类

N.707.
a
b
c
g
f
f
g
d
h
h
e
a. Malus oxymela acida, Saurer Holzapfel. b. Ma=
lus sylvestris fructu rubro minore, Pomme soivage,
Holzapfel. c. Malus sylvestris fructu rotundo viridi,
grüne Holzapfel. d. Malus Persica flore pleno. e. Malus Persica
Sti Laurentii dicta. f. Malus Persica minor, Pesche petit, Pfirsig. g. Ma=lus
Persica major molle carne, Pfirsigapfel. h. Malus Persica magna, Bookner Pfirsig.

苹果属（*Malus*）果实和花的特写

左图中插画画的是苹果和桃的花和果，以美柔汀法雕版，再手工上色。格奥尔格·迪奥尼修斯·埃雷特受荷兰药剂师约翰·威尔海姆·魏因曼（Johann Wilhelm Weinmann）之托，为魏因曼的《药用植物图谱》（*Phytanthoza iconographia*）绘制插图。但因为魏因曼付给他的报酬太低，他只完成了书中一半的插图。

艺术与科学

18世纪常被称为植物绘画的“黄金时代”，当时的植物画家格奥尔格·迪奥尼修斯·埃雷特（Georg Dionysius Ehret）的插画就表现了艺术和科学的伟大结合。埃雷特所绘的植物插画清晰、准确而优美，与卡尔·林奈为动植物命名和分类的革新性方法相得益彰。

生于德国的埃雷特（1708—1770年）是整个植物画历史上最有影响力的植物插画家之一。他是一位园艺师的儿子，从父亲那里接受了有关自然的教育。埃雷特有绘画天赋，其敏锐的眼睛善于捕捉细节，他的植物知识不断丰富，他创作的植物绘画作品使他成功吸引了世界上一些顶尖的科学家和有重要影响力的赞助人的注意。

埃雷特先是与著名的瑞典植物学家、分类学家卡尔·林奈合作，为他的《克利福德花园》（*Hortus Cliffortianus*，1738年）绘画，这是东印度公司董事乔治·克利福德（George Clifford）私家花园中的珍稀植物的名录。在林奈的指导下，埃雷特以优美而又颇具科学准确性和细节的画作记录了植株的各个部位，这些绘画的风格后来便被称为植物插画的林奈式风格。

埃雷特后来继续为那个时代的大多数重要的植物学出版物绘制插画，也为包括邱园在内的许多收集者和机构绘制了大量插画。

凤梨（*Ananas sativus*）

埃雷特的画作中包括很多用铅笔、墨水和水彩摹绘的作品，描绘的是来自全世界的植物。如这只凤梨（菠萝）就刚刚运抵位于伦敦的英国最古老的植物园之一的切尔西药用植物园，由他来摹绘。

> “格奥尔格·迪奥尼修斯·埃雷特的天赋在18世纪中叶为植物艺术带来了支配性的影响力。”
>
> ——威尔弗里德·布朗特（Wilfrid Blunt）
> 《植物插画艺术》（*The Art of Botanical Illustration*，1950年）

“独角兽”果实

在“搭便车”的果实里，一些最大的个体是由羊角麻类植物结出的。不过，它的刺状的部分并不是直接暴露出来的。羊角麻的木质种穗形成于兽角状的大型果实里，所以它在英文中还有个名字叫“独角兽草”。

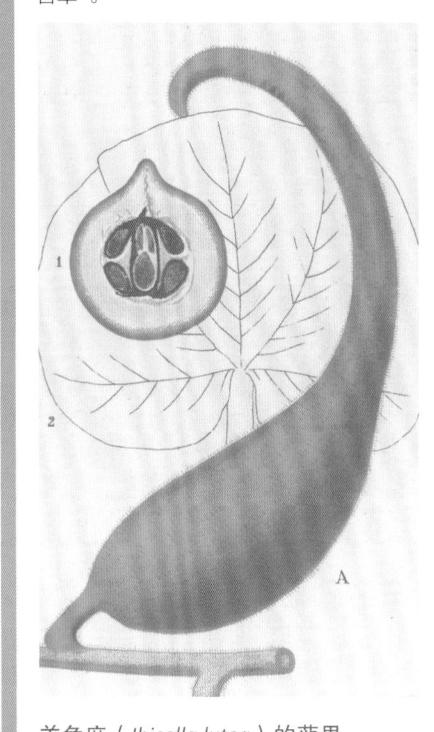

羊角麻（*Ibicella lutea*）的蒴果

主爪伸得很长并向上弯曲，增加了果实钩在动物身上的机会

在主爪之间有时还有**较短的次爪**

果实的所有爪上都有**尖刺**，可以钩在路过的动物身上

动物快递员

为了避免植株过于拥挤，植物必须尽可能地把种子散播到广阔的地域。一些植物利用风和水，另一些植物通过让果实“爆炸”来弹射种子。还有很多植物利用与它们出现在相同环境中的动物来散播种子。有的干果很“黏人”，表面长有钩、倒刺刚毛或能把人刺痛的刺，可以挂在动物身上。只有当这些果实被蹭掉、挤碎或撕裂之时，它们才会散出种子，而这时它们已经被带到了数千米之外了。

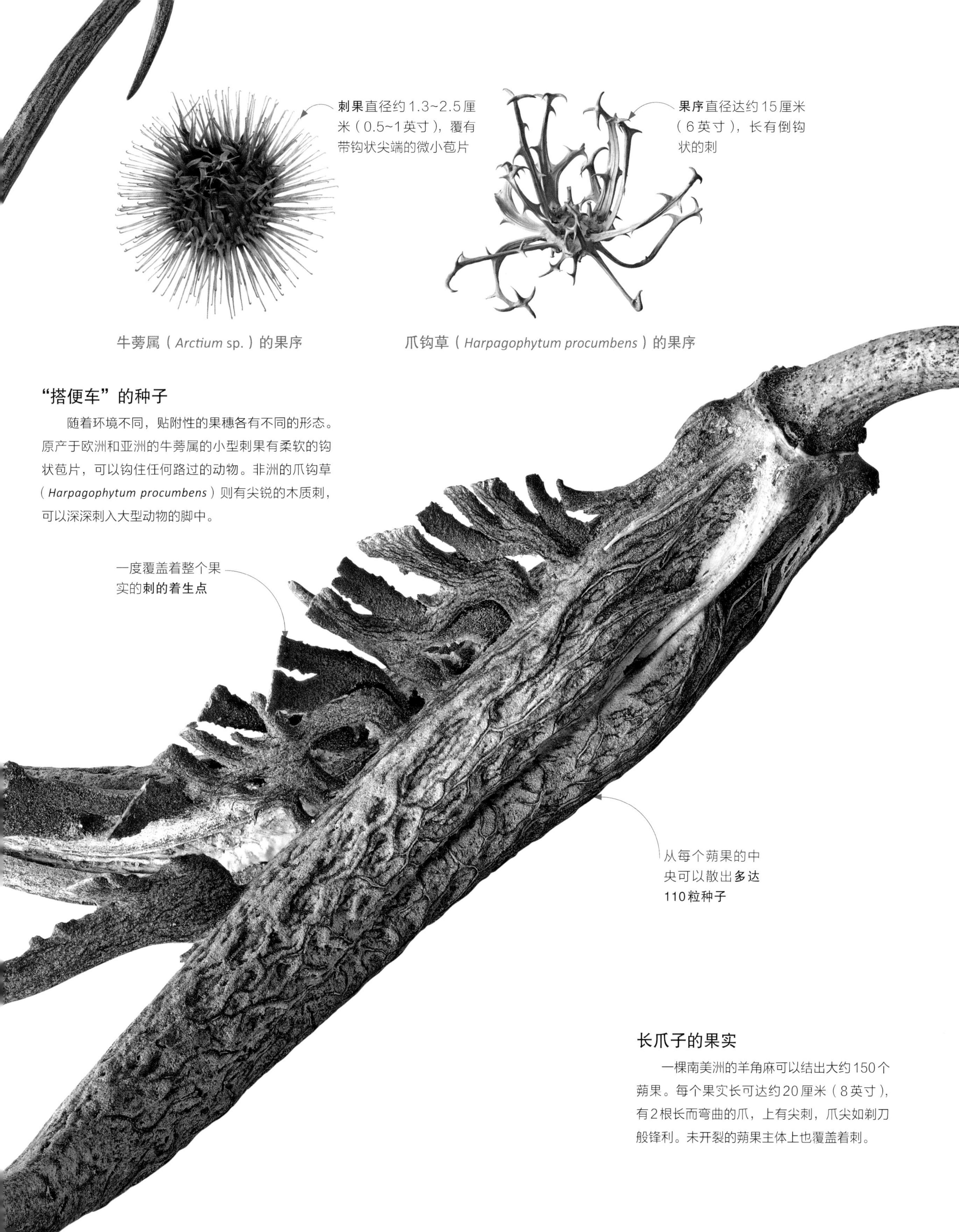

牛蒡属（*Arctium* sp.）的果序

爪钩草（*Harpagophytum procumbens*）的果序

“搭便车”的种子

随着环境不同，贴附性的果穗各有不同的形态。原产于欧洲和亚洲的牛蒡属的小型刺果有柔软的钩状苞片，可以钩住任何路过的动物。非洲的爪钩草（*Harpagophytum procumbens*）则有尖锐的木质刺，可以深深刺入大型动物的脚中。

长爪子的果实

一棵南美洲的羊角麻可以结出大约150个蒴果。每个果实长可达约20厘米（8英寸），有2根长而弯曲的爪，上有尖刺，爪尖如剃刀般锋利。未开裂的蒴果主体上也覆盖着刺。

有翅的种子

母株和种子之间保持足够远的距离，这对乔木来说至关重要，因为它们彼此很容易靠得过近。包括梣叶槭在内的槭属以及其他许多树种在果实或种子上演化出了伸长的翅状附属物，可以让它们乘着微风飘到非常远的地方。所有带翅的果实都叫翅果，不管是滑翔、旋转还是飘浮，它们都是空中的“冒险家”。

理想的发射台

臭椿（*Ailanthus altissima*）在英文中叫“天堂树”（tree of heaven），因为它生长迅速，很快就能长到24米（80英尺）以上高度，非常适合让风来散播种子。单独一棵树每年就能结出100万粒种子，因此它在非原产地域成了入侵植物。

双重散播

像鞑靼槭（*Acer tataricum*）等靠风力散播种子的植物长有互为镜像的翅果。2个翅和2粒种子都是单独一个果实的一部分，最开始是一个单元，后来才分成两部分，并在成熟时长有膜质的翅。这种翅果的每一半都能长成一棵新树。

翅上的脉形成起伏的表面，造成湍流，有助于利用空气的托升作用

旋转飞行

械树和其他自转式翅果在落地时会像陀螺一样旋转。它们的种子通常有倾斜的翅，像直升机螺旋桨的桨叶。翅在旋转之时可以降低种子上表面的压强，从而让种子下落得更慢。

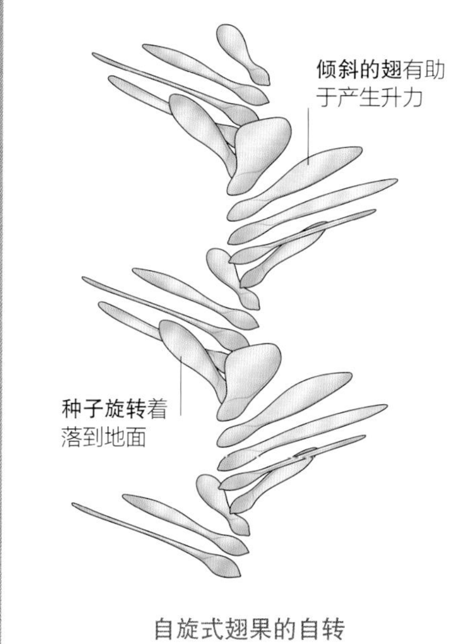

自旋式翅果的自转

Taraxacum sp.

蒲公英属

蒲公英的英文是dandelion（来自法语*dent-de-lion*，意为“狮子的牙齿”），形容它的叶缘呈折线状，状如狮齿。蒲公英属有毛茸茸的果穗，很受孩子们喜欢，但园丁们却很讨厌它们，因为会破坏草坪。这个属的大多数种原产于亚欧大陆，但在人类的帮助下已经广泛扩散，所以这些植物如今在全世界几乎所有的温带和亚热带地区都有。

蒲公英常常是对蒲公英属中大约60个种的通称。在欧洲，最常见的一种是药用蒲公英（*Taraxacum officinale*）。这类植物适应性极强，其成功秘诀在于生殖策略。蒲公英属是春天最早开花的植物之一，这个时候几乎没有别的花，这就让它们成为昆虫的重要食物来源，也保证了它们能得到昆虫传粉。在春天开过花之后，它们还常常在秋季再次开花。然而更重要的是，蒲公英属可以不经过传粉就结出种子。当种子以这种方式形成时，它们可以长成母株的克隆体（所谓“无融合生殖”）。蒲公英属的每个花序可结出多达170粒种子，单独一棵植株总共能结出2000多粒种子，其中有1粒以上的种子长成成熟植株的概率是很高的。

蒲公英属的种子有轻盈如羽的降落伞状冠毛，是伟大的“空中旅行者”。虽然大多数会落在离母株相当近的地方，但有一些可以被风吹起，或是被温暖的上升气流携带，之后散播到很远的地方。

降落伞状冠毛

蒲公英属的每粒种子都通过一根细梗长在冠毛之下。冠毛呈圆盘状，由一圈放射形的羽毛状细毛构成，形成降落伞状的结构。

早花植物

蒲公英属的花序实际上由很多单朵的小花复合而成。

球形的果序一旦成熟就彼此分离，每个果实各含1粒种子，会分别掉落

簇生的花为熊蜂和蝶类提供了绝佳的着陆平台

精巧的外侧花瓣用来把昆虫吸引到富含花蜜的花中

集体的力量

星首花（*Scabiosa stellata*）的花比较小，集聚成为针插状的花序。在花由昆虫传粉之后，花瓣凋落，便露出由纸质果实组成的球形果序。

带“降落伞”的种子

很多植物科用风来散播种子。在草甸和草原之类的环境中，树木几乎不存在，彼此间隔甚远，于是很多植物就借助风力让种子飘得很远。为了提供足够的托举力，风传播的种子需要一面“帆”，或者像这棵星首花一样需要一副“降落伞”。种子由风传播的植物常常把花伸得很高，这样当种子成熟时就可以抓住刮风的机会。

刺状的芒（刚毛）可以挂住植物或地面，从而结束种子远离母株的行程

完整的包裹

每粒种子都含有一个植物胚胎，有幼根（胚根）和幼芽（上胚轴），包裹在1片或更多片子叶里面。子叶含有养分，在胚萌发时起到滋养作用。

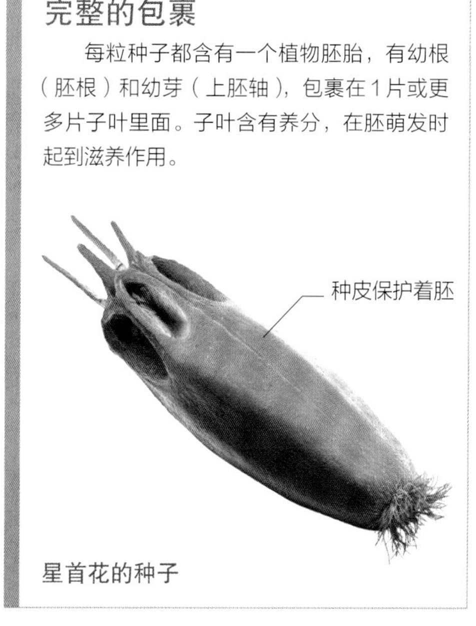

星首花的种子

纸做的月亮

星首花的花序含有许多小花，每一朵都结出单独1粒种子。每粒种子有5根刺状的刚毛，叫作芒，被纸质的苞片包围，形成一副“降落伞”。风会吹走“降落伞”，最后由芒把种子挂在地面上。

纸质苞片环绕着每个果实，让果实能够飞起，搭上微风的“便车”

分道扬镳

有些花只能发育出单独一个果实，但是全缘铁线莲（*Clematis integrifolia*）的花却能结出许多各含 1 粒种子的果实——瘦果。这是一种演化优势，因为众多的果实可以向四面八方散播，从而扩大这种植物的地盘。每个瘦果都有一根长尾，覆有丝毛，使果实很容易飘在空中。

长丝毛的种子

为了借助散播，种子需要适应。有些植物用丝毛来实现这个目的，如在棉属（*Gossypium*）和杨属（*Populus*）植物的果实中充填了大团棉毛，与种子一同散出，有助于它们的散播。在其他一些植物中，种子上的毛发育为精巧的翅或“降落伞”。毛也能让种子固定在它们最终降落的地面，而那里萌发。

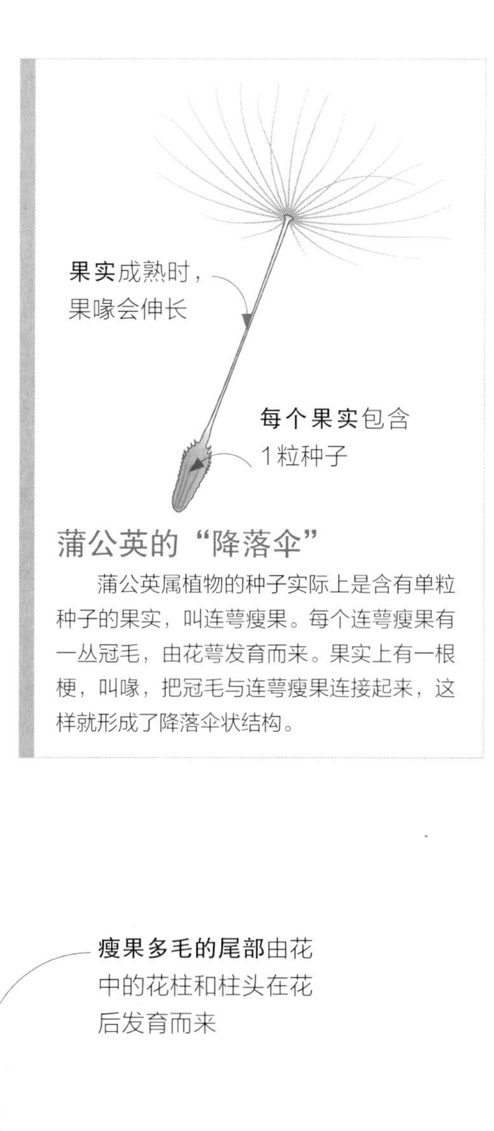

蒲公英的“降落伞”

蒲公英属植物的种子实际上是含有单粒种子的果实，叫连萼瘦果。每个连萼瘦果有一丛冠毛，由花萼发育而来。果实上有一根梗，叫喙，把冠毛与连萼瘦果连接起来，这样就形成了降落伞状结构。

瘦果多毛的尾部由花中的花柱和柱头在花后发育而来

大量瘦果在成熟前一直长在中央的果托上，在成熟后掉落

长果梗把果穗举高，这样风就能更容易地吹到果实

成簇心皮

铁钱莲属的花心有许多心皮，每一枚心皮都能结1粒种子。心皮发育成瘦果，在果实成熟时果簇便分离解体。

Asclepias syriaca

北美马利筋

北美马利筋在北美洲东部大部分地区普遍可见，它是黑脉金斑蝶（monarch butterfly，也叫君主斑蝶）幼虫的食物，这可能是它最为人熟悉之处。在历史上曾经大规模商业种植北美马利筋，人们收获它的种子上的丝绵，用来填充枕头、垫子以至救生衣。

北美马利筋的花形成伞形花序，花有香气，颜色从浅粉红色到近紫红色不等，每一朵花都有5片反折的花瓣和5个充满花蜜的兜状结构。一般的花会把大量花粉像灰尘一样扑在传粉者身上，但北美马利筋的花却把花粉打包成黏性的花粉块。花粉块位于每个兜状结构两侧名为柱头沟的沟槽中。采蜜的昆虫必须竭力抓住花朵的光滑表面，于是可能会不经意地把腿插进柱头沟中。花粉块就这样粘在昆虫腿上，在昆虫飞到邻近的另一棵北美马利筋上采蜜时完成传粉。这种传粉策略适合体形较大的昆虫，一些蜂类和更小的昆虫则会陷在沟里，或是在试图逃脱时折断腿。果实在传粉之后形成，起初是微小的绿芽，之后就膨大为充满种子的大型裂果——蓇葖果。种子扁平，褐色，每一粒种子上都有一丛丝毛——种缨。

北美马利筋的汁液有毒，使动物不敢碰它。虽然植株有毒，但北美马利筋以花蜜和叶为多种昆虫提供了丰富的食物，其中就包括黑脉金斑蝶，它已经适应了北美马利筋的防御性毒素。由于生境破坏和除草剂用量的增加，北美马利筋的居群发生衰退，这部分导致了黑脉金斑蝶数量的衰减。改变这种植物的命运，有可能恢复黑脉金斑蝶的数量。

带丝毛的种子

如今，北美马利筋的丝毛有了新用途，可作为户外服装的隔热材料、机动车中的隔音垫材料和泄漏石油的吸收材料，这可能预示着这种植物会再次被商业化种植。

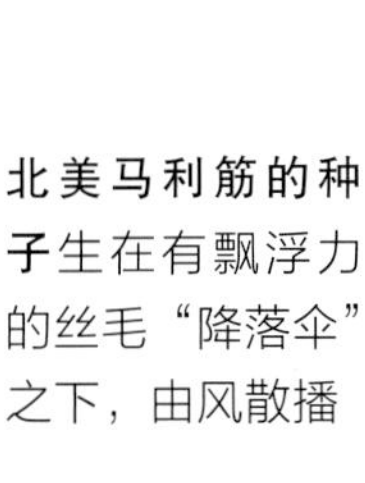

北美马利筋的种子生在有飘浮力的丝毛“降落伞”之下，由风散播

丝毛质地轻盈，中空，表面有蜡质防水层

北美马利筋的蓇葖果

北美马利筋的裂果是蓇葖果，长约7.6~10厘米（3~4英寸），覆有柔软的皮刺和短绵毛。一旦成熟，果实会在侧面裂开，散出种子。

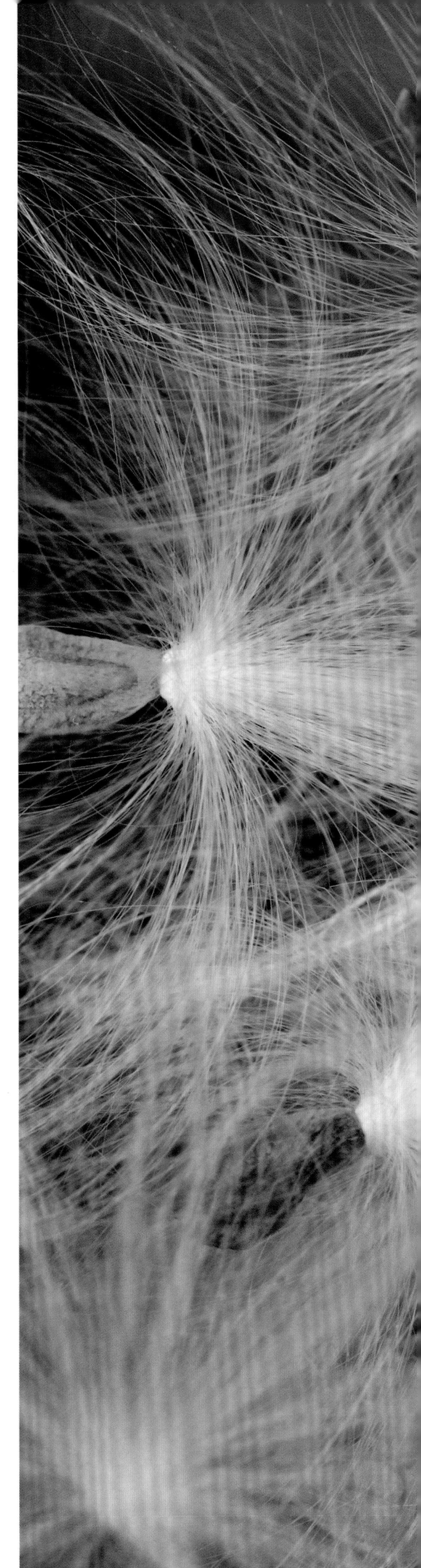

种子如何萌发

大多数种子有胚，并有养分储备，用于生长。在萌发时先长出根，把幼苗固定住，之后再长出叶。对蚕豆之类的大多数被子植物来说，首先长出的是一对子叶，其中含有由种子带来的养分。单子叶植物则只有一片子叶，可一直留在种子里。

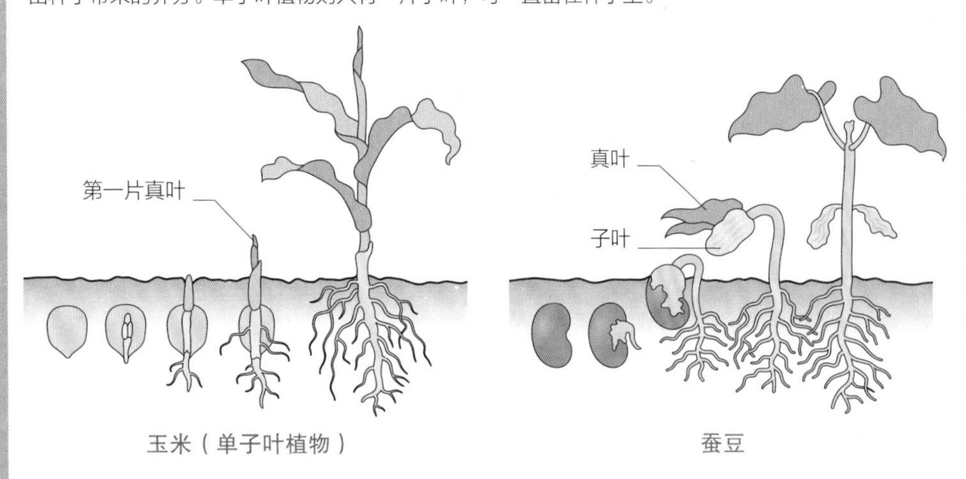

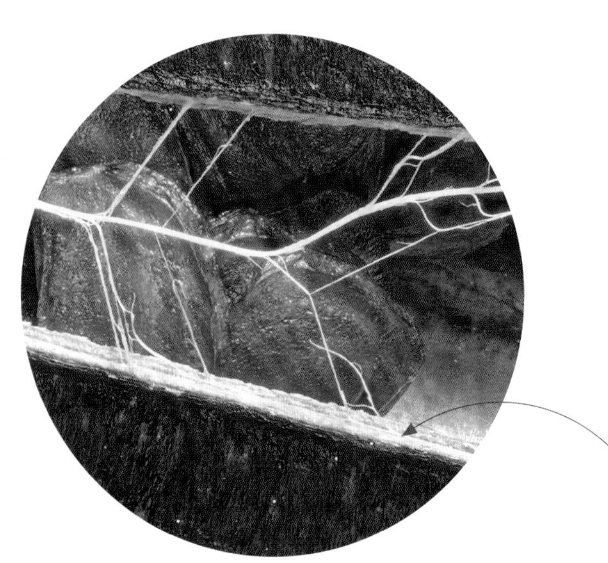

百合属的蒴果
有3室，每室中都有硬币状的圆形种子

摇开果实

岷江百合（*Lilium regale*）的纸质蒴果含有许多带翅的种子。果实在干燥后会裂开，散出种子，这个过程需要冬季的强风帮忙。在岷江百合的原产地中国西部，这种强劲的冬风会呼啸着扫过陡峭的山谷，那里也就是它的天然生境。

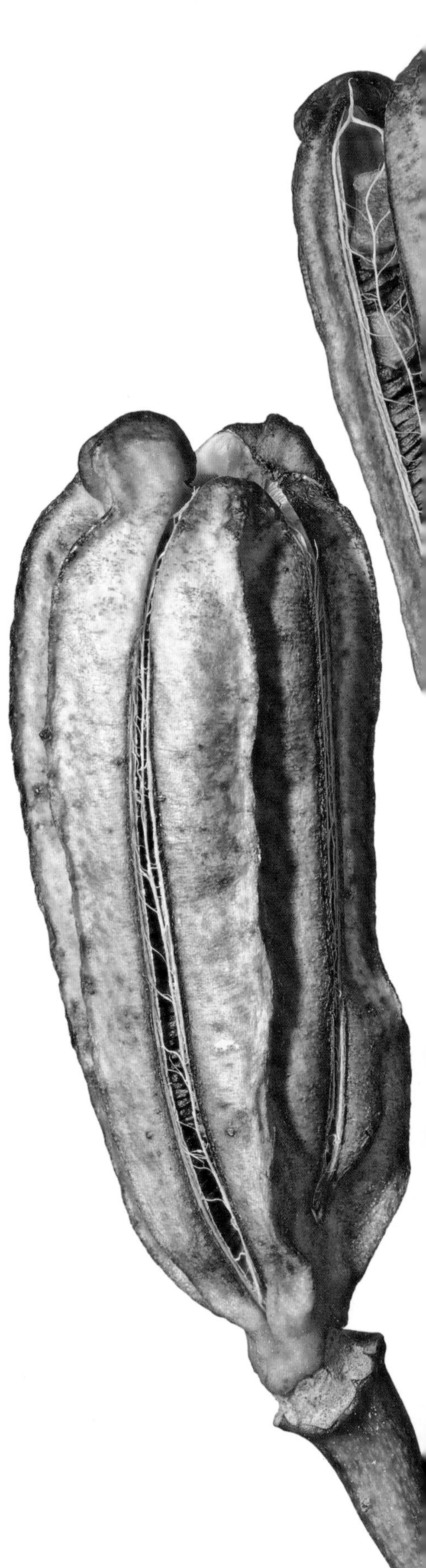

开裂的果实

在所有果实里面，肉果可能最为人熟悉，其中包括很多供我们食用的水果，但是干果也很常见。干果包括荚果、蒴果、瘦果、蓇葖果、分果等，有的会开裂而散出种子，也有的始终保持闭合（不开裂），散播的时候让种子留在里面。干果没有吸引动物的肉质果皮，它们靠其他方法来散播种子。靠风传播是一种被广泛利用的方法，但是种子也可以贴附在动物皮毛上或是掉到地上。

百合属果实的裂口
下露出两排种子
蒴果在晚夏
干透、萎缩
并开裂

吸湿运动

开裂性的果实因水分损失或干燥而变形时常常会炸开。随着组织变得干燥或湿润，它们会发生扭曲，这个过程称为吸湿运动。芹叶牻牛儿苗（*Erodium cicutarium*）等一些植物的种子有吸湿性的尾状结构（芒），它们在湿润时扭曲，而把种子部分埋入土壤中。吸湿性的果实通常分成几部分；当它们干燥时，每个果爿会变形，导致果实裂开或炸开。不只是干燥的果实会炸裂，有些含水分多的肉果会积蓄很大的压力，然后突然裂开，带着种子离开。

卷曲的芒
干燥的种子
湿润的种子钻入土壤
种子

芹叶牻牛儿苗的种子

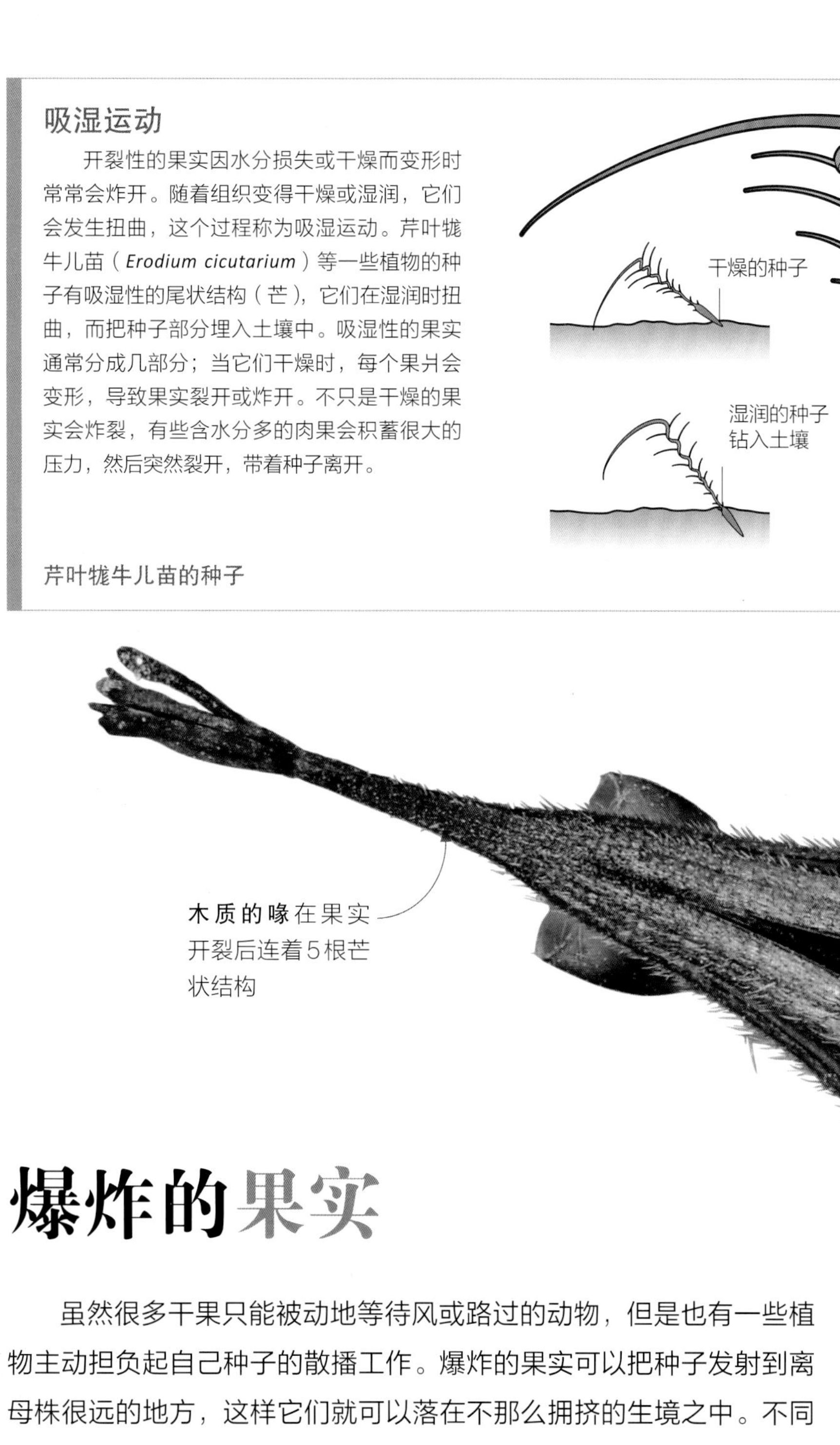

爆炸的果实

虽然很多干果只能被动地等待风或路过的动物，但是也有一些植物主动担负起自己种子的散播工作。爆炸的果实可以把种子发射到离母株很远的地方，这样它们就可以落在不那么拥挤的生境之中。不同种类的植物演化出了多种多样的爆炸机制，但其中大部分依靠果实内积蓄的压力来把种子弹射出去。

种子投掷机

血红老鹳草（*Geranium sanguineum*）属于老鹳草属，之所以叫这个名字是因为它们的果实有长喙，状如鹳鸟的嘴。这种果实叫弹裂蒴果（见第300页），其中有5粒种子环绕木质的喙排列。每粒种子都各自盖着一部分果皮，连在长芒状的结构上，所有5根芒在喙顶合生。当果实干燥后芒会扭曲，使果实开裂，把种子弹射出去。

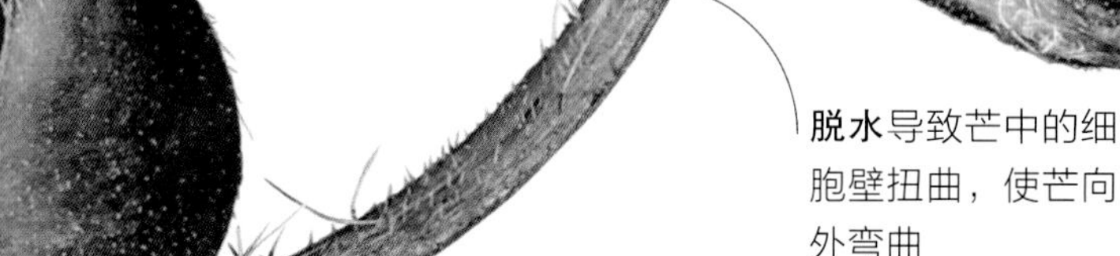

心甘情愿的“快递员”

爆炸的果实只能让种子散出有限的距离。不过，一些植物为了扩展地盘，用了第二种方法。堇菜属（*Viola* sp.）和金雀儿属（*Cytisus* sp.）的种子上有一小包营养物质——油质体，可以吸引蚁类来捡拾，把它们带走。

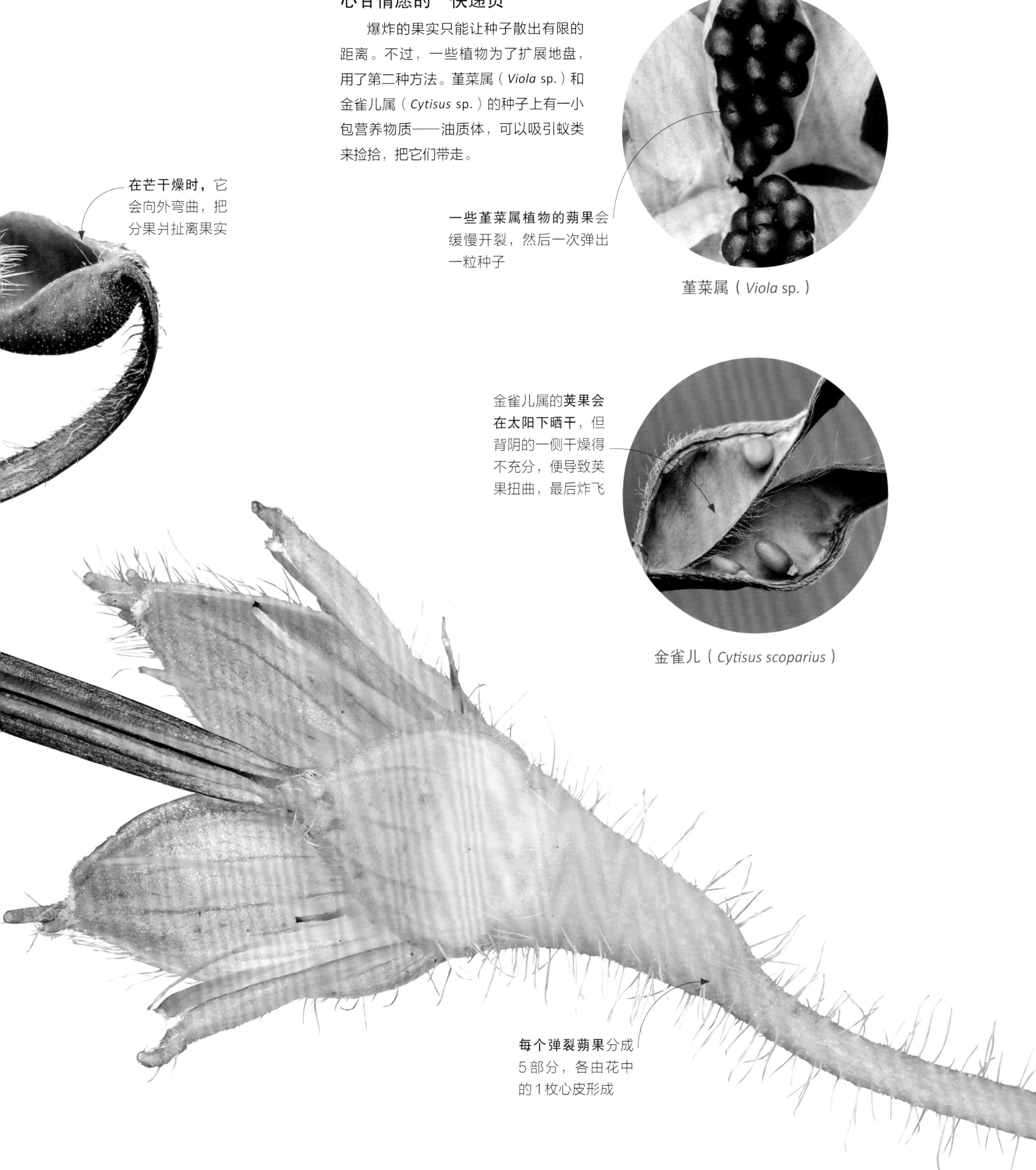

堇菜属（*Viola* sp.）

金雀儿（*Cytisus scoparius*）

Nigella sativa

家黑种草

家黑种草在英文中有许多别名，如黑种草、茴香花、黑孜然、黑葛缕子、罗马芫荽等。它已经被人类栽培了大约3600年。它的种子可以作为香料撒在面包和馕上，或是用来榨取植物油。

家黑种草与人类有悠久的共居一地的历史，这让人们很难搞清楚它的野生起源地。有些研究称这种植物来自欧洲地中海地区，也有的研究认为是来自亚洲或北非。在土耳其南部、叙利亚和伊拉克北部现在还能见到它的野生居群，因此它很可能起源于中东。

家黑种草植株直立，高达约61厘米（2英尺），是一种忍耐力很强的一年生植物，在多种类型土壤上均生长良好。虽然它在英文中有那些别名，但它与茴香（*Foeniculum vulgare*）、孜然芹（*Cuminum cyminum*）、葛缕子（*Carum carvi*）或芫荽（*Coriandrum sativum*）都没有亲缘关系，这4种植物都属于伞形科。家黑种草则是毛茛科（Ranunculaceae）的成员，与常见的观赏植物黑种草（*Nigella damascena*）是近亲。最早让人类注意到这种植物的极可能是它们美丽的花朵。家黑种草在野外的传粉者还不清楚，但是在其他地方则由蜂类扮演着这个角色。传粉之后，家黑种草的果实膨大，成为肿胀的大型裂果，每个果实由几个蓇葖果构成，每个蓇葖果都含有许多黑色种子。

家黑种草的微小辛辣的种子不仅让鸟类无法抗拒，而且也受人喜爱，作为香料广泛用在印度和中东的烹饪中。在古代，其种子和油曾用于治疗多种疾病，如今这种植物也仍然作为草药使用。

家黑种草的果实

家黑种草的梨形种子长在开裂的果实中，其果实由多至7个果爿（蓇葖果）构成，每个果爿末端有个长突起，由花柱发育而成。当果实变干、蓇葖果裂开时，种子就散落出来。

栽培花卉

黑种草是常见的一年生花卉。花园中开放的花常为半重瓣，花色是深蓝色（见左图），但野生植株的花为单瓣，颜色较浅。

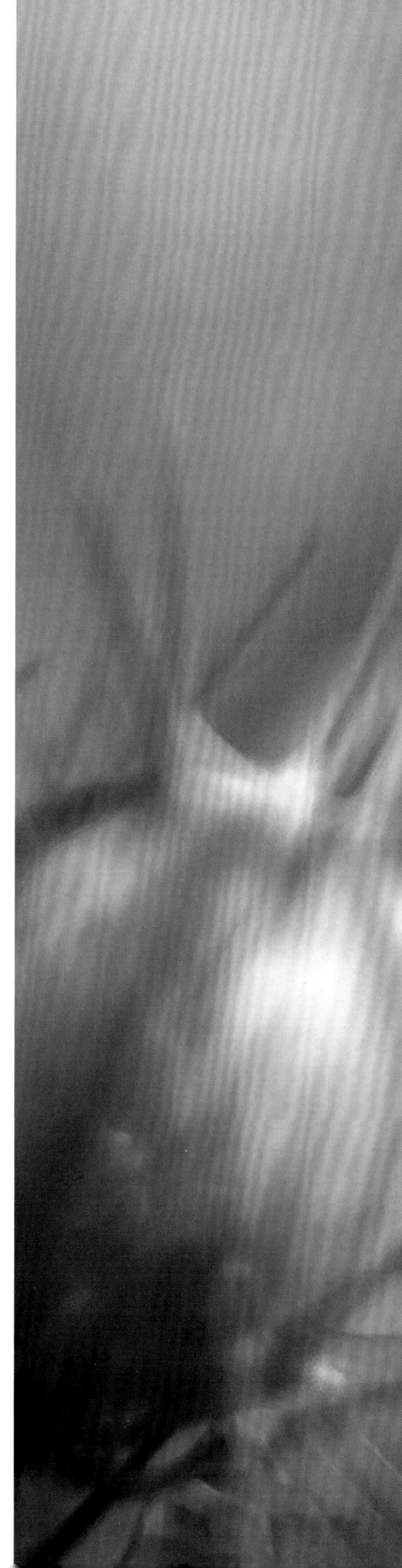

热处理

一些佛塔树属（*Banksia*）树种的木质果穗外观奇特，可让种子在其中存放多年，只在天然的野火或人工的热处理使一个个的小蓇葖果裂开之后才把种子抛出。左图所示的就是已经张开并散出种子的蓇葖果，状如双唇。

种子与火

成熟的种子通常会自发地从母株上分离。然而，一些植物，特别是那些长于恶劣环境中的植物，却只在经历极端环境事件之后才散出种子。对松柏类来说，火是共同的触发因素，此外火也是其他很多乔木和灌木所需的诱因，如澳大利亚的佛塔树属。虽然野火常常会烧死年幼的树，但是热度却可以让它们的球果般的果实裂开，掉出里面已经成熟了几个月甚至几年的种子。

火的协助

佛塔树属的种子需要火来使它们散落。此外，它们还能在野火中茁壮生长。火把地面清理干净，消除了来自其他植物的竞争。掉落的种子又能轻松地进入火灭后留下的松软灰烬中，这些灰烬可以保护种子不受酷热的阳光炙烤。

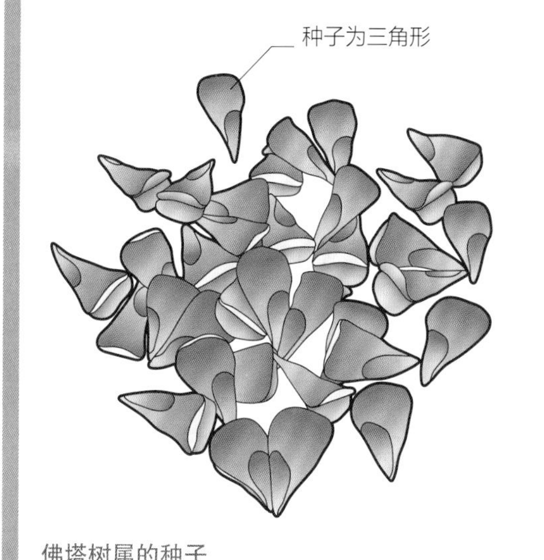

佛塔树属的种子

浓密的纤维覆盖着果穗的坚硬内部核心

大量的纤维让掠食性的昆虫无法吃到种子

在火中，**外层的纤维**被烧掉，露出核心

未开裂的蓇葖果可能表明里面没结种子

木质的保护

一些佛塔树属的植物果穗看上去仿佛被木质的“羊毛”所包围。它们是仍旧附着在果穗上的生殖器官的残余。这种毛状的屏障可以保护里面的种子不被鸟类和昆虫取食。

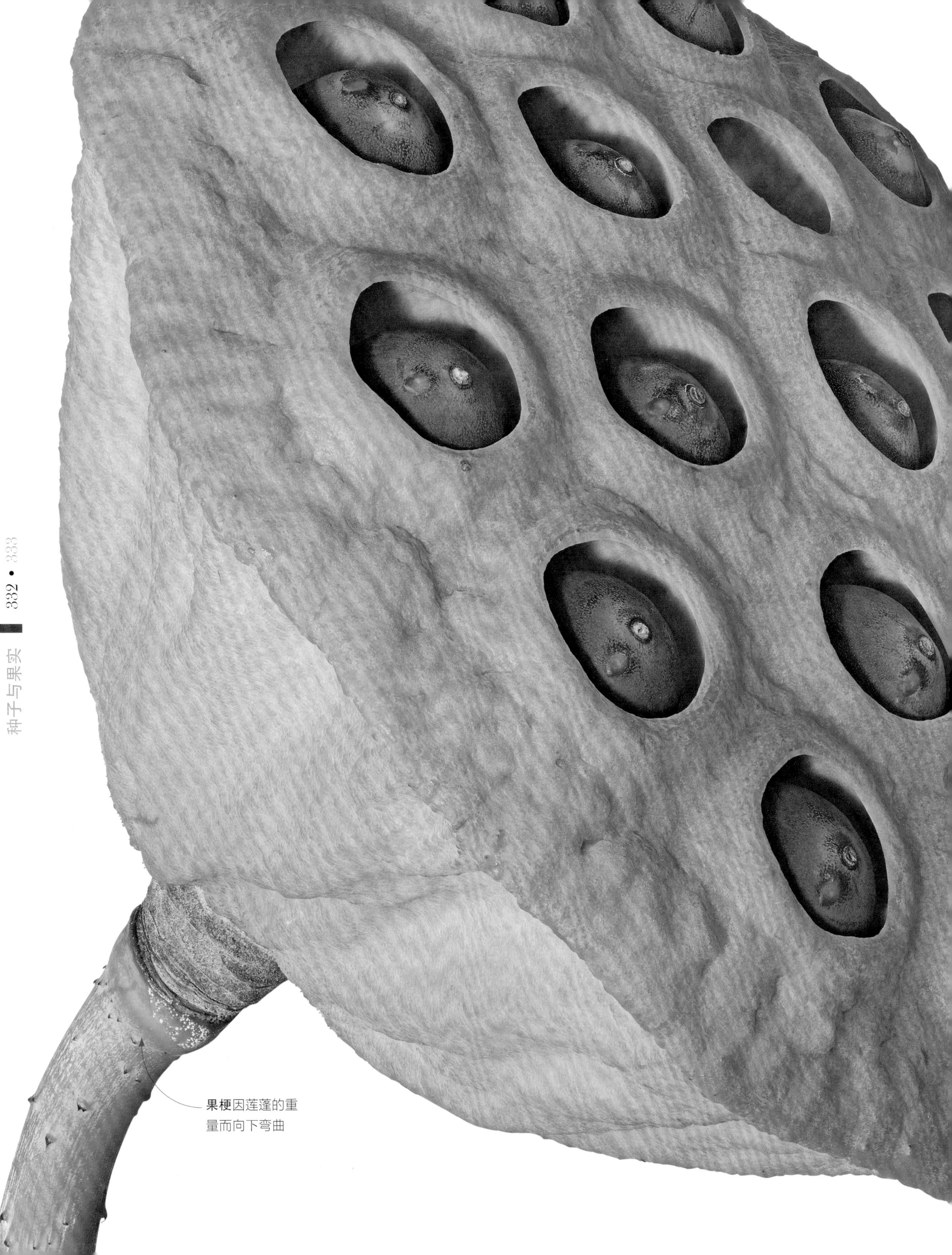

果梗因连蓬的重量而向下弯曲

沉重的解放

莲（*Nelumbo nucifera*）生于水中，它的每一朵花都结出一个聚合果，成熟之后成为外形奇特的多室的莲蓬，直径大约7.6~12.7厘米（3~5英寸）。等众多的种子成熟后，莲蓬会皱缩。最终，它的梗因重力作用而下弯，种子落入水中。

用来漂浮的种子

椰子厚厚的毛状纤维（椰棕）之间包有空气，可以让椰子漂浮在水上。椰壳分为几层，椰棕层夹在保护性的外层（外果皮）和坚硬的内壳（内果皮）之间。椰子肉是贮藏养分的组织（胚乳），在种子萌发时为提供养分，而椰汁则让种子保持富含水分的状态。即使在海水中经过约4828千米（3000英里）的漂流，椰子仍然可以长出幼苗。

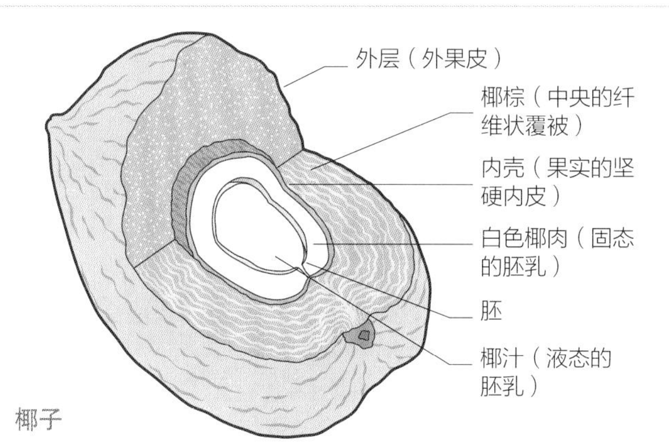

椰子

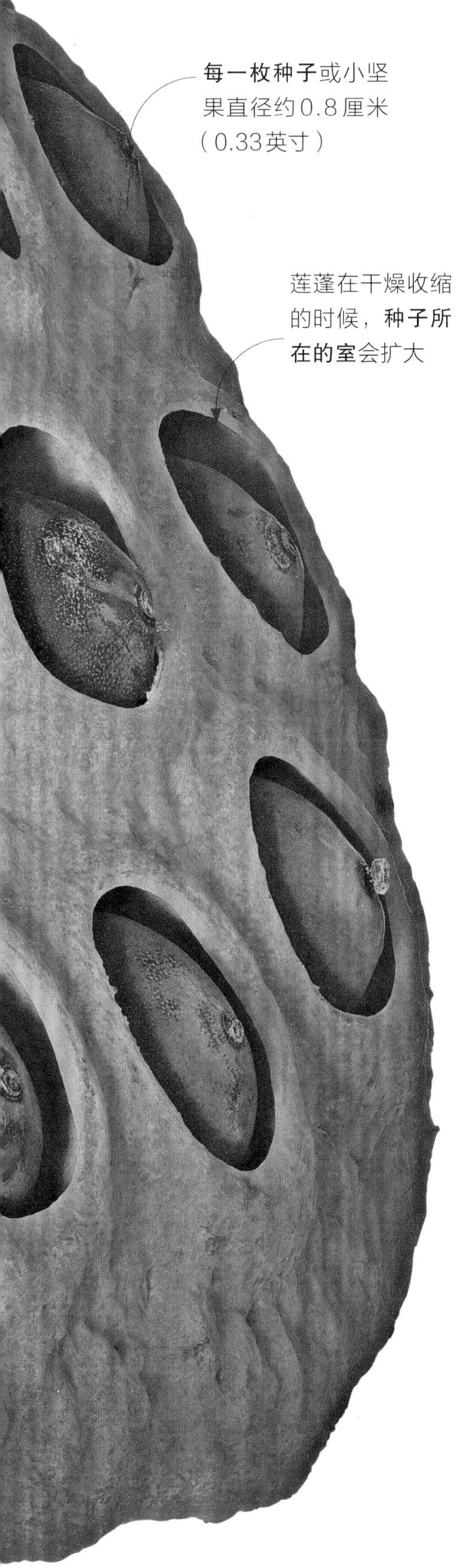

每一枚种子或小坚果直径约0.8厘米（0.33英寸）

莲蓬在干燥收缩的时候，**种子所在的室**会扩大

水的传播

水能运送很多种子，这个过程叫水播。莲（荷花）之类的湿地植物是靠水来把种子散播到池塘、河流和小溪中。除此之外，就连风铃草和垂枝桦等植物的种子也可以通过这种方式散播。不过，这些短程的淡水旅行相比椰子等热带植物的种子所经历的史诗般的远洋航行而言就是小巫见大巫了。

保护性的外皮

如果种子要在长时间与水接触的情况下存活下来，就需要坚硬的种皮。莲子的种皮坚硬如石，几乎不透水，有助于避免种子分解。

分成多室的莲蓬在干燥后变色，成为褐色

花生粒大小的莲子活过1000岁之后仍能萌发

异域水果

右边这幅彩色石印图展示了番木瓜（*Carica papaya*）植株的一些部位。这是贝尔特·霍拉·范·诺滕（Berthe Hoola van Nooten, 1817—1892年）在《爪哇岛的花、果与叶》（*Nooten's Fleurs, Fruits et Feuillages de l'ile de Java*, 1863—1864年）中发表的40幅描绘爪哇植物的图版之一。

植物与艺术

描绘世界

18世纪和19世纪是植物学的黄金时代，这个时期人们在搜寻全世界的标本，有很多探险者和插画师付出了巨大心血。虽然女性这时在很大程度上被排斥在科学活动之外，但仍有一些勇敢的人设法展开考察，搜寻新植物，把它们记录在精美的绘画之中。

肉豆蔻的叶、花和果

在上面的这幅画中，诺斯揭示了肉豆蔻（*Myristica fragrans*）这种常用的烹饪香料的不同生长阶段，此画绘于1871—1872年她第一次主要考察中在牙买加的蓝山山脉逗留期间。肉豆蔻的花、叶和果实与一只多点贝凤蝶（*Papilio polydamas*）和一只小吸蜜蜂鸟（*Mellisuga minima*）画在了一起。

玛丽安·诺斯（Marianne North, 1830—1890年）是维多利亚时代的著名生物学家和画家。1871年，她开始周游世界，在她的绘画中记录各地的植物。在伦敦邱园的画廊中收藏了她的832幅画，描绘的是风景、植物、鸟类和兽类等。在彩色摄影术出现之前，这些画为维多利亚时代的公众提供了理解异域生物在自然生境中状态的机会。虽然诺斯的家族人脉和财产让她能够花13年时间在全球各大洲旅行，但是如果没有她的勇气和精力，这一切也不可能发生。

差不多同样岁数的时候，出生于荷兰的贝尔特·霍拉·范·诺滕也来到了爪哇岛上的巴达维亚（雅加达）。她是一位身无分文的寡妇，对植物学很感兴趣。在那里，她靠售卖以彩色石版印刷的植物绘画为生，荷兰王后对她出版这些有关爪哇植物的精美绘画给予了支持。

一个世纪之后，玛格丽特·米（Margaret Mee, 1909—1988年）在亚马孙雨林中开始了30年的研究和绘画。她记录了几个新种，其中一些以她的名字命名，她还以雨林为背景描绘了很多植物。

> “我长久地梦想着前往一些热带国度，在自然界中华美丰饶的地方描绘那里的独特植物。”
>
> ——玛丽安·诺斯《愉快人生的回忆》（*Recollection of a Happy Life*, 1892年）

自然背景

在牙买加，诺斯画了一些挂在枝头的咸鱼果（*Blighia sapida*）。这种西非植物（见右图）由威廉·布莱（William Bligh）船长带到牙买加，其属名就以布莱的姓氏命名。

备用计划

珠芽菜蕨也可以用孢子生殖。孢子长在名为孢子囊群的结构中，孢子囊群在每片小叶的下表面沿细脉分布。

天然的克隆

一些植物演化出了不止一种创造后代的方式。如所有蕨类都通过孢子生殖，但是很多蕨类也通过珠芽来制造自己的无性繁殖体（克隆体）。珠芽是微小的次生鳞茎，生长在叶片与叶的主茎——叶轴相交的地方。珠芽在从蕨类母株上掉落后就长成新植株。如果蕨叶下弯触及土壤，珠芽也能生根。这些新植株就是母株的克隆。

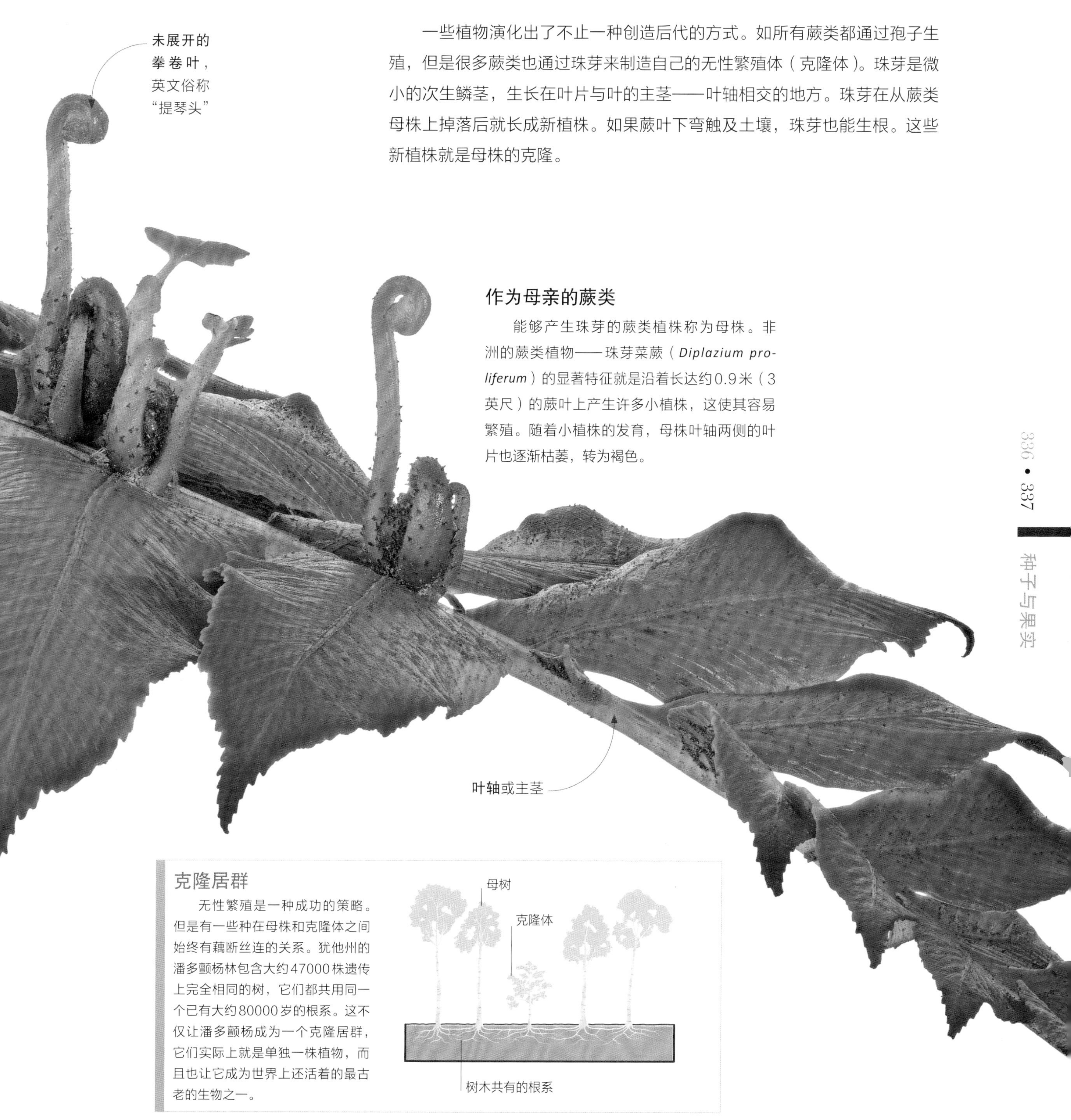

作为母亲的蕨类

能够产生珠芽的蕨类植株称为母株。非洲的蕨类植物——珠芽菜蕨（*Diplazium proliferum*）的显著特征就是沿着长达约0.9米（3英尺）的蕨叶上产生许多小植株，这使其容易繁殖。随着小植株的发育，母株叶轴两侧的叶片也逐渐枯萎，转为褐色。

克隆居群

无性繁殖是一种成功的策略。但是有一些种在母株和克隆体之间始终有藕断丝连的关系。犹他州的潘多颤杨林包含大约47000株遗传上完全相同的树，它们都共用同一个已有大约80000岁的根系。这不仅让潘多颤杨成为一个克隆居群，它们实际上就是单独一株植物，而且也让它成为世界上还活着的最古老的生物之一。

母树
克隆体
树木共有的根系

叶的**上表面**不生孢子囊

蕨类的**孢子**

蕨类不开花，而是靠孢子生殖。蕨类孢子长于叶下面名为孢子囊的结构中。孢子囊通常在蕨叶上群集成簇，成为孢子囊群，在每个种中有各自的形态。在一些种中，未成熟的孢子囊群还得到一层名为囊群盖的膜质结构的保护。每个孢子囊群含有很多孢子囊和数以千计的孢子，它们一旦成熟，就可随风飘散。

南洋巢蕨（*Asplenium australasicum*）

车前叶修蕨（*Selliguea plantaginea*）

印度洋三叉蕨（*Tectaria pica*）

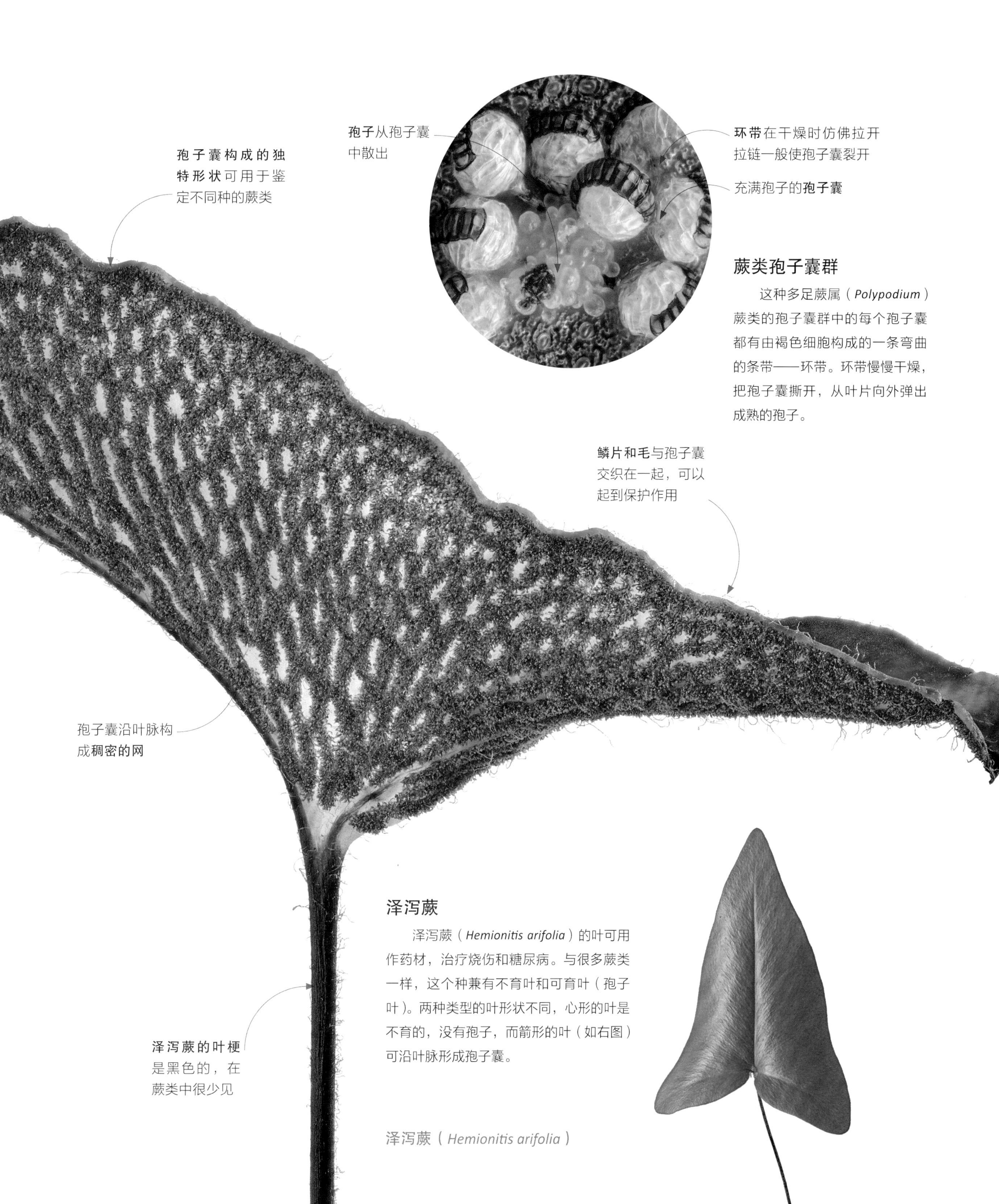

蕨类孢子囊群

这种多足蕨属（*Polypodium*）蕨类的孢子囊群中的每个孢子囊都有由褐色细胞构成的一条弯曲的条带——环带。环带慢慢干燥，把孢子囊撕开，从叶片向外弹出成熟的孢子。

泽泻蕨

泽泻蕨（*Hemionitis arifolia*）的叶可用作药材，治疗烧伤和糖尿病。与很多蕨类一样，这个种兼有不育叶和可育叶（孢子叶）。两种类型的叶形状不同，心形的叶是不育的，没有孢子，而箭形的叶（如右图）可沿叶脉形成孢子囊。

泽泻蕨（*Hemionitis arifolia*）

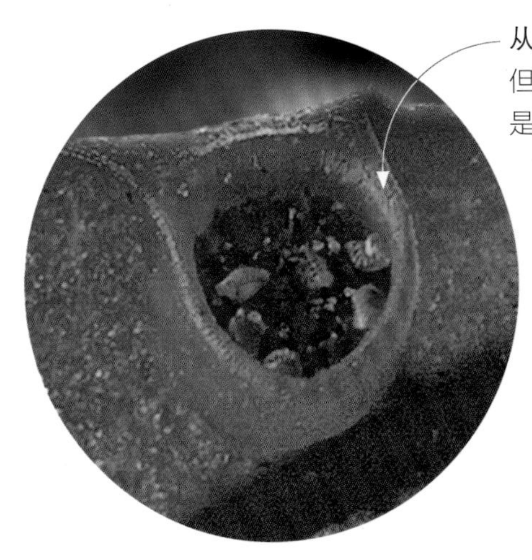

从叶上方可见孢子囊，但从植物学上而言它们是在叶片下面形成的

孢子杯

蚁蕨（*Lecanopteris carnosa*）的孢子囊形成于沿着叶片下面分布的深“杯”里。这些杯状结构向回翻折到叶片上表面。

每个孢子囊群直径大约2.5毫米（0.1英寸），含有很多孢子囊

从孢子到蕨类

随风散播的孢子落到一个合适的生境之后就会长出一株微小的植物体。和种子不同，由孢子发育而成的小植株叫配子体，只有一套染色体。配子体可形成配子（精子和卵子），它们结合之后再长成更复杂的植物体（孢子体）。孢子体有两套染色体，也就是我们通常看到的蕨类植株。

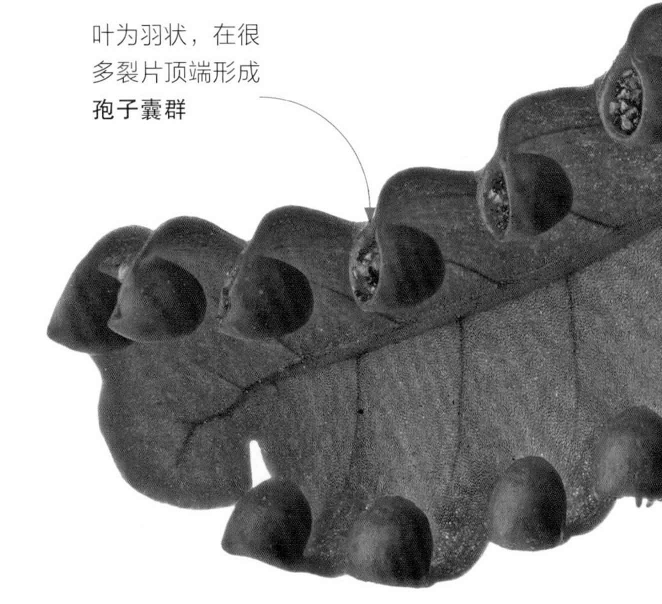

叶为羽状，在很多裂片顶端形成**孢子囊群**

世代交替

蕨类的配子体产生精子，在其潮湿生境中的水体中游动，到达卵细胞并使之受精。受精卵（合子）发育为孢子体。配子体和孢子体之间的这种世代交替在被子植物中也存在，但被子植物的配子体（胚囊和花粉粒）非常小，完全依赖孢子体生存。

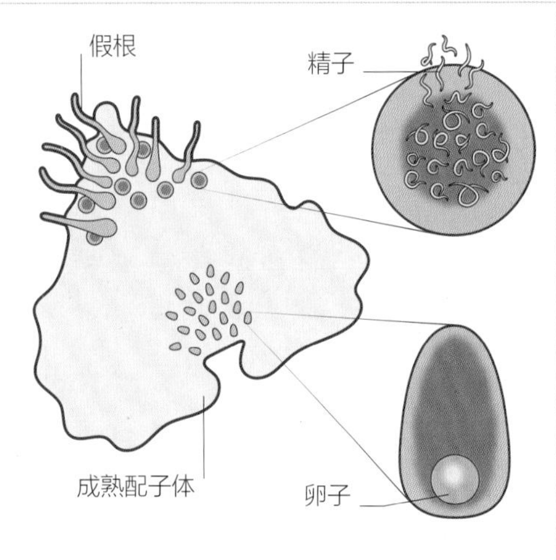

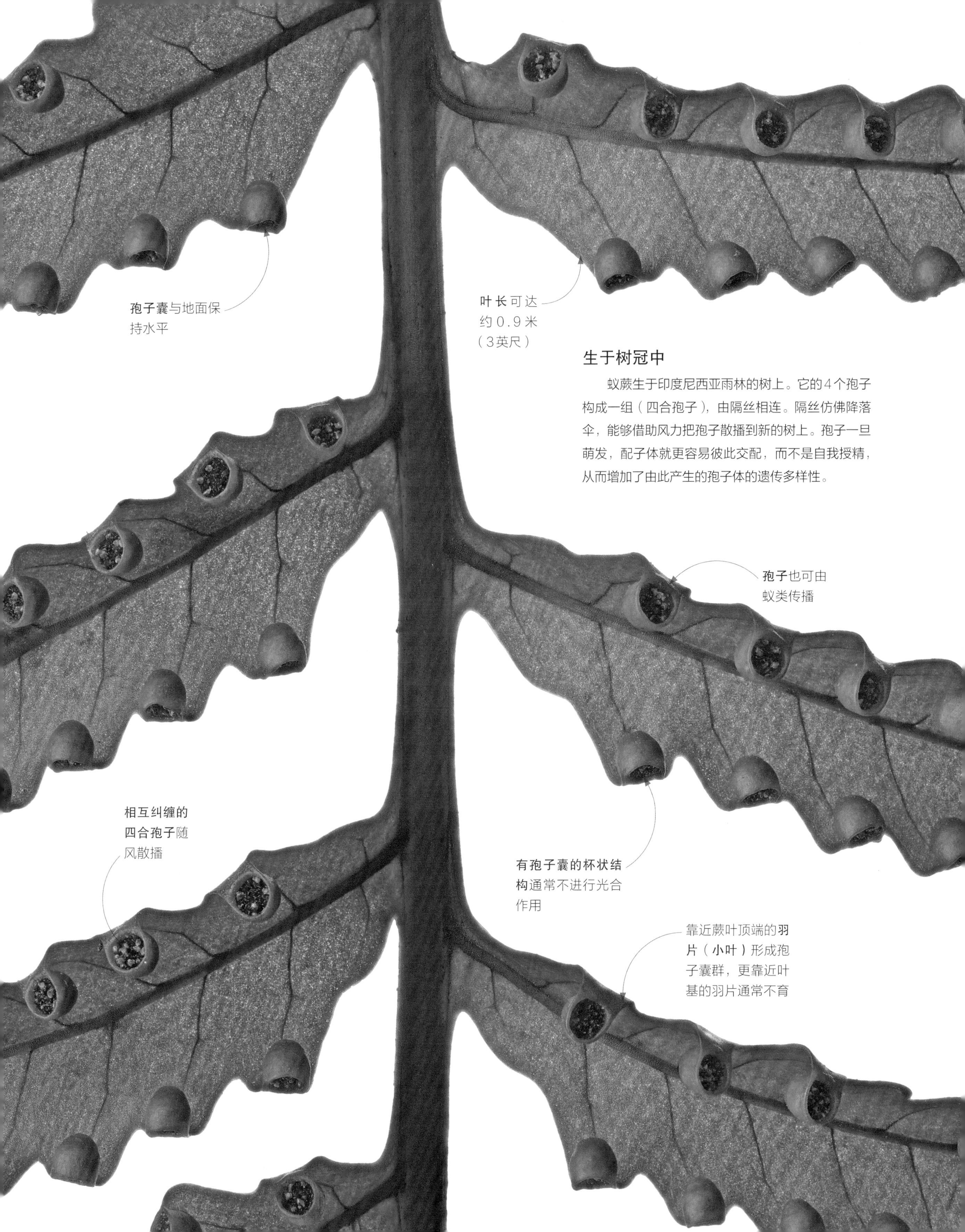

生于树冠中

蚁蕨生于印度尼西亚雨林的树上。它的4个孢子构成一组（四合孢子），由隔丝相连。隔丝仿佛降落伞，能够借助风力把孢子散播到新的树上。孢子一旦萌发，配子体就更容易彼此交配，而不是自我授精，从而增加了由此产生的孢子体的遗传多样性。

Polytrichum sp.

金发藓属

微小的藓类看上去无足轻重，却获得了很大成功，它们至少从大约3亿年前的二叠纪就开始在地球上生存了，今天仍然可以在地球所有的大洲见到。在最常见的藓类中有一些属于金发藓属。

金发藓属的生命历程分成两个阶段，即“世代交替”。配子体阶段的植物体是藓类中绿色、有叶的部分。孢子体阶段的植物体则如头发，有时候可以见到它们在藓茎上长出，“金发藓”由此得名。在“头发”的顶端是孢蒴，其中有孢子。这两个阶段的植物体在遗传上也有差异。配子体有两套染色体，产生性细胞（精子和卵子）。一旦配子体受精，就在其顶端长出孢子体。孢子体只有一套染色体，产生孢子。散放的孢子在合适的地点着陆后又长出新的配子体。

在植物演化出专门用于运输水分和营养的维管组织之前很久，藓类就演化出来了。大部分藓类必须在它们生命中的一个阶段持续与水接触才能存活。然而，金发藓属发生了类似维管植物的某种趋同演化，它们体内也有原始的维管组织，于是它们可以长得更高，并度过更长时间的干旱期。这样，金发藓类便征服了对它们的大多数亲缘类群来说过于干旱的生境。

金发藓类既然适应性这么强，它们在生态系统重建中就扮演了关键角色，并常常是最早占领贫瘠土壤的植物。成片的金发藓可以遏止水土流失，它们还有截留水分、降低温度的作用，让藓丛成为适合其他植物生长的好地方。

头发状的孢子体

在环境适合散放孢子时，依赖于湿度变化，孢蒴一张一合，把孢子释放出去。孢子体完全依赖能进行光合作用的配子体提供水分和营养。

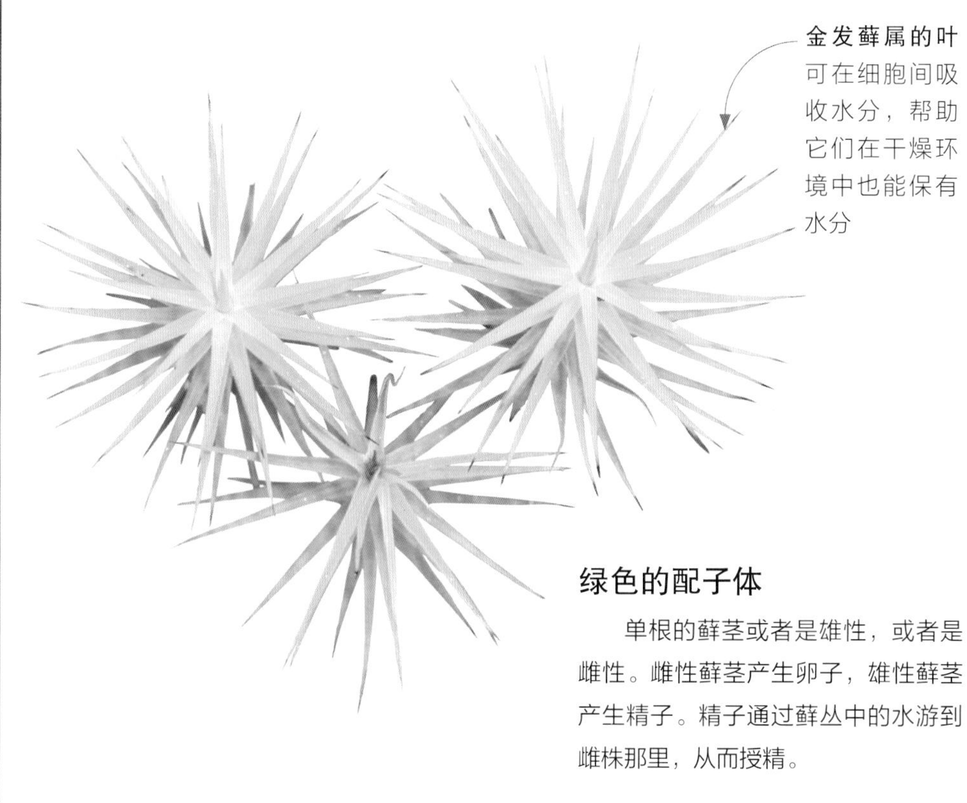

金发藓属的叶 可在细胞间吸收水分，帮助它们在干燥环境中也能保有水分

绿色的配子体

单根的藓茎或者是雄性，或者是雌性。雌性藓茎产生卵子，雄性藓茎产生精子。精子通过藓丛中的水游到雌株那里，从而授精。

术语表

半寄生植物（hemiparasite）：具有绿色的叶、可以进行光合作用的寄生植物，代表植物如白果槲寄生。

苞片（bract）：一种变态叶，在花或花序的基部周围起到吸引或保护的作用（通常保护花蕾）。有些苞片大而鲜艳，形似花瓣，可吸引益虫；另一些苞片外形如叶，但比植株上的其他叶小，形状也有所不同。

孢子（spore）：蕨类、藓类等无花植物和真菌的微小生殖结构。

孢子囊（sporangium，复数sporangia）：蕨类产生孢子的结构。

孢子囊群，孢子堆（sorus，复数sori）：1. 蕨叶下面簇生的孢子囊；2. 一些地衣和真菌产生孢子的结构。

薄壁组织（parenchyma）：由细胞壁较薄的细胞组成的柔软的植物组织。

被子植物（angiosperm）：能开花的植物，其胚珠包在子房中，后来发育为包在果实中的种子。被子植物在分类上可以划分为两个主要类群—单子叶植物和真双子叶植物。

闭锁（cleistogamous）：指花不绽放就可以自花传粉。与之相对的是“开放”。

变种（variety）：种的另一种划分，通常与该种的典型类型只在一个特征上有差异。

表皮（epidermis）：植株最外部的保护性细胞层。

不定（adventitious）：在正常情况下没有该器官生长的地方产生的，如不定根可在茎上生出。

不开裂（indehiscent）：用于描述果实，指果实不会裂开散出种子，如榛属。

不完全花（imperfect flower）：只有雄性生殖器官或只有雌性生殖器官的花。也叫单性花。

草本（多年生）（herbaceous）：指植株不木质化，地上部分多在生长季结束的时候枯死，仅余根株。这个术语在园艺上主要用于描述多年生植物，但在植物学上也用于指一年生植物和二年生植物。

侧生（lateral）：指在茎或根的侧面长出的。

常绿（evergreen）：用于描述能够把叶保持多于一个生长季的植物。半常绿植物只能把一小部分叶保持多于一个生长季。

沉水（submergent）：指植物完全生活于水下。

翅果（samara）：含1粒种子的不开裂的干果，生有“翅”，可随风散播。代表植物如梣属和槭属。

翅果（winged fruit）：生有轻薄的纸质结构、状如鸟翅的果实，翅可帮助果实在空中飘散。在英文中是“翅果”（samara）的通俗说法。

虫穴（domatium，复数domatia）：植物的可供动物栖息的结构，通常是根、茎或叶脉上的空穴，常与蚁类有关。

传粉（pollination）：花粉从花药传递到柱头的过程。

传粉者，授粉株（pollinator）：1. 执行传粉过程的媒介或方法，如昆虫、鸟类或风；2. 为了让另一棵自花传粉不育或部分不育的植株结出种子而为它提供花粉的植株。

唇瓣（lip）：花中显眼的下部花被片，由1片或更多的合生花瓣或萼片形成。参见“唇瓣”（labellum）。

唇瓣（labellum）：义同“唇瓣”（lip），特指鸢尾属或兰科的花中形态显眼的第3片花瓣。参见“唇瓣”（lip）。

雌蕊（pistil）：见“心皮”。

雌蕊先熟（protogynous）：指开两性花的植物的花先为功能性的雌花，后变为功能性的雄花。与之相对的是雄蕊先熟。

雌雄同花（hermaphrodite）：用于形容植物的种，指单独一朵两性花或完全花中同时具有雄性的雄蕊和雌性的雌蕊。

雌雄同株（monoecious）：指植物有彼此分离的雄花和雌花，生于同一植株上。参见“雌雄异株”。

雌雄异株（dioecious）：指植株生有单性花，且雄花和雌花长在不同的植株上。参见“雌雄同株”。

刺果（burr）：一种多刺的干果。

单倍体（haploid）：细胞只有一套染色体。参见“二倍体”。

单性（unisexual）：指花只产生花粉（雄性）或胚珠（雌性）。

单子叶植物（monocot，monocotyledon）：种子里只有一片子叶的被子植物，这类植物还有其他特征，如叶狭窄、有平行叶脉。代表性的单子叶植物有百合属、鸢尾属和禾草（禾本科）等。参见“真双子叶植物”。

弹裂蒴果（regma，复数regmata）：一种干果，由3枚或多枚合生的心皮构成，成熟时会爆炸性裂开。

滴水叶尖（drip tip）：叶或小叶有助于让雨水直接排走的边缘。

顶芽（terminal bud）：在茎尖或茎顶形成的芽。

短花柱花（thrum flower）：花柱较短、在花冠喉部只有雄蕊可见的花。与之相对的是长花柱花。

多年生（perennial）：可存活两年以上的植物。

多肉植物（succulent）：一些有肉质肥厚的叶或茎用于贮藏水分的耐旱植物。所有仙人掌科植物都是多肉植物。

萼片（sepal）：一朵花的花被的外侧一轮，通常较小，绿色，但有时颜色鲜艳，状如花瓣。

二倍体（diploid）：具有两套染色体，大多数植物组织的细胞都是二倍体。参见“单倍体”。

二回羽状（bipinnate）：一种复叶，其小叶再分隔为更小的小叶，如含羞草的叶。

二年生（biennal）：第一个生长季萌发、第二个生长季开花和死亡的植物。

二歧聚伞花序（dichasium）：见“花序”。

繁殖（propagate）：用种子或营养器官来增加植株数量。

反曲（recurved）：向回弯曲。

反折（reflexed）：完全向回弯曲。

分根（division）：植物的一种繁殖方式，是把植株分成两株或多株，每株各有一部分根系和一个或多个幼芽或休眠芽。

分果（schizocarp）：一种纸质的干果，分裂为各包藏1粒种子的单元，在种子成熟时各自分别散播。

分裂（lobed）：用于描述植物体的某个部位（如叶）具有凹和凸的部位。

分生组织（meristem）：能够分裂产生新细胞的植物组织。茎尖和根尖都含有分生组织，可用于微繁殖。

缝线（seam或suture）：果荚的边缘沿此开裂。

凤梨类（bromeliad）：凤梨科植物，具莲座状叶丛，可为附生植物。叶呈螺旋形排列，有时有齿，茎可变为木质。

佛焰苞（spathe）：包围单独一朵花或肉穗花序的苞片。

附生植物（epiphyte）：生长在另一种植物的表面，但非寄生植物，不从宿主植物那里获得营养的植物。附生植物不需要扎根在土壤中便可从空气中获取水分和营养。

复叶（compound leaf）：由2个或多个类似的叶片部分（小叶）构成的叶。

柑果（hesperidium）：柑橘类的果实，有革质的厚皮，如柠檬或橙子。

秆/竿（culm）：禾草或竹子具节而中空的生花的茎。

纲（class）：在分类学中位于门以下、目以上的等级，如单子叶植物和双子叶植物曾分别设为单子叶植物纲和双子叶植物纲。

隔膜（septum）：果实中分隔两室的隔离层。

根（root）：植物体的一部分，通常位于地下，把植株固定在土壤中，植株通过它来吸收水分和矿质营养。

根被（velamen）：覆盖在某些植物（包括很多附生植物）的气生根表面的吸水组织。

根冠（root cap）：根尖处盔帽状的结构，由持续产生的新细胞构成，在土壤中生长可保护根不被擦伤。

根际（rhizosphere）：根系和与之直接接触的周边基质。

根瘤，叶瘤（nodule）：1. 根上的小肿块，含有固氮细菌；2. 叶上（可在叶柄、中肋、叶片上或叶缘）的小肿块，含有细菌。

根毛（root hair）：在根冠后面发育的丝状生长物。根毛扩大了根的表面积，增加了根所吸收的水分和营养物的量。

根状茎（rhizome）：横走的地下茎，可作为贮藏器官，并能在顶端和茎上各处生出新芽。

共生（symbiosis）：以互惠关系共同生活在一起。

共生的（symbiotic）：互惠的。

蓇葖果（follicle）：一种干果，与荚果一样由单室子房发育而成，但只从一条缝线裂开散出种子。大多数蓇葖果集合为聚合果。

瓜类（cucurbit）：葫芦科植物，包括甜瓜、南瓜、西葫芦等。

贯叶的（perfoliate）：叶或苞片无梗，环抱在茎的周围，使茎看上去像穿叶（苞片）而过。

冠毛（pappus）：多类种子植物的子房或果实顶端单生或成丛的附属物，可帮助果实靠风力散播。

光合作用（photosynthesis）：绿色植物吸收阳光中的能量、用在一连串的化学反应中的过程，由此可把二氧化碳和水制造成养分，并产生氧气。

光滑（glabrous）：光洁无毛。

果荚（pod）：一类扁平的干果，由仅具一室的单一子房发育而成。

果皮（pericarp）：由子房壁发育成熟而形成的果实的壁。在肉果中，果皮常有相互分开的3层，即外果皮、中果皮和内果皮。干果的果皮较轻薄，而肉果的果皮为柔软的肉质。

果实（fruit）：植物受精之后发育成熟的子房，含有1粒或多粒种子，包括浆果、蔷薇果、蒴果或坚果等。在英文中这个词还有“水果”之意，特指可食用的果实。

核果（drupe）：一种肉果，含有1粒种子，种子外有坚硬的覆被（内果皮）。

呼吸根（pneumatophore）：一种直立的气生根，从沼泽土壤中向上伸出，能够交换气体或“呼吸”。常见于红树林植物。

瓠果（pepo）：一种含许多种子并有硬皮的浆果，是南瓜、西瓜和黄瓜等瓜类的果实类型。

花（flower）：植物具有的生殖器官。每朵花在中轴之上有4种类型的生殖器官部位——萼片、花瓣、雄蕊和心皮。

花瓣（petal）：一种变态叶，通常颜色鲜艳，有时有气味，均用于吸引传粉者。一朵花中的一轮花瓣统称花冠。

花被（perianth）：花萼和花冠的统称，特别是当这二者的形态非常相似时（如很多球根花卉）。

花被片（tepal）：构成花被的不能区分为萼片和花瓣的各个组成部分，如番红花属或百合属的花。

花萼（calyx，复数calyces）：花的外侧部分，由一轮萼片形成，有时绚丽而显眼，但通常较小，绿色。花萼在花蕾中形成一层覆盖物包住花瓣。

花粉（pollen）：在种子植物的花药中形成的小颗粒，其中含有花的雄性生殖细胞。

花梗（pedicel）：花序中生有单独一朵花的梗。

花冠（corolla）：花中由花瓣构成的一环结构。

花蜜（nectar）：蜜腺分泌的甜而多糖的汁液，可把昆虫和其他传粉者吸引到花。

花青素（anthocyanin）：在叶和花中产生红、蓝和紫色的植物色素。

花丝（filament）：花中长有花药的梗。

花托（receptacle）：花梗顶端扩大或伸长的部分，单独一朵花的所有部分均生于其上。

花序（inflorescence）：生于单一的轴（花序轴）上的一组花，包括总状花序、圆锥花序、聚伞花序等。

花序梗（peduncle）：花序的主梗，其上生有一组花梗。

花药（anther）：花的雄蕊中产生花粉的部分，通常生于花丝之上。

花柱（style）：花中把柱头连接到子房的梗。

环带（annulus，复数annuli）：蕨类孢子囊上由细胞壁增厚的细胞组成的一环，可让孢子囊在此开裂，散出孢子。

积水池（phytotelma，复数phytotelmata）：植物中积水的空穴，可成为微生境。

脊，龙骨瓣（keel）：1. 纵向突起的棱，通常位于叶的下表面，状如船舶的龙骨；2. 与豌豆花形状类似的花中下方的两片合生的花瓣。

荚果（legume）：一种沿着两侧裂开散出成熟种子的开裂性果实。

假果（accessory fruit）：除子房外还包含植物其他部位的果实，如可包含花梗的膨大末端。苹果和蔷薇果是假果的例子。在英文中也叫false fruit。

假鳞茎（pseudobulb）：从根状茎（有时非常短）上生出的鳞茎状的增粗的茎。

假种皮（aril）：包在一些种子外面的有浆果状的肉质、多毛或海绵状的一层组织。

尖（apex）：叶、茎或根的顶端或生长点。

坚果（nut）：一种含1粒种子的不开裂的果实，有坚硬或木质的果皮，如橡实。通常也泛指所有具有木质或革质外皮的果实和种子。

浆果（berry）：一种果实，由单独一个子房发育而成，柔软多汁的果肉中包有一粒或多粒种子。

角质层（cuticle）：一些植物表皮的外层细胞上蜡状、疏水的保护性覆被。

节（node）：茎上的一点，在此处着生1枚或多枚叶、芽、枝或花。

节间（internode）：茎的两个节之间的部位。

界（kingdom）：生物的几个主要类别之一，如植物界。

茎（stem）：植物的主轴，通常位于地上，支撑着枝、叶、花和果实等结构。

茎花的（cauliflorous）：用于描述花和果实直接生于树干或大枝上，而不是生于小枝的末端。

具花斑（variegated）：指色素因为突变或病害而呈不规则排列，主要用于描述叶（花叶）。

具条纹（striate）：生有条纹。

距，短枝（spur）：1. 花瓣形成的中空突起，常能分泌花蜜；2. 短小的枝条，其上生有一簇花芽（如一些果树的花果枝）。

聚合果（aggregate fruit）：由多个子房发育而成的复合果实。这些子房都由同一朵花中的心皮形成，它们各自发育而成的小果愈合在一起。悬钩子和黑莓是聚合果的例子。

聚花果（multiple fruit）：由几朵非常靠近的花的小果合生之后发育而成的单一果实，如凤梨（菠萝）。

聚伞花序（cyme）：一种平顶或拱顶且多分枝的花序，其中的每根轴顶端都有一朵花，中央的花最早开，而在小苞片（次级苞片）的苞腋处陆续长出的花最晚开。

聚伞圆锥花序（thyrse）：一种复合花序，有许多从主茎不断二叉分枝的小花序梗。

卷须（tendril）：一种变态的叶、枝或茎，通常长而纤细，可攀附在支撑物上。

蕨类（fern）：一类无花而产生孢子的植物，具有根、茎和叶状的蕨叶。参见“蕨叶”。

蕨类植物（pteridophyte）：蕨类和拟蕨类（如木贼属或石松属）的统称，生殖过程中有世代交替，主要世代产生孢子。

蕨叶，棕榈叶（frond）：1. 蕨类的叶状器官。一些蕨类兼有不育叶和可育叶，可育叶有孢子。2. 棕榈科等植物的大型叶，通常为复叶。

菌根（mycorrhiza）：真菌与植物的根之间形成的互惠共生关系。

科（family）：在植物分类中，为彼此亲缘的属组成的类群。以蔷薇科为例，其中就包括蔷薇属、花楸属、悬钩子属、李属和火棘属。

壳斗（cupule）：由苞片合生形成的杯状结构。

块根/块茎（tuber）：通常位于地下的膨大的茎或根，用于贮藏养分。

阔叶（broadleaved）：用于描述叶片宽阔扁平的凋落性乔木和灌木，与松柏类狭窄的针叶形成鲜明对比。

类胡萝卜素（carotenoides）：能够产生黄色和橙色色调的植物色素。

梨果（pome）：苹果或与之有亲缘关系的植物的果实中的肉质部分，含有膨大的花托，子房和种子位于其中。

莲座状叶丛（rosette）：从几乎同一点向四面辐射生长的一簇叶，常位于地面处，生于非常短的茎的基部。

两侧对称（zygomorphic）：花的描述用语，指花只能通过一个平面切开，成为彼此互为镜像的两半。

两性花（bisexual）：见“完全花”。

裂果（dehiscent fruit）：裂开或炸开而散出种子的干果。

鳞茎（bulb）：一种变态的地下芽，起着贮藏器官的作用。鳞茎包括1个或多个生于缩短的盘状茎上的芽，以及多层膨大、无色的肉质鳞叶，鳞叶中贮藏养分。

鳞片（scale）：一种退化的叶，通常膜质，可覆盖和保护芽、鳞茎和柔荑花序。

榴果（balausta）：一种果实，有粗糙的果皮，内部分很多室，每室含一粒种子。石榴为其典型代表。

轮（whorl）：从同一点生出的由3个或多个器官共同组成的结构。

裸子植物（gymnosperm）：种子在发育成熟的过程中没有被子房包裹的植物。大多数裸子植物是松柏类，其种子生于鳞片上，成熟时位于球果里面。

落叶（deciduous）：用于描述在生长季结束时掉落所有叶、在下一个生长季开始时再重新长叶的植物。半落叶植物在生长季结束时只掉落一部分叶。

脉序（venation）：叶脉的排列。

芒（awn）：从某些禾草的小穗上生出的刚毛，有些栽培谷物也有芒。

毛被（trichome）：植物表面组织上任何外突的生长物，包括毛、鳞片或皮刺等。

萌出的（emergent）：长出，出现。

萌发（germination）：种子开始生长发育为新植株时所发生的物理和化学变化。

萌蘖条（sucker）：从根或植株的基部发育出的新茎，萌发点在地面以下。

蜜腺（nectary）：分泌花蜜等蜜汁的腺体。蜜腺最常位于植物的花中，但有时也生于叶或茎上。

木质部（xylem）：植物的木质化部分，其中含有运输水分并提供支撑的维管组织。

木质素（lignin）：所有维管植物中均有的坚硬物质，使植株可以竖直生长，始终保持挺立。

目（order）：分类学中在纲之下、科之上的等级。

耐寒（hardy）：指植物在冬季可以忍受冰点以下的温度。

囊群盖（indusium）：盖在蕨类的孢子囊群之上的薄片状组织。

内稃（palea，复数paleae）：包裹禾本科植物的花的两片苞片中靠内的一片。参见“外稃”。

内果皮（endocarp）：果实的果皮最内层。

黏液（mucilage）：在植物体多种部位（特别是叶）上分泌的胶状物。

胚根（radicle）：植物的胚的根。在正常情况下，胚根是种子萌发时最先长出的器官。

胚芽（plumule）：种子萌发时长出的最早的茎。

胚芽鞘（coleoptile）：单子叶植物的种子在土壤中生长时保护新芽的鞘状结构。

胚珠（ovule）：子房中的一部分，在传粉和受精之后发育为种子。

皮层（cortex）：表皮或树皮与维管柱之间的组织区域。

皮刺（prickle）：植物的表皮或皮层上的尖锐突起，不需要把它所生长的植株的那个部位破坏即能把它除去。

皮孔（lenticel）：茎上的孔洞，让气体可以在植株细胞和周边的空气之间通过。

品种（cultivar，缩写cv.）：即栽培变种，用于描述通常只有人工栽培的植物。

匍匐茎（stolon）：水平蔓延或弯曲的茎，通常位于地上，顶端可生根并形成新植株。常与纤匐枝混淆。

旗瓣（standard）：某些豆科植物的花上部的花瓣。

气孔（stoma，复数stomata）：植株地上部分（叶和茎）表面的微小开孔，可实现蒸腾作用。

气生根（aerial root）：在植物位于地上的茎上生长的根。

蔷薇果（hip）：一种果实，在杯状的果托中包有许多有一粒种子的干燥小果，小果覆有微小的毛。

球花/球果（cone）：松柏类和一些被子植物紧密簇生的苞片，通常发育为有种子的木质结构，如松塔。在传粉期称为球花，在种子发育时称为球果。

球茎（corm）：类似鳞茎的膨大的地下茎或茎基，常包有纸质球茎皮。

全寄生植物（holoparasite）：没有叶的寄生植物，完全依赖寄主提供养分和水分。

拳卷（circinate）：向内卷曲，如蕨类的幼叶。

韧皮部（phloem）：植物中把含有养分（由光合作用制造）的汁液从叶运输到植株其他部位的维管组织。

柔荑花序（catkin）：一种细长的花序，由花瓣不显眼或无花瓣的小花簇生而成，在树上垂下，如榛属或桦属。

肉穗花序（spadix）：一种肉质、穗状的花序，长有多数小花，通常围以鞘状的佛焰苞。

三小叶（trifoliolate）：用于描述从同一点生出3片小叶的复叶。

伞房花序（corymb）：一种宽阔、顶部平坦或拱起的花序，构成它的花或小花序有梗，从花序轴相对两侧的不同高度长出。

伞形花序（umbel）：一种平顶或拱顶的花序，花梗都从总花序梗的顶端单独一点生出。

石细胞（sclereid）：具有许多纹孔的木质化细胞壁的细胞。

实生苗（seedling）：由种子发育而成的幼植株。

室（locule）：子房或花药中分隔出的空间。

瘦果（achene）：不开裂并只包含单独一枚种子的干果。

属（genus，复数genera）：植物分类等级中的一级，在科之下、种之上。

树皮（bark）：木质化的根、树干和枝条的粗糙的表面覆被。

树脂（resin）：树木产生的由有机化合物形成的黏稠物质。当树皮因受害虫的侵害或物理损伤产生伤口时，树脂可用于愈合伤口。

双悬果（cremocarp）：一种小型干果，成熟时形成两半扁平的果爿，各含1粒种子。

双子叶植物（dicot，dicotyledon）：一个现在认为从演化史的角度考虑已经过时或不正确的术语，曾用于描述有两片子叶的被子植物。参见“真双子叶植物”和“单子叶植物”。

蒴果（capsule）：一种干果，含有许多种子，由2枚或多枚心皮构成的子房发育而成。蒴果在成熟时开裂，散出种子。

松柏类（conifers）：也叫球果类，大多为常绿的乔木或灌木，叶通常为针状，其种子裸露，长在球果中的鳞片上。

穗状花序（spike）：一种较长的花序，主轴上的每一朵花生于非常短的梗上或直接着生在主轴上。

胎生（viviparous）：1. 指植物在叶、花序或茎上可形成小植株；2. 也可不严格地指植物在鳞茎上形成小鳞茎。

胎座框（replum）：一些果实（如一些荚果）的两个果爿之间的薄隔离结构。

苔类（liverwort）：一类无花的简单植物，没有真正的根。苔类有叶状的茎或分裂的叶，靠散播孢子繁殖，通常见于潮湿生境。

头状花序（capitulum，复数capitula）：长在花序梗上的一群花（花序），看上去像单独一朵花。代表植物是向日葵。

退化雄蕊（staminoid）：类似雄蕊的不育结构。

托叶（stipule）：位于叶柄基部的叶状结构，通常成对着生。

外稃（lemma）：包裹禾本科植物的花的两片苞片中靠外的一片。参见“内稃”。

外果皮（exocarp）：果实的果皮外层。外果皮常又薄又硬，或质地如皮肤。

外皮层（exodermis）：根的表皮或根被之下特化的一层。

完全花（perfect flower）：兼有雄性和雌性生殖器官的花。也叫两性花。

微繁殖（micropropagation）：在实验室中用微量的植物组织培养出新植株的过程。

维管束（vascular bundle）：在植物的叶脉或叶柄中由运输水分的木质部和运输养分的韧皮部共同构成的单元结构。

维管束鞘（bundle sheath）：环绕植物的叶中维管束的排成圆柱状的细胞。

维管植物（vascular plant）：生有运输养分的组织（韧皮部）和运输水分的组织（木质部）的植物。

维管柱（vascular cylinder）：维管组织的中央柱状部分。

无融合生殖（apomixis）：一种无性生殖过程。

吸器（haustoria）：寄生植物特化的根，可以刺入寄主植物的组织。

吸芽（offset）：由母株的侧芽长成的枝条发育而成的小植株。

先锋种（pioneer species）：占领新环境的种，如在火山喷发或野火之后，便由先锋种开启植被的演替。

先花后叶（hysteranthous）：指植物的花在叶长出前绽放，如连翘属或金缕梅属植物。

纤匐枝（runner）：在地面上水平蔓延、通常纤细的茎，在节处生根并形成新植物。参见“匍匐茎”。

藓类（moss）：一类不开花的小型绿色植物，没有真正的根，生于潮湿生境，靠散播孢子繁殖。

线形（linear）：指叶非常狭窄，两侧边缘平行。

向触性（thigmotropism）：植物能够响应接触的刺激而生长、弯曲和缠绕的能力。

小苞片（bracteole）：较小的苞片，生于花梗的顶端。

小果（fruitlet）：构成黑莓之类聚合果的单个小型果实。

小花（floret）：小型的花，通常由多朵构成一个复合花序，如菊科植物。

小穗（spikelet）：禾本科植物由一群小花构成的结构，包有保护性的颖片。

小叶（leaflet）：复叶的叶片分隔而成的各个部分。

小植株（plantlet）：在母株的叶上发育的幼植株。

心皮（carpel）：花中的雌性生殖部位，由子房、柱头和花柱构成。

形成层（cambium）：能够产生新细胞的增大茎和根周长的一层组织。

雄蕊（stamen）：花中的雄性生殖器官，包括能产生花粉的花药，通常还有支撑花药的花丝。

雄蕊先熟（protandrous）：指开两性花的植物的花先为功能性的雄花，后变为功能性的雌花。与之相对的是雌蕊先熟。

悬垂（pendent）：自上方垂下。

芽（bud）：未成熟的器官或枝条，其中包有胚胎阶段的枝、叶、花序或花。

亚种（subspecies）：种的主要划分。不同亚种彼此的区别并不充分。

叶（leaf）：通常生在柄（叶柄）上、由叶脉网络支撑的薄而扁的片状结构，其主要功能是从阳光中吸收植物进行光合作用所需的能量。

叶柄（petiole）：叶的梗。

叶刺（spine）：由叶或叶的部分（如托叶或叶柄）变态而成的坚硬而尖锐的结构。

叶绿素（chlorophyll）：植物细胞中的绿色色素，让叶（有时是茎）可以进行光合作用。

叶绿体（chloroplast）：植物细胞中含有叶绿素的颗粒，可通过光合作用制造淀粉。

叶片（blade）：叶除叶柄之外的整个部分。叶片的形状和边缘（叶缘）形态是植物的重要特征。

（叶）脉（vein）：叶中的维管结构，包有维管束鞘，在叶表面常呈线状。

（叶）片（lamina）：宽阔扁平的结构，如叶片。

叶肉（mesophyll）：叶中柔软的内部组织（薄壁组织），位于上、下两层表皮之间。叶肉中含有进行光合作用的叶绿体。

叶序（phyllotaxis）：叶在茎或枝上的排列方式。

叶腋（axil）：茎与叶之间的上夹角，腋芽在此发育。

叶缘（margin）：叶的外侧边缘。

叶轴/花序轴（rachis）：复叶或花序的主轴。

叶状枝（cladode）：一种变态茎，在形态和功能上都像叶。

腋芽（axillary bud）：在叶腋中发育的芽。

一次结实（monocarpic）：指植物在死亡前仅开一次花、结一次果实，这样的植物可能要用多年时间才长到能够开花的大小。

一年生（annual）：指植物在一个生长季之内完成整个生活史——萌发、开花、结实和死亡。

异花传粉（cross-pollination）：花粉从一棵植株花中的花药传递到另一棵植株花中的柱头的过程。参见“自花传粉”。

异花受精（cross-fertilization）：异花传粉造成的花中胚珠受精。

异叶的（heterophyllous）：指同一植株上有不同形状或类型的叶，它们可能适应于向阳或背阴等不同的特殊环境。

营养物（nutrients）：用于制造植物生长所需的蛋白质和其他化合物的矿物质（矿物离子）。

颖果（caryopsis，复数 caryopses）：一种含 1 粒种子的干果，不开裂。禾本科植物通常有成列或成簇的可食颖果，也就是谷粒。

颖片（glume）：禾本科或莎草科植物小穗基部的鳞片状的保护性苞片，通常有两枚。

幼蕨叶（fiddlehead）：蕨类的幼叶，拳卷呈提琴头状。

幼苗/幼枝（shoot）：已发育完成的芽或幼枝。

幼叶卷叠式（vernation）：叶在芽中的折叠方式。

羽状（pinnate）：指复叶的小叶在中轴的两侧相对排列。

圆锥花序（panicle）：分枝的总状花序。

远轴（abaxial）：器官背向茎或支持结构的一侧，通常用于描述叶的下表面。

杂交种（hybrid）：遗传上不同的两个亲本植物产生的后代。同属不同种的杂交种称为种间杂交种，不同属（但通常是近缘属）的杂交种称为属间杂交种。

藻类（algae）：一群形态简单、无花、主要为水生的植物状生物，虽然含有叶绿素这种绿色色素，但没有真正的茎、根、叶和维管组织。海藻即是其中的例子。

开放（chasmogamous）：花在花期张开花瓣，暴露出生殖器官，以进行异花传粉。

长花柱花（pin flower）：花柱较长、雄蕊相对较短的花。与之相对的是短花柱花。

掌状（palmate）：指彼此分隔的小叶从同一点生出。

真菌（fungus）：一类单细胞或多细胞的生物，是单独划分的真菌界的成员，其代表生物有霉菌、酵母和蘑菇等。

真双子叶植物（eudicot，eudicotyledon）：具有两片子叶的被子植物，其中许多种类以前称为双子叶植物。大多数真双子叶植物的叶片宽阔，具有分枝的叶脉，花的各个部分（如花瓣和萼片）以4或5的倍数成组排列。参见"单子叶植物"。

蒸腾作用（transpiration）：水分通过蒸发从叶和茎散失的过程。

汁液（sap）：植物在细胞和维管组织中所含的液体。

枝刺（thorn）：由茎长出的变态托叶或其他简单结构，具有尖锐锋利的顶端。

直根（tap root）：蒲公英属等植物竖直向下生长的主根。

植物（plant）：包括树木、禾草和花卉在内的多种多样的活生物，可以通过光合作用制造养分。

中果皮（mesocarp）：果皮的中层。在很多水果中，中果皮是该果实的肉质部分。在另一些果实的果皮中则没有中果皮。

中脉（midrib）：叶的主脉，通常位于中央。

种（species，缩写sp.）：植物分类中的一个类群，其中的所有成员具有相同的主要特征，并能彼此杂交繁育后代。

种皮（testa）：受精的种子外面所包的保护性的坚硬覆被，在种子准备萌发之前可阻止水分进入种子。

种子（seed）：成熟的受精胚珠，其中含有休眠的胚，可发育为成体植株。

珠柄（funicle）：荚果中悬挂种子的微小的柄。

珠鳞（ovuliferous scales）：雌球花中有胚珠的鳞片，在受精后胚珠即发育为种子。

珠芽（bulbil）：一种类似鳞茎的小器官，常生于叶腋中，偶尔也生于茎或花序上。

柱头（stigma）：花中在受精之前接受花粉的雌性器官部分。柱头位于花柱顶端。

子房（ovary）：花中心皮的下部，含有1枚或多枚胚珠。子房在受精后可发育为果实。

子叶（cotyledon）：种子中的叶，其中可贮藏养分，或在萌发之后不久即展开进行光合作用，以促进种子的生长。

自花传粉（self-pollination）：花粉从同一朵花的花药传递到柱头或传递到同一植株的另一朵花中的过程。参见"异花传粉"。

自交不亲和（self-incompatible）：用于描述植物无法通过自我授精而产生可育的种子，需要另一棵授粉株来保证它能受精。也叫自交不育。

自交不育（self-sterile）：见"自交不亲和"。

总苞（involucre）：花序下方的一轮叶状苞片。

总状花序（raceme）：一种花序，其中数朵彼此分离的花以短梗直接沿中央的花序轴着生，顶端的花开放最晚。

索引

以**粗体**表示的页码上有该词条的最详细信息。在以*斜体*表示的页码上，该词条见于插图中。

A

B

C

D

E

F

G

H

J

K

L

M

N

O

P

Q

R

X

Z

植物画列表

凡未注出原文的植物画标题和作者，在本书索引中均有收录。

16《花的性器官》（*Sexual parts of flowers*）：G. D. 埃雷特绘，引自 C. 林奈《植物属志》（*Genera Plantarum*），1736 年

23《药用蒲公英》（*Leontodon taraxacum*，异名 *Taraxacum officinale*）：铜版雕刻版画，W. 基尔本（Kilburn）绘，引自 W. 柯蒂斯（Curtis）的《伦敦植物志》（*Flora Londinensis*），伦敦，1777–1798 年

30–31《树根》：布面油画，V. 梵高绘，1890 年

31《桧图》：金碧重彩屏风画，狩野永德绘，约 1590 年

33《地果车轴草》（*Trifolium subterraneum*）：J. 索尔比（Sowerby）雕绘，引自《英格兰植物学，或英国植物彩绘图》（*English botany, or coloured figures of British plants*），1864 年

43《精灵铁兰》（*Tillandsia ionantha*）：版画，引自 L. 范豪特（van Houtte）《欧洲温室和花园植物志》（*Flore des serres et des jardin de l'Europe*），1855 年

45《丛茎齿鳞草》（*Lathraea clandestina*）：彩色石印画，引自《园艺评论》（*Revue horticole*），1893 年

62《大片草地》（德 *Das große Rasenstuck*，英 *Great Piece of Turf*）：水彩画，A. 丢勒绘，1503 年

63《溪畔的两棵树》（*Two Trees on the Bank of a Stream*）：L. 达 · 芬奇绘，约 1511–1513 年

63《伞长青和其他植物》（*Star of Bethlehem and other plants*）：L. 达 · 芬奇绘，约 1505–1510 年

74《金钟花》（*Forsythia viridissima*）：W. H. 菲奇（Fitch）绘，引自《柯蒂斯植物学杂志》（*Curtis's Botanical Magazine*），1851 年

76《可可》（*Caracas theobroma*，异名 *Theobroma cacao*）：版画，引自 E. 德尼斯（Denisse）《美洲植物志》（*Flore d'Amérique*），1843–1846 年

89《澳洲刺蚁木》（*Myrmecodia beccari*）：M. 史密斯（Smith）绘，引自《柯蒂斯植物学杂志》，1886 年

92《苏木》（*Caesalpinia sappan*）：W. 罗克斯堡委托绘制的插画的手绘版

92《糖棕》（*Borassus flabellifer*）：引自 W. 罗克斯堡《科罗曼德尔海岸植物》，1795 年

93《蒲葵》（*Livistona mauritiana*）：水彩画，佚名画家绘，为邱园藏品

103《多种仙人掌科植物》（*Various Cactaceae*）：版画，引自布罗克豪斯（Brockhaus）《百科全书》（*Konversations-Lexikon*），1796–1808 年

104–105《蛇莓》（*Duchesnea indica*，异名 *Fragaria indica*）：隆吉亚（Rungia）绘，引自 R. 怀特（Wight）《尼尔吉里植物图集》（*Spicilegium Neilgherrense*），1846 年

116–117《莨苕叶》：壁纸，W. 莫里斯，1875 年

117 钢化玻璃彩饰：G. 贝尔特拉米绘，1906 年

117《欧洲七叶树的叶和花》（*Horse Chestnut leaves and blossom*）：J. 福尔德的装饰画习作，1901 年

120《欧洲鳞毛蕨》（*Aspidium filixmas*，异名 *Dryopteris filix-mas*）：W. 穆勒（Muller）绘，引自 F. E. 柯勒（Köhler）《药用植物》（*Medizinal-Pflanzen*），1887 年

124《绘于贝拿勒斯的印度洋葱，1971》：羊皮纸水彩画，R. 麦克尤恩绘，1971 年

124《暗色蕾丽兰、喜林芋属杂交种、肖竹芋、莱希特林龟背竹和水龙骨科》：水彩画，P. 塞拉斯绘，1989 年

125《布列塔尼 ,1979》：水彩画，R. 麦克尤恩绘，1979 年

138《留兰香》（*Mentha spicata*，异名 *Mentha viridis*）：版画，引自 G. C. 厄德尔（Oeder）等《丹麦植物志》（*Flora Danica*），1876 年

140《林生悬钩子》（*Rubus sÿlvestris*）：引自《迪奥斯科里德斯〈希腊本草〉维也纳抄本》（*Dioscorides Codex Vindobonensis Medicus Graecus*），1460 年

141《南茼蒿》（*Chrysanthemum segetum*）（左）、《滨菊》（*Leucanthemum vulgare*）（右）：版画，佚名画家绘，引自库尔佩珀《英格兰医师》，1652 年

141《风铃草属》（*Campanula*）：版画，佚名画家绘，引自库尔佩珀《英格兰医师》，1652 年

176《龙珠果》（*Passiflora foetida*，异名 *Passiflora gossypiifolia*）：S. A. 德雷克（Drake）绘，引自《爱德华兹氏植物名录》（*Edwards's Botanical Register*），1835 年

186《八角属》（*Illicium*）：版画，引自《图文实用植物学教程》（*Lehrbuch der praktischen Pflanzenkunde in Wort und Bild*），1886 年

190《欧洲芍药》（*Paeonia peregrina*）：M. 史密斯绘，引自《柯蒂斯植物学杂志》，1918 年

194–195《辛夷》：陈洪绶绘，引自《花鸟册页》，1540 年

195《桃花假山图》：陈淳绘

195《花鸟册》：金元绘，1857 年

204《罂粟》：彩绘木刻画，岩崎常正印制，引自《本草图谱》，1828 年

205《菊》：彩绘木刻画，葛饰北斋印制，1831–1833 年

205《樱花富士图》：彩绘木刻画，葛饰北斋印制，1805 年

208《黛粉芋》（*Dieffenbachia seguine*）：版画，引自 B. 蒙德（Maund）和 J. S. 亨斯洛（Henslow）《植物学史》（*The botanist*），1839 年

236《花朵》：A. 沃霍尔印制，1967 年

236–237《圣曼陀罗》（*Jimson weed*）：G. 奥基弗绘，1936 年

238《大雪滴花》（*Galanthus elwesii*）：W. H. 菲奇绘，引自《柯蒂斯植物学杂志》，1875 年

242《红领狐猴（*Varecia rubra*）和环尾狐猴（*Lemur catta*）》：E. 特拉维斯（Travies）绘，引自夏尔 · 多尔比尼（Charles d'Orbigny）《博物学大辞典》（*Dictionnaire Universel d'Histoire Naturelle*），1849 年

257《白瓶子草》（*Sarracenia drummondii*）：引自 W. 罗宾逊（Robinson）《花园：园艺各分支的插图周刊》（*The garden. An illustrated weekly journal of horticulture in all its branches*），1886 年

270《百叶蔷薇》（*Rosa centifolia*）：点刻版画，由手工绘上水彩而完成，P. J. 雷杜德绘，引自《月季》，约 1824 年

271《香水仙》（*Narcissus × odorus*）：水彩画，F. 鲍尔绘，约 1800 年

271《重瓣风信子》（*Jacinthe Double*）：G. 范 · 斯潘东克绘，约 1800 年

280《马兜铃》（*Dutchman's Pipe*）：水彩画，M. 沃克斯 · 沃尔科特绘，引自《北美洲瓶子草类植物》，1935 年

281《墙上的月季》：G. D. 兰布丁绘，1877 年

296 君士坦丁堡大皇宫石榴树镶嵌画：约 575–651 年

296–297 利维亚别墅湿壁画

310《苹果属》（*Malus*）：美柔汀法雕刻版画，手工上色，G. D. 埃雷特绘，引自《药用植物图谱》，1737–1745 年

311《凤梨》（*Ananas sativus*）：G.D. 埃雷特绘

312《羊角麻》（*Ibicella lutea*）：F. 布尔迈斯特（Burmeister）绘并雕印，引自《阿根廷植物志》（*Flora Argentina*），1898 年

334《番木瓜》（*Carica papaya*）：彩色石印画，引自 B. 霍拉 · 范 · 诺滕《爪哇岛的花、果与叶》，1863–1864 年

334《肉豆蔻》（*Myristica fragrans*）：布面油画，M. 诺斯绘，1871–1872 年

335《咸鱼果》（*Blighia sapida*）：布面油画，M. 诺斯绘

致谢

出版方感谢英国皇家植物园邱园的各位主任和员工，他们在本书的整个编写过程中给予了热情的帮助和支持，特别是园艺部主任 Richard Barley、韦克赫斯特庄园主任 Tony Sweeney，以及科学部主任 Kathy Willis。特别感谢邱园出版社的所有人，尤其是 Gina Fullerlove、Lydia White 和 Pei Chu；还有 Martyn Rix，他对本书文字做了详细的审订。感谢邱园图书馆、艺术馆和档案馆的团队，特别是 Craig Brough、Julia Buckley 和 Lynn Parker，还有 Sam McEwen 和 Shirley Sherwood。

DK 还要感谢通过提供邱园和韦克赫斯特庄园的热带苗圃和各个花园的照片而给予帮助和支持的许多人，以及所有在特定细节上提供了专业建议的人，特别是 Bill Baker、Sarah Bell、Mark Chase、Maarten Christenhusz、Chris Clennett、Mike Fay、Tony Hall、Ed Ikin、Lara Jewett、Nick Johnson、Tony Kirkham、Bala Kompalli、Carlos Magdalena、Keith Manger、Hugh McAllister、Kevin McGinn、Greg Redwood、Marcelo Sellaro、David Simpson、Raymond Townsend、Richard Wilford 和 Martin Xanthos。

出版方还要感谢伦敦野生生物信托基金会野生生物园艺中心（www.wildlondon.org）的 Sylvia Myers 及其志愿者团队，以及牛津郡 Green and Georgeous 花卉农场的 Rachel Siegfried 惠允在其处拍摄照片。DK 并要感谢 Pink Pansy 的 Joannah Shaw 和 Bloomsbury Flowers 的 Mark Welford，他们帮助获取了拍照所用的植物；Ken Thompson 博士，他在本书编写的早期阶段给予了帮助。

DK 还要感谢以下人士：
补充图片遴选： Deepak Negi
图像加工： Steve Crozier
创新技术支持： Sonia Charbonnier、Tom Morse
清样校对： Joanna Weeks
索引编制： Elizabeth Wise

图片版权

出版方感谢以下个人和机构惠允使用其照片。
（页面位置：a- 上部；b- 下部 / 底部；c- 中部；f- 远端；l- 左部；r- 右部；t- 顶部）

4–5 Alamy Stock Photo: Gdns81 / Stockimo.
6 Dorling Kindersley: Green and Gorgeous Flower Farm.
8–9 500px: Azim Khan Ronnie.
10–11 iStockphoto.com: Grafissimo.
12 Dorling Kindersley: Neil Fletcher (tr); Mike Sutcliffe (tc).
14 Alamy Stock Photo: Don Johnston PL (fcr). **Getty Images:** J&L Images / Photographer's Choice (c); Daniel Vega / age fotostock (cr). **Science Photo Library:** BJORN SVENSSON (cl).
15 Dorling Kindersley: Gary Ombler: Centre for Wildlife Gardening / London Wildlife Trust (br). **FLPA:** Arjan Troost, Buiten-beeld / Minden Pictures (c). **iStockphoto.com:** Alkalyne (cl).
16 Alamy Stock Photo: Mark Zytynski (cb).
17 Alamy Stock Photo: Pictorial Press Ltd.
18–19 iStockphoto.com: ilbusca.
20 Science Photo Library: Dr. Keith Wheeler (clb).
20–21 iStockphoto.com: Brainmaster.
22–23 iStockphoto.com: Pjohnson1.
23 Alamy Stock Photo: Granger Historical Picture Archive (br).
24–25 Getty Images: Ippei Naoi.
26 Alamy Stock Photo: Emmanuel Lattes.
30–31 Alamy Stock Photo: The Protected Art Archive (t).
31 Alamy Stock Photo: ART Collection (br).
32–33 Science Photo Library: Gustoimages.
33 Getty Images: Universal History Archive / UIG (tr). **Science Photo Library:** Dr. Jeremy Burgess (br).
34–35 Amanita / facebook.com/Aman1ta/ 500px.com/ sot1s.
40–41 Thomas Zeller / Filmgut.
41 123RF.com: Mohammed Anwarul Kabir Choudhury (b).
43 © Board of Trustees of the Royal Botanic Gardens, Kew: (br).
44 123RF.com: Richard Griffin (bc, br). Dreamstime.com: Kazakovmaksim (l).
45 © Board of Trustees of the Royal Botanic Gardens, Kew.
46–47 Dreamstime.com: Rootstocks.
47 Alamy Stock Photo: Alfio Scisetti (tc).
50–51 Getty Images: Michel Loup / Biosphoto.
52–53 Rosalie Scanlon Photography and Art, Cape Coral, FL., USA.
53 Alamy Stock Photo: National Geographic Creative (br).
54 Alamy Stock Photo: Angie Prowse (bl).
54–55 Alamy Stock Photo: Ethan Daniels.
56–57 iStockphoto.com: Nastasic.
58 Getty Images: Davies and Starr (clb). **iStockphoto.com:** Ranasu (r).
59 iStockphoto.com: Wabeno (r).
60–61 Science Photo Library: Dr. Keith Wheeler (b); Edward Kinsman (t).
61 Science Photo Library: Dr. Keith Wheeler (crb); Edward Kinsman (cra).
62 Alamy Stock Photo: Interfoto / Fine Arts.
63 Alamy Stock Photo: The Print Collector / Heritage Image Partnership Ltd (cl, clb).
64–65 Getty Images: Doug Wilson.
66 123RF.com: Nick Velichko (c). **Alamy Stock Photo:** blickwinkel (tc); Joe Blossom (tr). **iStockphoto.com:** Westhoff (br).
67 Dorling Kindersley: Mark Winwood / RHS Wisley (bl). © **Mary Jo Hoffman:** (r).
68 Alamy Stock Photo: Christina Rollo (bl).
68–69 © Aaron Reed Photography, LLC.
71 Getty Images: Nichola Sarah (tr).
74 © Board of Trustees of the Royal Botanic Gardens, Kew: (bl).
76 Denisse, E., Flore d'Amérique, t. 82 (1843–46): (bc).
80–81 Getty Images: Gretchen Krupa / FOAP.
82–83 iStockphoto.com: Cineuno.
83 Science Photo Library: Michael Abbey (bc).
84–85 Don Whitebread Photography.
85 Alamy Stock Photo: Jurate Buiviene (cb).
86–87 Getty Images: Peter Dazeley / The Image Ban.
88 FLPA: Mark Moffett / Minden Pictures (bl).
89 © Board of Trustees of the Royal Botanic Gardens, Kew.
90–91 Alamy Stock Photo: Juergen Ritterbach.
92 Bridgeman Images: Borassus flabelliformis (Palmaira tree) illustration from *Plants of the Coromandel Coast*, 1795 (coloured engraving), Roxburgh, William (fl.1795) / Private Collection / Photo © Bonhams, London, UK (tl). © **Board of Trustees of the Royal Botanic Gardens, Kew:** (crb).
93 © Board of Trustees of the Royal Botanic Gardens, Kew.
94–95 Alamy Stock Photo: Arco Images GmbH.
95 Alamy Stock Photo: Alex Ramsay (br).
100 123RF.com: Curiousotter (bl).
100–101 © Colin Stouffer Photography.
103 Alamy Stock Photo: FL Historical M (tr).
104–105 © Board of Trustees of the Royal Botanic Gardens, Kew.
106–107 Ryusuke Komori.
106 © Mary Jo Hoffman: (bc).
108–109 iStockphoto.com: Engin Korkmaz.
111 Alamy Stock Photo: Avalon / Photoshot License (tr).
112 Science Photo Library: Eye of Science (cl).
112–113 Damien Walmsley.
115 123RF.com: Amnuay Jamsri (tl); Mark Wiens (tc). **Dreamstime.com:** Anna Kucherova (cr); Somkid Manowong (tr); Phanuwatn (cl); Poopiaw345 (bl); Yekophotostudio (br).
116–117 Alamy Stock Photo: Granger, NYC. / Granger Historical Picture Archive.
117 Alamy Stock Photo: Chronicle (cb). **Getty Images:** DEA / G. Cigolini / De Agostini Picture Library (tc).
118 Alamy Stock Photo: Richard Griffin (cr); Alfio Scisetti (cl).
119 Alamy Stock Photo: Richard Griffin.
120 © Board of Trustees of the Royal Botanic Gardens, Kew: (cla).
124 © Pandora Sellars / From the Shirley Sherwood Collection with kind permission: (tl). © **The Estate of Rory McEwen:** (crb).
125 © The Estate of Rory McEwen.
130–131 iStockphoto.com: lucentius.
131 123RF.com: gzaf (tc). **Alamy Stock Photo:** Christian Hütter / imageBROKER (tr). **iStockphoto.com:** lucentius (cla).
132 Alamy Stock Photo: Ron Rovtar / Ron Rovtar

Photography (cl).
133 Alamy Stock Photo: Leonid Nyshko (cl); Bildagentur-online / Mc-Photo-BLW / Schroeer (tr). **Dorling Kindersley:** Gary Ombler: Centre for Wildlife Gardening / London Wildlife Trust (bl). **iStockphoto.com:** ChristineCBrooks (br); joakimbkk (cr).
134 FLPA: Ingo Arndt / Minden Pictures (br).
135 iStockphoto.com: Enviromantic (cr).
136 Dorling Kindersley: Batsford Garden Centre and Arboretum (bc). **Dreamstime.com:** Paulpaladin (cl).
137 Dorling Kindersley: Batsford Garden Centre and Arboretum (cl). **iStockphoto.com:** ByMPhotos (c); joakimbkk (cr).
138 Alamy Stock Photo: Val Duncan / Kenebec Images (c). **Dorling Kindersley:** Centre for Wildlife Gardening / London Wildlife Trust (tr). © **Board of Trustees of the Royal Botanic Gardens, Kew:** (cl).
138–139 Dorling Kindersley: Centre for Wildlife Gardening / London Wildlife Trust.
140 Bridgeman Images: Rubus sylvestris / Natural History Museum, London, UK.
141 Getty Images: Florilegius / SSPL (tl, cr).
143 Getty Images: Nigel Cattlin / Visuals Unlimited, Inc. (tl).
144 123RF.com: Sangsak Aeiddam.
145 Science Photo Library: Eye of Science (cra).
146 Alamy Stock Photo: Daniel Meissner (bl).
146–147 © Anette Mossbacher Landscape & Wildlife Photographer.
148 Science Photo Library: Eye Of Science (clb).
148–149 © **Mary Jo Hoffman**.
150 123RF.com: Nadezhda Andriiakhina (bc). **Alamy Stock Photo:** allotment boy 1 (cl); Anjo Kan (cr). **iStockphoto.com:** NNehring (br). **Jenny Wilson / flickr.com/photos/jenthelibrarian/:** (c).
151 Dreamstime.com: Sirichai Seelanan (bl).
152–153 © **Aaron Reed Photography, LLC**.
153 iStockphoto.com: xie2001 (tr).
154 Science Photo Library: John Durham (bl).
154–155 © **Mary Jo Hoffman**.
156 Science Photo Library: Power and Syred (tc).
158 123RF.com: Grobler du Preez (bl).
158–159 Dallas Reed.
162–163 iStockphoto.com: DNY59.
164–165 © Josef Hoflehner.
165 Benoît Henry: (br).
172–173 Getty Images: Ralph Deseniß.
175 Dreamstime.com: Arkadyr (cr).
176 © **Board of Trustees of the Royal Botanic Gardens, Kew:** (cla).
178 123RF.com: ncristian (bc); Nico Smit (c). **Alamy Stock Photo:** Zoonar GmbH (cl). **Dreamstime.com:** Indigolotos (br).
179 Getty Images: Alex Bramwell / Moment.
182–183 iStockphoto.com: Ilbusca.
186 Getty Images: bauhaus1000 / DigitalVision Vectors (bc).
188 123RF.com: godrick (cl); westhimal (tc); studio306 (bl). **Alamy Stock Photo:** Lynda Schemansky / age fotostock (br); Zoonar GmbH (cr). **Dorling Kindersley:** Gary Ombler: Centre for Wildlife Gardening / London Wildlife Trust (c).
189 123RF.com: Anton Burakov (tl); Stephen Goodwin (tc, br); Boonchuay Iamsumang (tr); Oleksandr Kostiuchenko (cl); Pauliene Wessel (c); shihina (bc). **Getty Images:** joSon / Iconica (bl).
190 Alamy Stock Photo: Paul Fearn (cla).
193 Dorling Kindersley: Gary Ombler: Centre for Wildlife Gardening / London Wildlife Trust (bl).
194–195 Bridgeman Images: Blossoms, one of twelve leaves inscribed with a poem from an Album of Fruit and Flowers (ink and colour on paper), Chen Hongshou (1768–1821) / Private Collection / Photo © Christie's Images.
195 Alamy Stock Photo: Artokoloro Quint Lox Limited (cb). **Mary Evans Picture Library:** © Ashmolean Museum (tr).
198 Science Photo Library: AMI Images (tl); Power and Syred (tc, tr); Steve Gschmeissner (cla, ca, cra, cl, c); Eye of Science (cr).
198–199 Alamy Stock Photo: Susan E. Degginger.
202–203 Dorling Kindersley: Centre for Wildlife Gardening / London Wildlife Trust.
204 © **Board of Trustees of the Royal Botanic Gardens, Kew**.
205 Getty Images: Katsushika Hokusai (cl). **Rijksmuseum Foundation, Amsterdam:** Gift of the Rijksmuseum Foundation (tr).
206 Alamy Stock Photo: Wolstenholme Images.
207 Alamy Stock Photo: Rex May (cla). **Getty Images:** Ron Evans / Photolibrary (cl).
208 © **Board of Trustees of the Royal Botanic Gardens, Kew:** (br).
210–211 © **Douglas Goldman, 2010**.
211 Getty Images: Karen Bleier / AFP (br).
212 Alamy Stock Photo: Nature Picture Library (tl).
213 SuperStock: Minden Pictures / Jan Vermeer.
214–215 Dorling Kindersley: Gary Ombler: Centre for Wildlife Gardening / London Wildlife Trust.
216 123RF.com: Aleksandr Volkov (bl). **Getty Images:** Margaret Rowe / Photolibrary (tr). **iStockphoto.com:** narcisa (cr); winarm (c); Zeffss1 (cl).
217 Alamy Stock Photo: Tamara Kulikova (tl); Timo Viitanen (c). **Dreamstime.com:** Kazakovmaksim (br). **Getty Images:** Frank Krahmer / Photographer's Choice RF (tc). **iStockphoto.com:** AntiMartina (bc); cjaphoto (cr).
220–221 Dreamstime.com: Es75.
221 Getty Images: Sonia Hunt / Photolibrary (br).
223 FLPA: Minden Pictures / Ingo Arndt (crb).
227 FLPA: Minden Pictures / Mark Moffett (tl).
228 Getty Images: Jacky Parker Photography / Moment Open (tl).
230–231 Getty Images: Chris Hellier / Corbis Documentary.
233 Alamy Stock Photo: ST-images (tc).
234–235 Dorling Kindersley: Gary Ombler: Centre for Wildlife Gardening / London Wildlife Trust.
235 Alamy Stock Photo: dpa picture alliance (tr).
236 Bridgeman Images: Jimson Weed, 1936–1937 (oil on linen), O'Keeffe, Georgia (1887–1986) / Indianapolis Museum of Art at Newfields, USA / Gift of Eli Lilly and Company / © Georgia O'Keeffe Museum / © DACS 2018.
237 Alamy Stock Photo: Fine Art Images / Heritage Image Partnership Ltd / © 2018 The Andy Warhol Foundation for the Visual Arts, Inc. / Licensed by DACS, London. / © DACS 2018 (cb).
238 Alamy Stock Photo: Neil Hardwick (cl). © **Board of Trustees of the Royal Botanic Gardens, Kew:** (bc).
242 Getty Images: Florilegius / SSPL (cla).
243 Alamy Stock Photo: Dave Watts (cra).
244 FLPA: Photo Researchers (bl).
244–245 Image courtesy Ronnie Yeo.
246–247 Getty Images: I love Photo and Apple. / Moment.
247 Alamy Stock Photo: Fir Mamat (tr).
250 Science Photo Library: Cordelia Molloy (bc).
252 123RF.com: Jean-Paul Chassenet (bc).
252–253 Craig P. Burrows.
254 Alamy Stock Photo: WILDLIFE GmbH (tc).
257 © **Board of Trustees of the Royal Botanic Gardens, Kew:** (br).
260–261 iStockphoto.com: mazzzur (l).
261 Getty Images: Paul Kennedy / Lonely Planet Images (tr).
263 Johanneke Kroesbergen—Kamps: (tr).
265 Dreamstime.com: Junko Barker (crb).
268–269 Alamy Stock Photo: Alan Morgan Photography.
269 Alamy Stock Photo: REDA &CO srl (br).
270 Bridgeman Images: *Rosa centifolia*, Redouté, Pierre-Joseph (1759–1840) / Lindley Library, RHS, London, UK.
271 Alamy Stock Photo: ART Collection (clb); The Natural History Museum (tr).
274–275 Dorling Kindersley: Centre for Wildlife Gardening / London Wildlife Trust.
275 Dorling Kindersley: Centre for Wildlife Gardening / London Wildlife Trust (tr).
280 Smithsonian American Art Museum: Mary Vaux Walcott, White Dawnrose (*Pachylophis marginatus*), n.d., watercolor on paper, Gift of the artist, 1970.355.724.
281 Bridgeman Images: Roses on a Wall, 1877 (oil on canvas), Lambdin, George Cochran (1830–1896) / Detroit Institute of Arts, USA / Founders Society purchase, Beatrice W. Rogers fund (cr).
284–285 iStockphoto.com: Ilbusca.
289 123RF.com: Valentina Razumova (br).
290–291 Dreamstime.com: Tomas Pavlasek.
291 Dreamstime.com: Reza Ebrahimi (crb).
292–293 Getty Images: Mandy Disher Photography / Moment.
294 Gerald D. Carr: (bl).
296 Alamy Stock Photo: Picade LLC (tl).
296–297 Alamy Stock Photo: Hercules Milas.
298–299 Dorling Kindersley: Centre for Wildlife Gardening / London Wildlife Trust.
300 123RF.com: Vadym Kurgak (cl). **Alamy Stock Photo:** Picture Partners (tl); WILDLIFE GmbH (c/Wych Elm). **iStockphoto.com:** anna1311 (c/Achene); photomaru (tc/Hesperidium); csundahl (tc/Pepo).
301 123RF.com: Dia Karanouh (c). **Alamy Stock Photo:** deefish (c/Legume); John Kellerman (tl); Jurij Kachkovskij (tc/Peach); Shullye Serhiy / Zoonar (tr). **Dorling Kindersley:** Centre for Wildlife Gardening / London Wildlife Trust (bc). **iStockphoto.com:** anna1311 (tc/Aggregate); ziprashantzi (br).
302 123RF.com: Saiyood Srikamon (bl).
302–303 Julie Scott Photography.
304 Getty Images: Ed Reschke / Photolibrary (cl).
310 Bridgeman Images: Various apples (with blossom), 1737–1745 (engraved and mezzotint plate, printed in colours and finished by), Ehret, Georg Dionysius (1710–1770) (after) / Private Collection / Photo © Christie's Images.
311 Alamy Stock Photo: The Natural History Museum.
312 © **Board of Trustees of the Royal Botanic Gardens, Kew:** (cla).
313 Dreamstime.com: Artem Podobedov / Kiorio (tl).
316–317 Jeonsango / Jeon Sang O.
319 Science Photo Library: Steve Gschmeissner (br).
322–323 Getty Images: Don Johnston / All Canada Photos.
322 © **Mary Jo Hoffman:** (bc).
326–327 Alamy Stock Photo: Blickwinkel.
327 Alamy Stock Photo: Krystyna Szulecka (cr); Duncan Usher (tr).
328–329 © Michael Huber.
333 iStockphoto.com: heibaihui (br).
334 Bridgeman Images: Papaya: *Carica papaya*, from Berthe Hoola van Nooten's *Fleurs, Fruits et Feuillages* / Royal Botanical Gardens, Kew, London, UK (tr). © **Board of Trustees of the Royal Botanic Gardens, Kew:** (cl).
335 Science & Society Picture Library: The Board of Trustees of the Royal Botanic Gardens, Kew.
339 Getty Images: André De Kesel / Moment Open (tc).
340 Getty Images: Ed Reschke / The Image Bank (tl).
342–343 Getty Images: Peter Lilja / The Image Bank.
343 Alamy Stock Photo: Zoonar GmbH (cb).

所有其他图像：© Dorling Kindersley
更多信息参见：
www.dkimages.com